卓越工程技术人才培养特色教材

复变函数与积分变换

刘红爱　咸亚丽　莫晶　尚林　编

江苏大学出版社
JIANGSU UNIVERSITY PRESS

镇 江

内容提要

本书主要内容包括复数与复变函数、解析函数、复变函数的积分、复级数、留数理论及其应用、Fourier 变换和 Laplace 变换共七章内容. 每节都配有适量的练习题，每章末附有内容小结和复习题，书后附有部分习题参考答案，以便学生自主学习. 书末附有 Fourier 变换和 Laplace 变换简表，便于读者查阅使用. 书中标有 * 号部分供读者选学使用.

全书层次清晰、结构严谨、重点突出. 精选了大量例题，题型较为丰富，且有一定的梯度，便于学生自学. 本书可作为高等院校理工科相关专业复变函数与积分变换课程教材，也可供科技工作者及工程技术人员阅读参考.

图书在版编目(CIP)数据

复变函数与积分变换 / 刘红爱等编. — 镇江：江苏大学出版社，2015.8(2023.9 重印)
ISBN 978-7-81130-973-7

Ⅰ.①复… Ⅱ.①刘… Ⅲ.①复变函数－高等学校－教材②积分变换－高等学校－教材 Ⅳ.①O174.5②O177.6

中国版本图书馆 CIP 数据核字(2015)第 190978 号

复变函数与积分变换

编　者/刘红爱　咸亚丽　莫　晶　尚　林
责任编辑/张小琴
出版发行/江苏大学出版社
地　　址/江苏省镇江市京口区学府路 301 号(邮编：212013)
电　　话/0511-84446464(传真)
网　　址/http：//press.ujs.edu.cn
印　　刷/广东虎彩云印刷有限公司
开　　本/718 mm×1 000 mm　1/16
印　　张/14.25
字　　数/300 千字
版　　次/2015 年 8 月第 1 版
印　　次/2023 年 9 月第 5 次印刷
书　　号/ISBN 978-7-81130-973-7
定　　价/45.00 元

江苏省卓越工程技术人才培养特色教材建设
指导委员会

序

深化高等工程教育改革、提高工程技术人才培养质量，是增强自主创新能力、促进经济转型升级、全面提升地区竞争力的迫切要求。近年来，江苏高等工程教育飞速发展，全省46所普通本科院校中开设工学专业的学校有45所，工学专业在校生约占全省普通本科院校在校生总数的40%，为"十一五"末江苏成功跻身全国第一工业大省做出了积极贡献。

"十二五"时期是江苏加快经济转型升级、发展创新型经济、全面建设更高水平小康社会的关键阶段。教育部"卓越工程师教育培养计划"启动实施以来，江苏认真贯彻教育部文件精神，结合地方高等教育实际，着力优化高等工程教育体系，深化高等工程教学改革，努力培养造就一大批创新能力强、适应江苏社会经济发展需要的卓越工程技术后备人才。

教材建设是人才培养的基础工作和重要抓手。培养高素质的工程技术人才，需要遵循工程技术教育规律，建设一套理念先进、针对性强、富有特色的优秀教材。随着知识社会和信息时代的到来，知识综合、学科交叉趋势增强，教学的开放性与多样性更加突出，加之图书出版行业体制机制也发生了深刻变化，迫切需要教育行政部门、高等学校、行业企业、出版部门和社会各界通力合作，协同作战，在新一轮高等工程教育改革发展中抢占制高点。

2010 年以来,江苏大学出版社积极开展市场分析和行业调研,先后多次组织全省相关高校专家、企业代表就应用型本科人才培养和教材建设工作进行深入研讨。经各方充分协商,拟定了"江苏省卓越工程技术人才培养特色教材"开发建设的实施意见,明确了教材开发总体思路,确立了编写原则:

一是注重定位准确,科学区分。教材应符合相应高等工程教育的办学定位和人才培养目标,恰当地把握研究型工程人才、设计型工程人才及技能型工程人才的区分度,增强教材的针对性。

二是注重理念先进,贴近业界。吸收先进的学术研究与技术开发成果,适应经济转型升级需求,适应社会用人单位管理、技术革新的需要,具有较强的领先性。

三是注重三位一体,能力为重。紧扣人才培养的知识、能力、素质要求,着力培养学生的工程职业道德和人文科学素养、创新意识和工程实践能力、国际视野和沟通协作能力。

四是注重应用为本,强化实践。充分体现用人单位对教学内容、教学实践设计、工艺流程的要求以及对人才综合素质的要求,着力解决以往教材中应用性缺失、实践环节薄弱、与用人单位要求脱节等问题,将学生创新教育、创业实践与社会需求充分衔接起来。

五是注重紧扣主线,整体优化。把培养学生工程技术能力作为主线,系统考虑、整体构建教材体系和特色,包括合理设置课件、习题库、实践课题,以及在教学、实践环节中合理设置基础、拓展、复合应用之间的比例结构等。

该套教材组建了阵容强大的编写专家及审稿专家队伍,汇集了国家教学指导委员会委员、学科带头人、教学一线名师、人力资源专家、大型企业高级工程师等。编写和审稿队伍主要由长期从事教育教学改革实践工作的资深教师、对工程技术人才培养研究颇有建树的教育管理专家组成。在编写、审定教材时，他们紧扣指导思想和编写原则，深入探讨、科学创新、严谨细致、字斟句酌，倾注了大量的心血，为教材质量提供了重要保障。

　　该套教材在课程设置上基本涵盖了卓越工程技术人才培养所涉及的有关专业的公共基础课、专业基础课、专业课、专业特色课等；在编写出版上采取突出重点、以点带面、有序推进的策略，成熟一本出版一本。希望大家在教材的编写和使用过程中，积极提出意见和建议，集思广益，不断改进，以期经过不懈努力，形成一套参与度与认可度高、覆盖面广、特色鲜明、有强大生命力的优秀教材。

江苏省教育厅副厅长　丁晓昌

2012 年 8 月

前　言

本书是根据教育部《高等教育面向 21 世纪教学内容和课程体系改革计划》的精神和要求，参照南京信息工程大学复变函数与积分变换课程教学大纲，在汲取国内许多同类教材的精华，并融入编者多年来在教学中积累的实际教学经验的基础上编写而成。全书比较系统地介绍了复变函数与积分变换的基本思想与基本方法。在本书编写过程中，我们力求做到如下几点：

（1）突出应用型人才的培养，注重学生创新能力的培养，对基本概念的引入、基本理论的推导、基本方法的介绍富于启发性，培养学生善于发现问题、思考问题、解决问题的能力。

（2）注重提高学生的学习兴趣，对具有应用背景的重要概念的引入尽可能联系实际，突出本课程的实用性；在保证科学性的前提下，概念、性质、定理等都以易于理解或易于应用的形式呈现。

（3）加强解题方法的训练和思维能力的系统培养，每章除了配有丰富的例题外，每节还配有适量的练习题，每章末附有内容小结和复习题。书后附有部分习题参考答案，便于学生自学。

（4）考虑高等教育大众化的新形势，不同专业和不同层次的要求不同，对有关例题与习题做了分层处理，由易到难，循序渐进，便于进行分层次、立体化教学。

本书由南京信息工程大学刘红爱、咸亚丽、莫晶、尚林老师共同编写与校对，全书的框架、统稿、定稿由刘红爱老师承担。

南京信息工程大学张太忠教授仔细审阅了全部书稿，并提出了宝贵的修改意见，对此我们深表谢意。还要感谢江苏大学出版社的大力支持才使本书得以尽早出版。

本书是在南京信息工程大学滨江学院第三期教学建设和改革项目资助下完成的。本书的出版得到了院系领导的大力支持和帮助，这里表示衷心感谢。本书编写过程中参考了众多相关教材和专著，在此对有关作者一并致谢。

限于编者水平，书中难免有缺点和疏漏，恳请各位专家、同行及广大读者批评指正。

编　者

2015 年 6 月

目　录

第1章　复数与复变函数

复变函数是自变量为复数的函数,它是本课程研究的对象. 复变函数研究的是定义在复数域上的解析函数的性质,本章首先介绍复数的概念、表示方法和复数的运算,然后介绍复平面上的区域,以及复变函数的极限与连续等概念,为进一步研究解析函数理论和方法奠定基础.

1.1　复　　数

在初等代数中已经介绍过复数,为了便于以后讨论和理解,本节将在原有的基础上做简要的复习和补充.

1.1.1　复数的概念

学过中学代数的读者都知道,一元二次方程 $x^2+1=0$ 在实数范围内无解. 为解此类方程,引入了新的数 i,规定 $i^2=-1$,且称 i 为虚数单位. 从而方程 $x^2+1=0$ 的根记为 $x=\pm\sqrt{-1}=\pm i$;一元二次方程 $ax^2+bx+c=0(a\neq0)$,当 $b^2-4ac<0$ 时该方程的根为

$$x=\frac{-b\pm\sqrt{b^2-4ac}}{2a}=\frac{-b\pm i\sqrt{4ac-b^2}}{2a}=\frac{-b}{2a}\pm i\frac{\sqrt{4ac-b^2}}{2a}.$$

由此引入复数的定义.

定义 1.1.1　对任意的两个实数 x 与 y,称数 $z=x+iy$ 或 $z=x+yi$ 为复数,其中 x 与 y 分别称为复数 z 的实部和虚部,分别记为

$$x=\mathrm{Re}\,z,\ y=\mathrm{Im}\,z.$$

当 $x=0,y\neq0$ 时,$z=iy$ 称为纯虚数;当 $x\neq0,y=0$ 时,$z=x$ 为实数. 因此,复数是实数的推广,而实数是复数的一种特例.

如果两复数的实部和虚部分别相等,则称两复数相等. 特别记 $0+i0=0$,即当且仅当 $x=y=0$ 时,$z=0$.

注意　两个不全为实数的复数不能比较大小.

1.1.2 复数的共轭复数

定义 1.1.2 对于给定的复数 $z=x+\mathrm{i}y$，我们称数 $x-\mathrm{i}y$ 为 z 的共轭复数，记作 $\bar{z}=x-\mathrm{i}y$.

关于复数的共轭复数，有下列性质：

(1) $\bar{\bar{z}}=z$；

(2) $\overline{z_1\pm z_2}=\overline{z_1}\pm\overline{z_2}$，$\overline{z_1 z_2}=\overline{z_1}\ \overline{z_2}$，$\overline{\left(\dfrac{z_1}{z_2}\right)}=\dfrac{\overline{z_1}}{\overline{z_2}}$；

(3) $z\bar{z}=(\operatorname{Re} z)^2+(\operatorname{Im} z)^2$；

(4) $z+\bar{z}=2\operatorname{Re} z$，$z-\bar{z}=2\mathrm{i}\operatorname{Im} z$.

这些性质作为练习，由读者自己证明.

1.1.3 复数的代数运算

设两个复数为 $z_1=x_1+\mathrm{i}y_1$，$z_2=x_2+\mathrm{i}y_2$，它们的加、减、乘、除运算定义如下：

$$z_1\pm z_2=(x_1\pm x_2)+\mathrm{i}(y_1\pm y_2) \tag{1.1.1}$$

$$z_1 z_2=(x_1 x_2-y_1 y_2)+\mathrm{i}(x_2 y_1+x_1 y_2) \tag{1.1.2}$$

$$\frac{z_1}{z_2}=\frac{z_1\overline{z_2}}{z_2\overline{z_2}}=\frac{x_1 x_2+y_1 y_2}{x_2^2+y_2^2}+\mathrm{i}\frac{x_2 y_1-x_1 y_2}{x_2^2+y_2^2} \tag{1.1.3}$$

不难证明，复数的加、减、乘、除运算和实数的情形一样，也满足如下规律：

交换律：$z_1+z_2=z_2+z_1$，$z_1 z_2=z_2 z_1$；

结合律：$(z_1+z_2)+z_3=z_1+(z_2+z_3)$，$(z_1 z_2)z_3=z_1(z_2 z_3)$；

分配律：$z_1(z_2+z_3)=z_1 z_2+z_1 z_3$.

例 1 设 $z_1=1+2\mathrm{i}$，$z_2=3-4\mathrm{i}$，求 $\dfrac{z_1}{z_2}$ 与 $\overline{\left(\dfrac{z_1}{z_2}\right)}$.

解 为求 $\dfrac{z_1}{z_2}$，在分子分母同乘 $\overline{z_2}$ 将分母实数化，

$$z=\frac{1+2\mathrm{i}}{3-4\mathrm{i}}=\frac{(1+2\mathrm{i})(3+4\mathrm{i})}{(3-4\mathrm{i})(3+4\mathrm{i})}=\frac{3+4\mathrm{i}+6\mathrm{i}-8}{25}=\frac{-1+2\mathrm{i}}{5}.$$

所以
$$\overline{\left(\frac{z_1}{z_2}\right)}=\frac{-1-2\mathrm{i}}{5}.$$

例 2 设 $z=2\mathrm{i}^{41}+3\mathrm{i}^{42}-\mathrm{i}^{43}$，求 $\operatorname{Re} z$，$\operatorname{Im} z$，$z\bar{z}$.

解 利用复数 i 的性质：

$$\mathrm{i}^{4n}=1,\mathrm{i}^{4n+1}=\mathrm{i},\mathrm{i}^{4n+2}=-1,\mathrm{i}^{4n+3}=-\mathrm{i}\ (n\in\mathbf{N}).$$

可得
$$z=2\mathrm{i}^{41}+3\mathrm{i}^{42}-\mathrm{i}^{43}=2\mathrm{i}-3+\mathrm{i}=-3+3\mathrm{i},$$

故
$$\operatorname{Re} z=-3,\ \operatorname{Im} z=3,$$
$$z\bar{z}=(\operatorname{Re} z)^2+(\operatorname{Im} z)^2=18.$$

例 3 设 $z_1=x_1+\mathrm{i}y_1$，$z_2=x_2+\mathrm{i}y_2$ 为两个任意的复数，证明：

$$z_1\overline{z_2}+\overline{z_1}z_2=2\mathrm{Re}(z_1\overline{z_2}).$$

证明 证法一：利用复数的代数运算证明.

$$\begin{aligned}z_1\overline{z_2}+\overline{z_1}z_2&=(x_1+\mathrm{i}y_1)(x_2-\mathrm{i}y_2)+(x_1-\mathrm{i}y_1)(x_2+\mathrm{i}y_2)\\&=(x_1x_2+y_1y_2)+\mathrm{i}(x_2y_1-x_1y_2)+(x_1x_2+y_1y_2)+\\&\quad\ \mathrm{i}(x_1y_2-x_2y_1)\\&=2\mathrm{Re}(z_1\overline{z_2}).\end{aligned}$$

证法二：由于 $z_1\overline{z_2}$ 与 $\overline{z_1}z_2$ 是对共轭复数，因此可以利用复数共轭的性质证明.

$$z_1\overline{z_2}+\overline{z_1}z_2=z_1\overline{z_2}+\overline{z_1\overline{z_2}}=2\mathrm{Re}(z_1\overline{z_2}).$$

习题 1.1

1. 求下列复数 z 的实部、虚部、共轭复数.

(1) $\dfrac{3-2\mathrm{i}}{2+3\mathrm{i}}$；

(2) $\dfrac{\mathrm{i}}{(\mathrm{i}-1)(\mathrm{i}-2)}$；

(3) $-\dfrac{1}{\mathrm{i}}-\dfrac{3\mathrm{i}}{1-\mathrm{i}}$；

(4) $\mathrm{i}^{16}+5\mathrm{i}^{31}+\mathrm{i}$.

2. 当 x,y 为何值时，等式 $\dfrac{x+1+\mathrm{i}(y-3)}{5+3\mathrm{i}}=1+\mathrm{i}$ 成立？

3. 证明 $\mathrm{Re}(\mathrm{i}z)=-\mathrm{Im}\,z,\mathrm{Im}(\mathrm{i}z)=\mathrm{Re}\,z$ 对任何复数 z 都成立.

4. 设 $\dfrac{x+\mathrm{i}y}{x-\mathrm{i}y}=a+\mathrm{i}b$，求 a^2+b^2（x,y,a,b 为实数）.

5. 证明下列关于复数的共轭复数的性质.

(1) $\overline{z_1\pm z_2}=\overline{z_1}\pm\overline{z_2}$；

(2) $\overline{z_1z_2}=\overline{z_1}\ \overline{z_2}$；

(3) $\overline{\left(\dfrac{z_1}{z_2}\right)}=\dfrac{\overline{z_1}}{\overline{z_2}}$；

(4) $z\overline{z}=(\mathrm{Re}\,z)^2+(\mathrm{Im}\,z)^2$；

(5) $z+\overline{z}=2\mathrm{Re}\,z$；

(6) $z-\overline{z}=2\mathrm{i}\mathrm{Im}\,z$.

6. 设 z_1,z_2 是两个复数，且满足 z_1+z_2,z_1z_2 都是负实数，证明 z_1,z_2 必为实数.

1.2 复数的表示法

1.2.1 复平面

由于一个复数 $z=x+\mathrm{i}y$ 本质上由一对有序实数 (x,y) 唯一确定，所以对于平面上给定的直角坐标系，复数集合与该平面上点的全体一一对应，从而复数 $z=x+\mathrm{i}y$ 可以用该平面上坐标为 (x,y) 的点来表示. 相应地，由于平面上的 x 轴对应着实数，故 x 轴称为实轴，y 轴上的非原点对应着纯虚数，故 y 轴称为虚轴，这样表

示复数 z 的平面称为复平面或 z 平面.复数 $z=x+\mathrm{i}y$ 与复平面上的点 (x,y) 也一一对应.复平面通常用 C 表示.

引进了复平面后,我们在"数"和"点"之间建立了联系.以后在研究复变函数时,常借助于几何直观,还可以采用几何术语.这也为复变函数应用于实际提供了条件,丰富了复变函数论的内容.

例 1 考虑一条江面上的水在某时刻的流动.假定在江面上取好一坐标系 xOy,把江面上任意一点 P 的速度 v 在 x 轴和 y 轴上的两个分量分别记为 v_x 与 v_y,则可以把速度 v 写成复数

$$v=v_x+\mathrm{i}v_y.$$

人们经过长期的摸索与研究发现,对于很多的平面问题(如流体力学与弹性力学中的平面问题等),用复数及复变函数作工具是十分有效的,这是由于复数不仅可以表示平面上的点,还可以表示平面向量的缘故.

1.2.2 复数的向量表示

在复平面上,复数 $z=x+\mathrm{i}y$ 可以用起点为原点,终点为 $P(x,y)$ 的向量 $\overrightarrow{OP}$ 表示,如图 1-1 所示, x 与 y 分别是向量 $\overrightarrow{OP}$ 在 x 轴与 y 轴的投影.这样,复平面上的向量 $\overrightarrow{OP}$ 就与复数 z 建立了一一对应的关系.

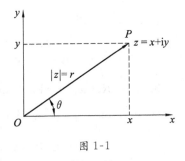

图 1-1

下面给出复数的模、辐角、辐角主值的相关概念.

(1) 复数的模:向量 $\overrightarrow{OP}$ 的长度称为复数的模或绝对值,记作为

$$|\overrightarrow{OP}|=|z|=r=\sqrt{x^2+y^2},$$

显然,下列各式成立:

$$|x|\leqslant|z|,\ |y|\leqslant|z|,\ |z|\leqslant|x|+|y|,$$
$$z\bar{z}=|z|^2=|z^2|.$$

(2) 复数的辐角:在 $z\neq0$ 的条件下,称 z 对应的向量 $\overrightarrow{OP}$ 与实轴正向的夹角为 z 的辐角,记作 $\mathrm{Arg}\,z=\theta$,此时有 $\tan(\mathrm{Arg}\,z)=\dfrac{y}{x}$. 显然,任何一个复数 $z(z\neq0)$ 有无穷多个辐角. 如果 θ_1 是其中的一个,那么

$$\mathrm{Arg}\,z=\theta_1+2k\pi\ (k\ 为任意整数).$$

上式给出了 z 的全部辐角. 在 $z(z\neq0)$ 的辐角中,我们把满足 $-\pi<\theta_0\leqslant\pi$ 的 θ_0 称为 $\mathrm{Arg}\,z$ 的主值,记作 $\theta_0=\arg z$.

当 $z=0$ 时, $|z|=0$,辐角不确定.

（3）辐角的主值 $\arg z (z \neq 0)$ 可以由反正切函数 $\operatorname{Arctan} \dfrac{y}{x}$ 的主值 $\arctan \dfrac{y}{x}$ 按下列关系来确定（如图 1-2 与图 1-3）：

$$\arg z = \begin{cases} \arctan \dfrac{y}{x}, & x>0, y\in \mathbf{R}; \\[2mm] \dfrac{\pi}{2}, & x=0, y>0; \\[2mm] \arctan \dfrac{y}{x}+\pi, & x<0, y\geq 0; \\[2mm] \arctan \dfrac{y}{x}-\pi, & x<0, y<0; \\[2mm] -\dfrac{\pi}{2}, & x=0, y<0 \end{cases} \left(\text{其中}-\dfrac{\pi}{2}<\arctan \dfrac{y}{x}<\dfrac{\pi}{2}\right).$$

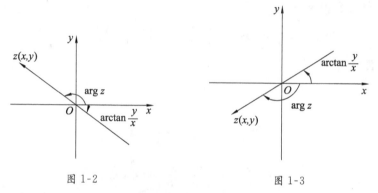

图 1-2　　　　　　　　　　图 1-3

例 2　求复数 $z=-1+\mathrm{i}$ 的辐角主值及辐角.

解　由于复数 $z=-1+\mathrm{i}$ 在第二象限，所以辐角主值

$$\theta_0 = \arg z = \pi + \arctan \frac{1}{-1} = \frac{3\pi}{4},$$

辐角 $\theta = \operatorname{Arg} z = \theta_0 + 2k\pi = \dfrac{3\pi}{4} + 2k\pi \ (k=0, \pm 1, \pm 2, \cdots)$.

1.2.3　复数的三角表示与指数表示

利用直角坐标与极坐标之间的变换关系

$$\begin{cases} x = r\cos \theta, \\ y = r\sin \theta, \end{cases} |z|=r, \ \theta = \operatorname{Arg} z,$$

可以把复数 $z = x + \mathrm{i}y$ 表示成

$$z = r(\cos \theta + \mathrm{i}\sin \theta), \tag{1.2.1}$$

并称其为复数的三角表示式.

再利用欧拉公式 $\mathrm{e}^{\mathrm{i}\theta} = \cos \theta + \mathrm{i}\sin \theta$，由三角表示式可以得到

$$z = re^{i\theta}, \qquad\qquad (1.2.2)$$

这种表示形式称为复数的指数表示式.

复数的代数表示式、三角表示式、指数表示式 3 种表示法可以互相转换，以适应讨论不同问题时的需要，且使用起来各有其便.

例 3 将下列复数化为三角表示式与指数表示式.

(1) $z = -\sqrt{12} - 2i$; (2) $z = \sin\dfrac{2\pi}{5} + i\cos\dfrac{2\pi}{5}$;

(3) $z = 1 - \cos\varphi + i\sin\varphi \ (0 < \varphi \leqslant \pi)$.

解 (1) $|z| = r = \sqrt{x^2 + y^2} = \sqrt{12 + 4} = 4$, $\tan\theta = \dfrac{y}{x} = \dfrac{-2}{-\sqrt{12}} = \dfrac{1}{\sqrt{3}}$,

又因 z 在第三象限，所以 $\theta_0 = -\dfrac{5}{6}\pi$.

故 z 的三角表示式是

$$z = 4\left[\cos\left(-\frac{5}{6}\pi\right) + i\sin\left(-\frac{5}{6}\pi\right)\right],$$

z 的指数表示式是

$$z = 4e^{-\frac{5}{6}\pi i}.$$

(2) $r = |z| = 1$, 又

$$\sin\frac{2\pi}{5} = \cos\left(\frac{\pi}{2} - \frac{2\pi}{5}\right) = \cos\frac{\pi}{10},$$

$$\cos\frac{2\pi}{5} = \sin\left(\frac{\pi}{2} - \frac{2\pi}{5}\right) = \sin\frac{\pi}{10},$$

故 z 的三角表示式是

$$z = \cos\frac{\pi}{10} + i\sin\frac{\pi}{10},$$

z 的指数表示式是

$$z = e^{\frac{\pi}{10}i}.$$

(3) 原式 $= 2\sin^2\dfrac{\varphi}{2} + 2i\sin\dfrac{\varphi}{2}\cos\dfrac{\varphi}{2} = 2\sin\dfrac{\varphi}{2}\left(\sin\dfrac{\varphi}{2} + i\cos\dfrac{\varphi}{2}\right)$

$$= 2\sin\frac{\varphi}{2}\left[\cos\left(\frac{\pi}{2} - \frac{\varphi}{2}\right) + i\sin\left(\frac{\pi}{2} - \frac{\varphi}{2}\right)\right] \qquad (三角表示式)$$

$$= 2\sin\frac{\varphi}{2}e^{\left(\frac{\pi}{2} - \frac{\varphi}{2}\right)i}. \qquad (指数表示式)$$

1.2.4 无穷远点与复球面

除了用平面内的点或向量来表示复数外，还可以用球面上的点来表示复数. 它是借用地图制图学中将地球投影到平面上的测地投影法，建立复平面与球面上

的点的对应,下面介绍这种表示方法.

取一个在原点 O 与 z 平面相切的球面,通过点 O 作一垂直于 z 平面的直线与球面交于点 N,N 称为北极,O 称为南极(如图 1-4).

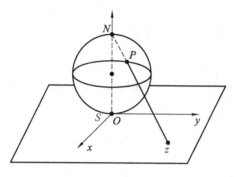

图 1-4

对于复平面内任何一点 z,如果用一直线段把点 z 与北极 N 连结起来,那么该直线段一定与球面相交于异于 N 的一点 P. 反过来,对于球面上任何一个异于 N 的点 P,用一直线段把 P 与 N 连结起来,这条直线段的延长线就与复平面相交于一点 z. 这说明:球面上的点,除去北极 N 外,与复平面内的点之间存在着一一对应的关系. 因此球面上的点,除去北极 N 外,与复数一一对应. 所以我们就可以用球面上的点来表示复数.

但是,对于球面上的北极 N,没有复平面内的一个点与它对应. 从图 1-4 中容易看到,当点 z 无限地远离原点时,或者说,当复数 z 的模 $|z|$ 无限地变大时,点 P 就无限地接近于 N. 为了使复平面与球面上的点无例外地都能一一对应起来,我们规定:复平面上有一个唯一的"无穷远点",它与球面上的北极 N 相对应. 相应地,又规定:复数中有一个唯一的"无穷大"与复平面上的无穷远点相对应,并把它记作 ∞. 这样一来,球面上的每一个点,就有唯一的一个复数与它对应,这样的球面称为复球面.

我们把包括无穷远点在内的复平面称为扩充复平面. 不包括无穷远点在内的复平面称为有限平面,或者就称复平面. 对于复数 ∞ 来说,实部、虚部与辐角的概念均无意义,但规定它的模为正无穷大,即 $|\infty|=+\infty$.

为了今后的需要,关于 ∞ 的四则运算做如下规定:

(1) 加法:$\alpha+\infty=\infty+\alpha=\infty\ (\alpha\neq\infty)$;

(2) 减法:$\alpha-\infty=\infty-\alpha=\infty\ (\alpha\neq\infty)$;

(3) 乘法:$\alpha\cdot\infty=\infty\cdot\alpha=\infty\ (\alpha\neq0)$;

(4) 除法:$\dfrac{\alpha}{\infty}=0,\ \dfrac{\infty}{\alpha}=\infty\ (\alpha\neq\infty),\ \dfrac{\alpha}{0}=\infty\ (\alpha\neq0,$但可以为 $\infty)$.

这里我们引进的扩充复平面与无穷远点,在很多讨论中能够带来方便. 在本书的以后各处,如无特殊声明,平面一般仍指有限平面,点仍指有限平面上的点.

习题 1.2

1. 求下列复数的模、辐角及辐角主值.

(1) -1;   (2) $-1-i$;

(3) $\dfrac{(3+4i)(2-5i)}{2i}$;   (4) $\dfrac{1}{2}(1-\sqrt{3}i)$.

2. 将下列复数化成三角表示式和指数表示式.

(1) $\sqrt{3}+i$;   (2) $-1+3i$;

(3) $\sin\alpha+i\cos\alpha$;   (4) $\dfrac{(\cos 5\varphi+i\sin 5\varphi)^2}{(\cos 3\varphi-i\sin 3\varphi)^3}$.

3. 设 $|z|=\sqrt{5}$, $\arg(z-i)=\dfrac{3}{4}\pi$, 求复数 z.

4. 将复数 $z=1+\sin\alpha+i\cos\alpha$ $\left(-\pi<\alpha<-\dfrac{\pi}{2}\right)$ 化为三角表示式与指数表示式,并求 z 的辐角主值.

5. 求复数 $z=\dfrac{(3+i)(2-i)}{(3-i)(2+i)}$ 的模.

6. 如果 $|z|=1$, 试证对任何复数 a 与 b 有 $\left|\dfrac{az+b}{bz+a}\right|=1$.

7. 求解方程: $z+|z|=2+i$.

8. 证明等式 $|z_1+z_2|^2+|z_1-z_2|^2=2(|z_1|^2+|z_2|^2)$, 并说明此式的几何意义.

9. 若复数 z 满足 $z\bar{z}+(1-2i)z+(1+2i)\bar{z}+3=0$, 试求 $|z+2|$ 的取值范围.

1.3 复数的运算及几何意义

1.3.1 复数的加法和减法

设复数 $z_1=x_1+iy_1$, $z_2=x_2+iy_2$, 已知复数的加减法定义如下:

$$z_1\pm z_2=(x_1\pm x_2)+i(y_1\pm y_2).$$

不难验证,当 $z_1\neq 0$ 且 $z_2\neq 0$ 时,z_1+z_2 所对应的向量恰好是 z_1 与 z_2 所对应向量的和;z_1-z_2 所对应的向量恰好是 z_1 与 z_2 所对应向量的差. 即两复数加减法运算与相应向量的加减法运算一致,其也可以用平行四边形或三角形法则求出(如图 1-5).

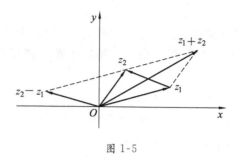

图 1-5

由图 1-5 可见，$|z_1 - z_2|$ 在几何上表示点 z_1 与点 z_2 之间的距离. 由两复数差的模的这个几何意义可得，很多平面图形可通过简洁的复数方程或不等式表示. 如以 z_0 为圆心，R 为半径的圆的复方程为 $|z - z_0| = R$.

由图 1-5 还可以看到：

$$|z_1 + z_2| \leqslant |z_1| + |z_2| \quad (三角形两边之和大于第三边)，$$

$$|z_1 - z_2| \geqslant \big||z_1| - |z_2|\big| \quad (三角形两边之差小于第三边).$$

1.3.2　复数的乘法和除法

1. 复数的乘法

设两个复数 $z = r_1(\cos\theta_1 + \mathrm{i}\sin\theta_1)$，$z_2 = r_2(\cos\theta_2 + \mathrm{i}\sin\theta_2)$，则

$$
\begin{aligned}
z_1 \cdot z_2 &= r_1(\cos\theta_1 + \mathrm{i}\sin\theta_1) \cdot r_2(\cos\theta_2 + \mathrm{i}\sin\theta_2) \\
&= r_1 \cdot r_2[(\cos\theta_1\cos\theta_2 - \sin\theta_1\sin\theta_2) + \mathrm{i}(\sin\theta_1\cos\theta_2 + \cos\theta_1\sin\theta_2)] \\
&= r_1 \cdot r_2[\cos(\theta_1 + \theta_2) + \mathrm{i}\sin(\theta_1 + \theta_2)].
\end{aligned}
$$

于是，我们有

$$|z_1 z_2| = r_1 r_2 = |z_1||z_2|, \tag{1.3.1}$$

$$\mathrm{Arg}(z_1 z_2) = \mathrm{Arg}\, z_1 + \mathrm{Arg}\, z_2. \tag{1.3.2}$$

从而有如下定理：

定理 1.3.1　两个复数乘积的模等于它们的模的乘积，两个复数乘积的辐角等于它们的辐角之和.

从几何角度看，两复数对应的向量分别为 z_1，z_2，先把向量 z_1 逆时针方向旋转一个角 θ_2，再把它伸长(缩短)到 $r_2 = |z_2|$ 倍所得到的向量 z 就表示积 $z_1 z_2$(如图 1-6). 特别地，当 $|z_2| = 1$ 时，只需旋转 $\theta_2 = \arg z_2$ 就可以了. 例如，$\mathrm{i}z$ 相当于将 z 逆时针旋转 $\dfrac{\pi}{2}$，$-z$ 相当于将 z 逆时针旋转 $180°$. 又当 $\arg z_2 = 0$ 时，乘法就变成了仅仅是伸长(或

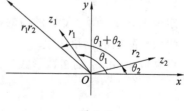

图 1-6

缩短).

说明:由于辐角的多值性,$\text{Arg}(z_1 z_2)=\text{Arg } z_1+\text{Arg } z_2$ 两端都是无穷多个数构成的两个数集.对于左端的任一值,右端必有值与它相对应,并且反过来也一样.

例如,设 $z_1=-1,z_2=i$,则 $z_1 \cdot z_2=-i$,
$$\text{Arg } z_1=\pi+2n\pi \ (n=0,\pm1,\pm2,\cdots),$$
$$\text{Arg } z_2=\frac{\pi}{2}+2m\pi \ (m=0,\pm1,\pm2,\cdots),$$
$$\text{Arg}(z_1 z_2)=-\frac{\pi}{2}+2k\pi \ (k=0,\pm1,\pm2,\cdots),$$

代入式(1.3.2)得
$$\frac{3\pi}{2}+2(m+n)\pi=-\frac{\pi}{2}+2k\pi.$$

要使上式成立,只需 $k=m+n+1$.若 $k=-1$,则可取 $m=0,n=-2$ 或 $m=-2,n=0$.

对于后面的式(1.3.4)也应这样理解.

若利用复指数表示式 $z_1=r_1 e^{i\theta_1},z_2=r_2 e^{i\theta_2}$,则有 $z_1 z_2=r_1 r_2 e^{i(\theta_1+\theta_2)}$.

由此可将结论推广到 n 个复数相乘的情况:

设 $z_k=r_k(\cos\theta_k+i\sin\theta_k)=r_k e^{i\theta_k}(k=1,2,\cdots,n)$,则
$$z_1 \cdot z_2 \cdot \cdots \cdot z_n=r_1 \cdot r_2 \cdot \cdots \cdot r_n[\cos(\theta_1+\theta_2+\cdots+\theta_n)+i\sin(\theta_1+\theta_2+\cdots+\theta_n)]$$
$$=r_1 \cdot r_2 \cdot \cdots \cdot r_n e^{i(\theta_1+\theta_2+\cdots+\theta_n)}.$$

2. 复数的除法

按照商的定义,当 $z_1\neq0$ 时,
$$z_2=\frac{z_2}{z_1}z_1,\ |z_2|=\left|\frac{z_2}{z_1}\right||z_1|,\ \text{Arg } z_2=\text{Arg}\left(\frac{z_2}{z_1}\right)+\text{Arg } z_1,$$

于是
$$\left|\frac{z_2}{z_1}\right|=\frac{|z_2|}{|z_1|}, \tag{1.3.3}$$
$$\text{Arg}\left(\frac{z_2}{z_1}\right)=\text{Arg } z_2-\text{Arg } z_1. \tag{1.3.4}$$

由此得如下定理:

定理 1.3.2 两个复数的商的模等于它们的模的商;两个复数的商的辐角等于被除数与除数的辐角之差.

设复数 z_1 和 z_2 的指数形式分别为
$$z_1=r_1 e^{i\theta_1},\ z_2=r_2 e^{i\theta_2},$$
则
$$\frac{z_2}{z_1}=\frac{r_2}{r_1}e^{i(\theta_2-\theta_1)}. \tag{1.3.5}$$

例 1 已知 $z_1 = \dfrac{1}{2}(1-\sqrt{3}i)$，$z_2 = \sin\dfrac{\pi}{3} - i\cos\dfrac{\pi}{3}$，求 $z_1 z_2$ 和 $\dfrac{z_1}{z_2}$.

解 因为 $z_1 = \cos\left(-\dfrac{\pi}{3}\right) + i\sin\left(-\dfrac{\pi}{3}\right)$，$z_2 = \cos\left(-\dfrac{\pi}{6}\right) + i\sin\left(-\dfrac{\pi}{6}\right)$，

所以
$$z_1 z_2 = \cos\left(-\frac{\pi}{3} - \frac{\pi}{6}\right) + i\sin\left(-\frac{\pi}{3} - \frac{\pi}{6}\right) = -i,$$

$$\frac{z_1}{z_2} = \cos\left(-\frac{\pi}{3} + \frac{\pi}{6}\right) + i\sin\left(-\frac{\pi}{3} + \frac{\pi}{6}\right) = \frac{\sqrt{3}}{2} - \frac{1}{2}i.$$

1.3.3 复数的幂与方根

1. 复数的 n 次幂

作为乘积的特例，我们考虑 z 的正整数次幂 z^n. 称 n 个相同复数 z 的乘积为 z 的 n 次幂，记作 z^n，即

$$z^n = \underbrace{z \cdot z \cdot \cdots \cdot z}_{n}.$$

设 $z = re^{i\theta}$，由复数乘法的运算易知：对于任何正整数 n 有

$$z^n = r^n e^{in\theta} = r^n(\cos n\theta + i\sin n\theta). \tag{1.3.6}$$

如果定义 $z^{-n} = \dfrac{1}{z^n}$，那么当 n 为负整数时上式仍成立.

当 z 的模 $r = 1$ 时，即得棣莫佛（**De Moivre**）公式

$$(\cos\theta + i\sin\theta)^n = \cos n\theta + i\sin n\theta.$$

例 2 计算 $(1 + i\sqrt{3})^8$ 的值.

解 因为 $1 + i\sqrt{3} = 2\left(\cos\dfrac{\pi}{3} + i\sin\dfrac{\pi}{3}\right)$，所以

$$
\begin{aligned}
(1+i\sqrt{3})^8 &= 2^8\left(\cos\frac{\pi}{3} + i\sin\frac{\pi}{3}\right)^8 \\
&= 2^8\left(\cos\frac{8\pi}{3} + i\sin\frac{8\pi}{3}\right) = 2^8\left(\cos\frac{2\pi}{3} + i\sin\frac{2\pi}{3}\right) \\
&= 2^8\left(-\frac{1}{2} + \frac{\sqrt{3}}{2}i\right) = 2^7(-1 + \sqrt{3}i).
\end{aligned}
$$

2. 复数的方根

求非零复数 z 的方根相当于解方程 $w^n = z$（$n \geqslant 2$, $n \in \mathbf{Z}$）的根 w，其中 z 为已知复数. 满足方程 $w^n = z$ 的 w 称为 z 的方根，记为 $\sqrt[n]{z}$，即 $w = \sqrt[n]{z}$.

为了求根 w，令

$$w^n = z, z = r(\cos\theta + i\sin\theta), w = \rho(\cos\varphi + i\sin\varphi),$$

由复数的乘幂知

$$z = \rho^n(\cos n\varphi + i\sin n\varphi) = r(\cos\theta + i\sin\theta),$$

显然
$$\rho^n = r, \cos n\varphi + i\sin n\varphi = \cos\theta + i\sin\theta,$$

故
$$\rho = r^{\frac{1}{n}} = \sqrt[n]{r}, \varphi = \frac{\theta + 2k\pi}{n} \quad (k=0,1,2,\cdots,n-1).$$

所以
$$w = \sqrt[n]{z} = r^{\frac{1}{n}}\left(\cos\frac{\theta+2k\pi}{n} + i\sin\frac{\theta+2k\pi}{n}\right). \tag{1.3.7}$$

当 $k=0,1,2,\cdots,n-1$ 时,得到 n 个相异的根

$$w_0 = r^{\frac{1}{n}}\left(\cos\frac{\theta}{n} + i\sin\frac{\theta}{n}\right),$$

$$w_1 = r^{\frac{1}{n}}\left(\cos\frac{\theta+2\pi}{n} + i\sin\frac{\theta+2\pi}{n}\right),$$

$$\cdots\cdots\cdots,$$

$$w_{n-1} = r^{\frac{1}{n}}\left[\cos\frac{\theta+2(n-1)\pi}{n} + i\sin\frac{\theta+2(n-1)\pi}{n}\right].$$

当 k 以其他整数值代入时,这些根又重复出现. 例如 $k=n$ 时,

$$w_n = r^{\frac{1}{n}}\left(\cos\frac{\theta+2n\pi}{n} + i\sin\frac{\theta+2n\pi}{n}\right) = r^{\frac{1}{n}}\left(\cos\frac{\theta}{n} + i\sin\frac{\theta}{n}\right) = w_0.$$

从几何上看,$\sqrt[n]{z}$ 的 n 个值就是以原点为中心,$r^{\frac{1}{n}}$ 为半径的圆的内接正 n 边形的 n 个顶点.

例 3 计算下列各式的值.

(1) $\sqrt[3]{1-i}$;　　　　　　(2) $\sqrt[4]{1+i}$.

解 (1) $1-i = \sqrt{2}\left[\cos\left(-\frac{\pi}{4}\right) + i\sin\left(-\frac{\pi}{4}\right)\right]$,

$$\sqrt[3]{1-i} = \sqrt[6]{2}\left[\cos\frac{-\frac{\pi}{4}+2k\pi}{3} + i\sin\frac{-\frac{\pi}{4}+2k\pi}{3}\right] \quad (k=0,1,2).$$

即
$$w_0 = \sqrt[6]{2}\left[\cos\left(-\frac{\pi}{12}\right) + i\sin\left(-\frac{\pi}{12}\right)\right],$$

$$w_1 = \sqrt[6]{2}\left(\cos\frac{7\pi}{12} + i\sin\frac{7\pi}{12}\right),$$

$$w_2 = \sqrt[6]{2}\left(\cos\frac{5\pi}{4} + i\sin\frac{5\pi}{4}\right).$$

(2) $1+i = \sqrt{2}\left(\cos\frac{\pi}{4} + i\sin\frac{\pi}{4}\right)$,所以

$$\sqrt[4]{1+i} = \sqrt[8]{2}\left(\cos\frac{\frac{\pi}{4}+2k\pi}{4} + i\sin\frac{\frac{\pi}{4}+2k\pi}{4}\right) \quad (k=0,1,2,3).$$

从而，复数的 4 个根为

$$w_0 = \sqrt[8]{2}\left(\cos\frac{\pi}{16} + i\sin\frac{\pi}{16}\right),\ w_1 = \sqrt[8]{2}\left(\cos\frac{9\pi}{16} + i\sin\frac{9\pi}{16}\right),$$

$$w_2 = \sqrt[8]{2}\left(\cos\frac{7\pi}{16} + i\sin\frac{17\pi}{16}\right),\ w_3 = \sqrt[8]{2}\left(\cos\frac{25\pi}{16} + i\sin\frac{25\pi}{16}\right).$$

几何解释：这 4 个根是内接于中心为原点，半径为 $\sqrt[8]{2}$ 的圆的正方形的 4 个顶点，并且 $w_1 = iw_0$，$w_2 = -w_0$，$w_3 = -iw_0$（如图 1-7）.

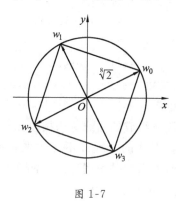

图 1-7

习题 1.3

1. 求下列各式的值.

(1) $(1+i)^6$；

(2) $\left(\dfrac{1-\sqrt{3}i}{2}\right)^3$；

(3) $\sqrt[4]{-2+2i}$；

(4) $\sqrt[6]{1-i}$.

2. 一个复数乘以 $-i$，它的模与辐角有何改变？

3. 计算 $\left[\dfrac{1+\sqrt{3}i}{1-\sqrt{3}i}\right]^{10}$ 的值.

4. 求解方程 $z^6 + 1 = 0$.

5. 若 $(1+i)^n = (1-i)^n$，试求 n 的值.

6. 已知正三角形的两个顶点为 $z_1 = 1$ 与 $z_2 = 2+i$，求它的另一个顶点.

7. 设 w 是任意一个不等于 1 的 n 次单位根，求 $1 + w + w^2 + \cdots + w^{n-1}$ 的值.

1.4　曲线与区域

1.4.1　曲线的复数方程

设 $x(t),y(t)$ 是两个连续的实变函数,那么方程组

$$x=x(t),y=y(t) \quad (a{\leqslant}t{\leqslant}b)$$

代表一条平面曲线,称为连续曲线.如果令

$$z(t)=x(t)+\mathrm{i}y(t),$$

那么这条曲线就可以用一个方程

$$z=z(t) \quad (a{\leqslant}t{\leqslant}b)$$

来表示,这就是平面曲线的复数表示式.若在区间 $[a,b]$ 上 $x'(t)$ 和 $y'(t)$ 都是连续的,且对于 t 的每一个值,都有 $[x'(t)]^2+[y'(t)]^2\neq0$,那么称这条曲线为光滑的.由几段依次相接的光滑曲线所组成的曲线称为按段光滑曲线.

很多平面图形能用复数形式的方程或不等式来表示,反之,也可以由给定的复数形式的方程来确定它所表示的平面图形.复数形式的方程表示一条平面曲线 $F(x,y)=0$,它与平面曲线之间可以利用公式

$$x=\frac{z+\bar{z}}{2},y=\frac{z-\bar{z}}{2\mathrm{i}}$$

进行转换.

例 1　将直线方程 $x+3y=2$ 化为复数形式.

解　因为 $x=\frac{z+\bar{z}}{2},y=\frac{z-\bar{z}}{2\mathrm{i}}$,代入方程有 $\frac{z+\bar{z}}{2}+3\frac{z-\bar{z}}{2\mathrm{i}}=2$,可得

$$(3+\mathrm{i})z+(-3+\mathrm{i})\bar{z}=4\mathrm{i}.$$

例 2　将通过点 $z_1=x_1+\mathrm{i}y_1$ 与 $z_2=x_2+\mathrm{i}y_2$ 的直线用复数形式的方程来表示.

解　通过点 (x_1,y_1) 与点 (x_2,y_2) 的直线可以用参数方程

$$\begin{cases} x=x_1+t(x_2-x_1), \\ y=y_1+t(y_2-y_1) \end{cases} (-\infty<t<+\infty)$$

来表示,因此,它的复数形式的参数方程可表示为

$$z=z_1+t(z_2-z_1) \quad (-\infty<t<+\infty). \tag{1.4.1}$$

由此可得由 z_1 到 z_2 的直线段的参数方程可以写成

$$z=z_1+t(z_2-z_1) \quad (0{\leqslant}t{\leqslant}1), \tag{1.4.2}$$

取 $t=\frac{1}{2}$,可得线段 $\overline{z_1z_2}$ 的中点为

$$z=\frac{z_1+z_2}{2}.$$

例 3　求下列方程所表示的曲线.

(1) $|z+i|=2$；　　　　　　(2) $\text{Im}(i+z)=4$.

解　(1) 设 $z=x+iy$，则 $|x+iy+i|=|x+(y+1)i|=2$，

可得 $\qquad\qquad\qquad\qquad x^2+(y+1)^2=4$，

曲线即中心为 $(0,-1)$，半径为 2 的圆（如图 1-8）.

(2) 设 $z=x+iy, i+z=x+i(y+1)$，则 $\text{Im}(i+z)=4$，即 $y+1=4$，可得直线

方程 $y=3$. 这是一条平行于 x 轴的直线（如图 1-9）.

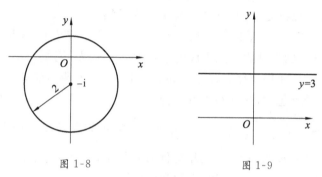

图 1-8　　　　　　　　　　　　　图 1-9

由此可见，复数方程与平面曲线之间可以相互转换. 复平面上的曲线也可以看成是满足某种条件的点 z 的轨迹.

1.4.2　复平面区域

同实变数一样，每个复变数都有自己的变化范围. 下面介绍复平面上一些点集的概念，进而给出区域的定义，从而讨论区域的连通性.

1. 平面点集的几个基本概念

设 $z_1=x_1+iy_1, z_2=x_2+iy_2$，则点 z_1 与 z_2 之间的距离 $d(z_1,z_2)$ 规定为

$$d(z_1,z_2)=\sqrt{(x_2-x_1)^2+(y_2-y_1)^2},$$

显然 $d(z_1,z_2)=|z_2-z_1|$.

设 z_0 为一定点，$\delta>0$，称满足 $|z-z_0|<\delta$ 的点 z 的全体为点 z_0 的 δ 邻域，记作 $U(z_0,\delta)$. $U(z_0,\delta)$ 简称为点 z_0 的邻域（如图 1-10）.

$U(z_0,\delta)$ 的几何意义是以 z_0 为圆心，δ 为半径的圆内部的点的集合.

称由不等式 $0<|z-z_0|<\delta$ 所确定的点集为 z_0 的去心 δ 邻域，简称为点 z_0 的去心邻域，记作 $\overset{\circ}{U}(z_0,\delta)$.

下面用邻域来刻画一些特殊的点与点集.

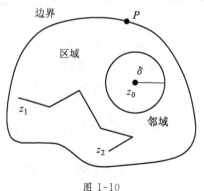

图 1-10

设 G 为一平面点集，z_0 为 G 中任意一点，若 z_0 的任意一个邻域内都含有 G 的无穷多个点，则称 z_0 为 G 的聚点.

若 $z_0 \in G$，存在某个 $U(z_0,\delta)$，使得 $U(z_0,\delta)$ 内除 z_0 外再无 G 中的点，则称 z_0 为 G 的孤立点.

若存在某个 $U(z_0,\delta)$，使得 $U(z_0,\delta)$ 内的全部点都不属于 G，则称 z_0 为 G 的外点.

若存在 z_0 的一个邻域，该邻域内的所有点都属于 G，那么称 z_0 为 G 的内点. 如果 G 内的每个点都是它的内点，那么称 G 为开集.

若 z_0 的任意一个邻域内既有属于 G 的点，又有不属于 G 的点，则称 z_0 为 G 的边界点. 称由 G 的全部边界点组成的集合为 G 的边界，记作 ∂G.

若平面点集 G 能用半径为 R 的圆包含，则称 G 为有界点集，若平面点集 G 不能用半径为 R 的圆包含，则称 G 为无界点集.

例 4 设点集 $E = \{z \| |z| < 1\}$，则点 $z = \dfrac{1}{3}$ 是 E 的内点；$z = \pm i$ 是 E 的聚点和边界点；$z = 1 - i$ 是 E 的外点；E 是开集且为有界集；$\partial E = \{z \| |z| = 1\}$，$\partial E$ 是闭集且为有界集；这里的 E 即 $U(0,1)$，常称为单位圆.

2. 区域

设 G 为点集，若对 G 中任意两点，总能用完全属于 G 的一条折线将它们连接起来，则称 G 是连通的（如图 1-10）.

连通的开集 D 称为区域. 区域 D 与它的边界 ∂D 一起构成闭区域或闭域，记作 $\overline{D}$.

如果一个区域 D 可以被包含在一个以原点为中心的圆里面，即存在正数 M，使区域 D 的每个点 z 都满足 $|z| < M$，那么 D 称为有界的，否则称为无界的.

例 5 判断由下列不等式所确定的区域是否有界？

(1) $r_1 < |z - z_0| < r_2$；   (2) $\operatorname{Im} z > 0$；

(3) $\theta < \arg z < \varphi$；   (4) $a < \operatorname{Im} z < b$.

解 (1) 由不等式所确定的区域为以 z_0 为中心，半径大于 r_1 小于 r_2 的圆环域，为有界区域；

(2) 区域为上半平面，无界；

(3) 区域为角形域，无界；

(4) 区域为由直线 $y = a$ 与 $y = b$ 所夹的带形区域，无界.

1.4.3 简单曲线与区域的连通性

1. 简单曲线

设 $C: z = z(t)$ $(a \leqslant t \leqslant b)$ 为一条连续曲线，$z(a)$ 与 $z(b)$ 分别称为 C 的起点和终点. 对于满足 $a < t_1 < b, a \leqslant t_2 \leqslant b$ 的 t_1 与 t_2，当 $t_1 \neq t_2$ 而 $z(t_1) = z(t_2)$ 时，点 $z(t_1)$ 称

为曲线 C 的重点.没有重点的连续曲线 C 称为简单曲线或若尔当(Jardan)曲线.如果简单曲线 C 的起点和终点重合,即 $z(a)=z(b)$,则称曲线 C 为简单闭曲线.由此可知简单曲线自身不会相交,如图 1-11 所示.

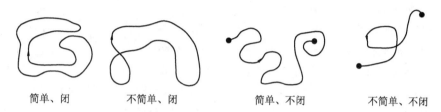

简单、闭　　　不简单、闭　　　简单、不闭　　　不简单、不闭

图 1-11

任意一条简单闭曲线 C 将复平面唯一地分成 D_1,C,D_2 三个互不相交的点集(如图 1-12),其中除去 C 以外,一个是有界区域 D_1,称为 C 的内部,另一个是无界区域 D_2,称为 C 的外部,C 为它们的公共边界.简单闭曲线这一性质的几何直观意义是很清楚的.

2.单连通区域与多连通区域

复平面上的一个区域 B,如果在其中任作一条简单闭曲线,而曲线的内部总属于 B,就称为单连通区域.一个区域如果不是单连通区域,则为多连通区域.

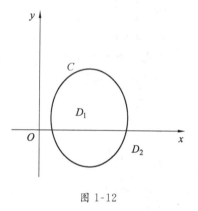

图 1-12

一般来说,单连通区域不带"洞",多连通区域带"洞",如图 1-13 所示.

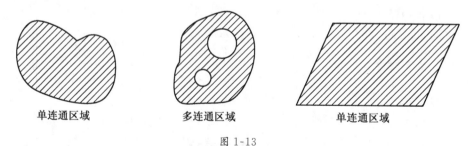

单连通区域　　　　多连通区域　　　　单连通区域

图 1-13

例 6　设 $E=\{z|\operatorname{Im} z>0\}$,$D=\{z|1<|z|<3\}$,由定义得知,$E$ 是单连通区域,D 是多连通区域.

一条简单曲线的内部是单连通区域,单连通区域的特征是在该区域内任一个简单闭曲线可经过连续变形而缩成一个点,而多连通区域不具有这个特征.

习题 1.4

1. 将下列方程写成复数形式.

(1) 直线方程 $ax+by+c=0$ $(a^2+b^2\neq0)$；

(2) 圆周方程 $a(x^2+y^2)+bx+cy+d=0$ $(a\neq0)$.

2. 指出满足下列各式的点 z 的轨迹或所在范围，并作图.

(1) $|z+2\mathrm{i}|=1$；

(2) $|z+3|+|z+1|=4$；

(3) $\mathrm{Re}(z+2)=-1$；

(4) $\mathrm{Re}(\mathrm{i}\bar{z})=3$；

(5) $\left|\dfrac{z-3}{z-2}\right|\geqslant1$；

(6) $\arg(z-\mathrm{i})=\dfrac{\pi}{4}$；

(7) $|z-a|=\mathrm{Re}(z-b)$，其中 a,b 为实常数.

3. 指出下列不等式所确定的区域，并说明其区域的开闭性、有界性、连通性.

(1) $\mathrm{Im}(2z)<1$；

(2) $|z-1|>2$；

(3) $\dfrac{\pi}{4}<\arg z<\dfrac{\pi}{3}$，且 $1<|z|<3$；

(4) $\mathrm{Re}(z^2)<1$；

(5) $|z-1|<|z+3|$；

(6) $-1<\arg z<-1+\pi$；

(7) $\left|\dfrac{1}{z}\right|<3$；

(8) $\left|\dfrac{z-1}{z+1}\right|>a$ $(a>0)$.

4. 已知两点 z_1 与 z_2，问下列各点 z 位于何处?

(1) $z=\dfrac{1}{2}(z_1+z_2)$；

(2) $z=\lambda z_1+(1-\lambda)z_2$.

5. 将下列方程(t 为实参数)给出的曲线用一个实直角坐标系方程给出.

(1) $z=t(1+\mathrm{i})$；

(2) $z=a\cos t+\mathrm{i}b\sin t$ $(a,b$ 是实常数)；

(3) $z=t+\dfrac{\mathrm{i}}{t}$；

(4) $z=t^2+\dfrac{\mathrm{i}}{t^2}$.

1.5 复变函数

复变函数研究的主要对象是定义在复数域上的解析函数，而解析函数是一种特殊的复变函数，因此，在讨论了复数集后，还需要讨论复变函数的有关概念，进而为研究解析函数做好准备.

1.5.1　复变函数的概念

定义 1.5.1　设 G 是一个复数 $z=x+\mathrm{i}y$ 的集合. 如果存在一确定的法则 f,按照这一法则,对于集合 G 中的每一个复数 z 都有一个或几个复数 $w=u+\mathrm{i}v$ 与之对应,那么称复变数 w 是复变数 z 的函数(简称复变函数),记作

$$w=f(z).$$

如果 z 的一个值对应着 w 的一个值,那么称函数 $f(z)$ 是单值的;如果 z 的一个值对应着 w 的两个或两个以上的值,那么称函数 $f(z)$ 是多值的. 集合 G 称为 $f(z)$ 的定义集合,对应于 G 中所有 z 的一切 w 值所成的集合 G^* 称为函数值集合. 例如,$w=z^3$,$w=|z|$ 为单值函数,$w=\sqrt[3]{z}$,$w=\mathrm{Arg}\,z$ 为多值函数.

今后若无特殊声明,则讨论的函数均为单值函数.

同高等数学一样,在上述定义中,定义集合 G 常常是一个平面区域,称集合 G 为函数的定义域,称 G 的生成集 $G^*=f(G)=\{w\,|\,w=f(z),z\in G\}$ 为函数的值域,z 与 w 分别称为函数的自变量与因变量.

1.5.2　复变函数与实变函数的关系

复变函数与实变量的实值函数有无联系呢? 为弄清这个问题,先来观察一个例子:

设 $w=z^2$,$z\in C$,令 $z=x+\mathrm{i}y$,$w=u+\mathrm{i}v$,

则有
$$u+\mathrm{i}v=(x+\mathrm{i}y)^2=x^2-y^2+\mathrm{i}2xy$$

于是有
$$\begin{cases} u=x^2-y^2, \\ v=2xy. \end{cases}$$

由此可知,函数 $w=z^2$ 的实部与虚部均为二元实值函数.

一般而言,对于 $w=f(z)$,$z\in G$,若令

$$z=x+\mathrm{i}y,\quad w=u+\mathrm{i}v,$$

则由对应关系 f 与复数相等的定义知,u 与 v 均是二元实值函数. 即设 $z=x+\mathrm{i}y$,$w=u+\mathrm{i}v$,则有 $w=f(z)=u(x,y)+\mathrm{i}v(x,y)$,因此,研究复变函数可以转化为研究二元实值函数.

一般来讲,当 z 与 w 用不同的复数表示法时,刻画函数 $w=f(z)$ 的两个二元实值函数会发生相应的变化. 至此,可以说,复变函数与实变量的实值函数有联系. 这种联系表现为:复变函数的实部与虚部均可用二元实值函数来表示.

1.5.3　映射的概念

1. 由函数构成的映射

在高等数学中,我们常把实变函数用几何图形来表示,这些几何图形可以直观地帮助我们理解和研究函数的性质. 由于复变函数 $w=f(z)$ 的几何图形需在四

维空间里考虑,所以不可能有实值函数 $y=f(x)$ 与 $z=f(x,y)$ 的那种直观的感觉. 为了赋予复变函数以形的解释,可从变换或映射的角度来考虑.

设函数 $w=f(z)$,$z\in G$,值域 $G^*=f(G)$. 取两张复平面,分别称为 z 平面和 w 平面,若将定义域放在 z 平面上,值域 G^* 放在 w 平面上,则复变函数 $w=f(z)$ 的几何意义是:将 z 平面上的集合 G 变换(映射)为 w 平面上的集合 G^*. 这个映射通常简称为由函数 $w=f(z)$ 所构成的映射. 如果 G 中的点 z 被映射 $w=f(z)$ 映射成 G^* 中的点 w,那么 w 称为 z 的像(映像),而 z 称为 w 的原像.

映射这一概念的引入,对于复变函数论的进一步发展起到非常重要的作用,因为它给出了函数的分析表示和几何表示的综合,这个综合是函数论发展的基础和新问题不断出现的源泉之一,在物理学的许多领域有着重要的应用.

例 1 设函数 $w=\bar{z}$,显然,它将 z 平面上的点 $z_1=2+3i$ 映射成 w 平面上的点 $w_1=2-3i$,将 z 平面上的点 $z_2=1-2i$ 映射成 w 平面上的点 $w_2=1+2i$,将 z 平面上的 $\triangle ABC$ 映射成 w 平面上的 $\triangle A'B'C'$(如图 1-14).

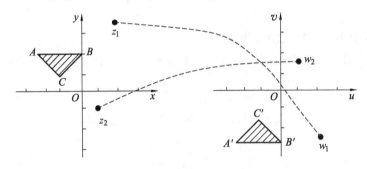

图 1-14

例 2 函数 $w=z^2$ 将 z 平面上的曲线 $x=C$ 映射成 w 平面上的何种曲线?

解 设 $z=x+iy$,则 $w=z^2=(x+iy)^2=x^2-y^2+i2xy$,

所以
$$\begin{cases} u=x^2-y^2, \\ v=2xy. \end{cases}$$

由
$$v=2xy$$

可得
$$y=\frac{v}{2x},$$

当 $x=C$ 时,$u=C^2-\dfrac{v^2}{4C^2}$,这是 w 平面上关于 u 轴对称的抛物线.

例如,取 $x=1$,则 $u=1-\dfrac{v^2}{4}$;取 $x=2$,则 $u=4-\dfrac{v^2}{16}$(如图 1-15).

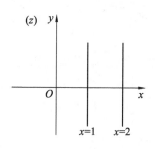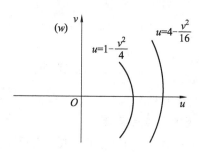

图 1-15

例 3　变换 $w=\dfrac{1}{z}$ 将 z 平面上的直线 $x=1$ 映射成 w 平面上的何种曲线？

解　设 $z=x+\mathrm{i}y$，则 $w=\dfrac{1}{z}=\dfrac{1}{x+\mathrm{i}y}=\dfrac{x-\mathrm{i}y}{x^2+y^2}=\dfrac{x}{x^2+y^2}-\mathrm{i}\,\dfrac{y}{x^2+y^2}$，

所以

$$
\begin{cases}
u=\dfrac{x}{x^2+y^2}, \\[2mm]
v=-\dfrac{y}{x^2+y^2},
\end{cases}
$$

可得

$$
\begin{cases}
x=\dfrac{u}{u^2+v^2}, \\[2mm]
y=-\dfrac{v}{u^2+v^2},
\end{cases}
$$

将 $x=1$ 代入方程 $x=\dfrac{u}{u^2+v^2}$，可得

$$
\frac{u}{u^2+v^2}=1,
$$

即

$$
\left(u-\frac{1}{2}\right)^2+v^2=\left(\frac{1}{2}\right)^2,
$$

显然此式表示 w 平面上的圆，如图 1-16 所示.

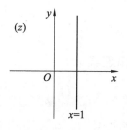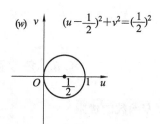

图 1-16

由以上例子，可以总结出将 z 平面上的曲线映射成 w 平面上的某种曲线的一般方法：

先求出函数 $w=f(z)=u(x,y)+\mathrm{i}v(x,y)$ 中的 $\begin{cases}u=u(x,y),\\v=v(x,y)\end{cases}$（1），再反解出

$\begin{cases}x=\varphi(u,v),\\y=\psi(u,v)\end{cases}$（2），由给出的条件代入（2）式，即可得在 w 平面上相应的含有 u

和 v 的曲线方程.

2. 逆映射与反函数

与实变函数一样，复变函数也有反函数的概念.

定义 1.5.2 设函数 $w=f(z)$ 的定义集合为 z 平面上的集合 G，函数值集合为 w 平面上的集合 G^*，若 G^* 中的每一点 w 对应着 G 中的一个（或几个）点，按照函数定义，在 G^* 上定义一个单值（或多值）函数 $z=f^{-1}(w)$，它称为函数 $w=f(z)$ 的反函数，也称对应的映射 $w=f(z)$ 的逆映射.

从上述反函数的定义可知，对于任意的 $w\in G^*$ 有
$$w=f[f^{-1}(w)],$$
且当反函数为单值函数时，也有
$$z=f^{-1}[f(z)]\quad(z\in G).$$

今后，我们不再区分函数与映射（变换）. 如果函数（映射）$w=f(z)$ 与它的反函数（逆映射）$z=f^{-1}(w)$ 都是单值的，那么称函数（映射）$w=f(z)$ 是一一对应的. 此时，也称集合 G 与集合 G^* 是一一对应的.

习题 1.5

1. 设函数 $w=z^2$，求在此映射下点 $z_1=\mathrm{i},z_2=1+2\mathrm{i}$ 和 $z_3=-1$ 的像.

2. 函数 $w=\dfrac{1}{z}$ 把下列 z 平面上的曲线映射成 w 平面上的何种曲线？

(1) $x^2+y^2=9$；　　　　　(2) $y=x$.

3. 对于映射 $w=z+\dfrac{1}{z}$，求出圆周 $|z|=2$ 的像.

1.6 复变函数的极限和连续

1.6.1 复变函数的极限

定义 1.6.1 设函数 $w=f(z)$ 在 z_0 的去心邻域 $0<|z-z_0|<\rho$ 内有定义，如果存在一确定的复数 A，对于任意给定的 $\varepsilon>0$，相应地必有一正数 $\delta(\varepsilon)$（$0<\delta\leqslant\rho$），使得当 $0<|z-z_0|<\delta$ 时恒有
$$|f(z)-A|<\varepsilon,$$

则称 A 为 $f(z)$ 当 z 趋向于 z_0 时的极限,记为 $\lim\limits_{z \to z_0} f(z) = A$,或记作当 $z \to z_0$ 时,$f(z) \to A$. 如图 1-17 所示.

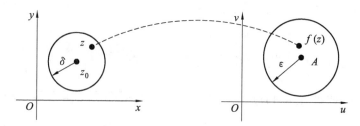

图 1-17

我们可以这样来理解极限概念的几何意义:当变点 z 一旦进入 z_0 的充分小 $\delta(\varepsilon)$ $(0 < \delta \leqslant \rho)$ 去心邻域时,它的像 $f(z)$ 就落入 A 的预先给定的 ε 邻域中,这与一元实变函数极限的几何意义十分类似,只是用圆形邻域代替了区间邻域.

由定义 1.6.1 可见,复变函数的极限概念与高等数学中的极限概念极为相似. 但这仅仅是问题的一个方面,问题的另一个方面是它们之间有本质上的差别. 在复变函数的极限概念中,$z \to z_0$ 时关于路径的要求比 $x \to x_0$ 时关于路径的要求要苛刻得多,前者 $z \to z_0$ 要求 z 在 G 中沿任意路径趋于 z_0($f(z)$ 都要趋向于同一个常数 A),是有无穷条路径可供选择,而后者要求 x 在实轴上沿任意路径趋于 x_0,只有两条路径(x_0 的左侧与右侧)可供选择.

由于复变函数极限的定义与高等数学中一元实函数的极限定义相似,因此可以仿照证明得到如下结论:

(1)(极限的唯一性)若 $f(z)$ 当 z 在 G 中趋于 z_0 时存在极限,则极限是唯一的.

(2)(局部有界性)若 $f(z)$ 当 z 在 G 中趋于 z_0 时存在极限,则存在 $\mathring{U}(z_0, \delta)$ 及正数 M,使得当 $z_0 \in \mathring{U}(z_0, \delta)$ 时,有 $|f(z)| < M$.

关于极限的计算有如下两个定理:

定理 1.6.1　设 $f(z) = u(x, y) + \mathrm{i}v(x, y)$,$A = u_0 + \mathrm{i}v_0$,$z_0 = x_0 + \mathrm{i}y_0$,则

$$\lim_{z \to z_0} f(z) = A$$

的充要条件是

$$\lim_{\substack{x \to x_0 \\ y \to y_0}} u(x, y) = u_0, \quad \lim_{\substack{x \to x_0 \\ y \to y_0}} v(x, y) = v_0.$$

证明　(必要性)若 $\lim\limits_{z \to z_0} f(z) = A$,那么根据极限的定义有:

当 $0 < |(x + \mathrm{i}y) - (x_0 + \mathrm{i}y_0)| < \delta$ 时,

$$|(u + \mathrm{i}v) - (u_0 + \mathrm{i}v_0)| < \varepsilon.$$

或当 $0<\sqrt{(x-x_0)^2+(y-y_0)^2}<\delta$ 时,

$$|(u-u_0)+\mathrm{i}(v-v_0)|<\varepsilon.$$

因此,当 $0<\sqrt{(x-x_0)^2+(y-y_0)^2}<\delta$ 时,

$$|u-u_0|<\varepsilon,\ |v-v_0|<\varepsilon.$$

即
$$\lim_{\substack{x\to x_0\\y\to y_0}}u(x,y)=u_0,\ \lim_{\substack{x\to x_0\\y\to y_0}}v(x,y)=v_0. \tag{1.6.1}$$

(充分性)若式(1.6.1)成立,那么当 $0<\sqrt{(x-x_0)^2+(y-y_0)^2}<\delta$ 时有

$$|u-u_0|<\frac{\varepsilon}{2},\quad |v-v_0|<\frac{\varepsilon}{2}.$$

而
$$|f(z)-A|=|(u-u_0)+\mathrm{i}(v-v_0)|\leqslant|u-u_0|+|v-v_0|,$$

所以当 $0<|z-z_0|<\delta$ 时有

$$|f(z)-A|<\frac{\varepsilon}{2}+\frac{\varepsilon}{2}=\varepsilon,$$

即
$$\lim_{z\to z_0}f(z)=A.$$

该定理的重要意义在于:它揭示了复变函数的极限与实变函数极限的紧密关系,将求复变函数 $f(z)=u(x,y)+iv(x,y)$ 的极限问题转化为求两个二元实值函数 $u(x,y)$ 和 $v(x,y)$ 的极限问题.

由定理 1.6.1,读者不难证明,类似于极限的有理运算,对于复变函数极限也有如下四则运算法则:

定理 1.6.2 如果 $\lim\limits_{z\to z_0}f(z)=A$, $\lim\limits_{z\to z_0}f(z)=B$,那么

(1) $\lim\limits_{z\to z_0}[f(z)\pm g(z)]=A\pm B$;

(2) $\lim\limits_{z\to z_0}f(z)g(z)=AB$;

(3) $\lim\limits_{z\to z_0}\dfrac{f(z)}{g(z)}=\dfrac{A}{B}$ $(B\neq 0)$.

1.6.2 函数的连续性

定义 1.6.2 如果 $\lim\limits_{z\to z_0}f(z)=f(z_0)$,则称函数 $f(z)$ 在点 z_0 处连续. 如果 $f(z)$ 在区域 D 内处处连续,则称 $f(z)$ 在 D 内连续.

根据这个定义和定理 1.6.1,易知下面的定理 1.6.3 成立.

定理 1.6.3 函数 $f(z)=u(x,y)+iv(x,y)$ 在 $z_0=x_0+\mathrm{i}y_0$ 处连续的充要条件是 $u(x,y)$ 和 $v(x,y)$ 在点 (x_0,y_0) 处连续.

例 1 设

$$f(z)=\frac{1}{2\mathrm{i}}\left(\frac{z}{\bar z}-\frac{\bar z}{z}\right)\ (z\neq 0),$$

试证 $f(z)$ 在原点无极限,从而在原点不连续.

证明　证法一:令 $z=x+\mathrm{i}y$,$f(z)=u(x,y)+\mathrm{i}v(x,y)$,则

$$u(x,y)+\mathrm{i}v(x,y)=\frac{1}{2\mathrm{i}}\left(\frac{x+\mathrm{i}y}{x-\mathrm{i}y}-\frac{x-\mathrm{i}y}{x+\mathrm{i}y}\right)=\frac{2xy}{x^2+y^2},$$

即

$$u(x,y)=\frac{2xy}{x^2+y^2},\ v(x,y)=0,$$

因为 $\lim\limits_{z\to0}f(z)$ 存在的充要条件是 $\lim\limits_{\substack{x\to0\\y\to0}}u(x,y)$ 与 $\lim\limits_{\substack{x\to0\\y\to0}}v(x,y)$ 存在,而

$$\lim_{\substack{x\to0\\y\to0}}u(x,y)=\lim_{\substack{x\to0\\y\to0}}\frac{2xy}{x^2+y^2}=\lim_{\substack{x\to0\\y=kx\to0}}\frac{2kx^2}{x^2(kx)^2}=\frac{2k}{1+k^2},$$

极限随 k 的变化而变化,所以 $\lim\limits_{\substack{x\to0\\y\to0}}u(x,y)$ 不存在,故 $\lim\limits_{z\to0}f(z)$ 不存在,即 $f(z)$ 在原点无极限,从而在原点不连续.

证法二:令 $z=r(\cos\theta+\mathrm{i}\sin\theta)$,则

$$f(z)=\frac{1}{2\mathrm{i}}\frac{z^2-(\bar{z})^2}{z\bar{z}}=\frac{1}{2\mathrm{i}}\frac{(z+\bar{z})(z-\bar{z})}{r^2}$$

$$=\frac{1}{2\mathrm{i}r^2}\cdot2r\cos\theta\cdot2\mathrm{i}r\sin\theta=\sin2\theta,$$

从而　　　$\lim\limits_{z\to0}f(z)=0$　(沿正实轴 $\theta=0$),

　　　　　　$\lim\limits_{z\to0}f(z)=1$　(沿第一象限的平分线 $\theta=\dfrac{\pi}{4}$),

故 $f(z)$ 在原点无确定的极限,从而在原点不连续.

注意　上述例子说明,当 z 沿某一特定方式趋于 z_0 时,函数极限虽存在,但不足以说明它在该点有极限,只有当函数 $f(z)$ 在一点 z_0 的极限存在的条件下才能使 z 沿某种特定的方式趋于 z_0,简单地求得此极限.

与高等数学中的一元连续函数一样,由连续的定义可类似地获得以下结论:

定理 1.6.4　(1) 在 $z_0=x_0+\mathrm{i}y_0$ 连续的两个函数 $f(z)$ 与 $g(z)$ 的和、差、积、商(分母不为 0)在 $z_0=x_0+\mathrm{i}y_0$ 处仍连续.

(2) 如果函数 $h=g(z)$ 在 z_0 连续,函数 $w=f(h)$ 在 $h_0=g(z_0)$ 连续,那么复合函数 $w=f[g(z)]$ 在 z_0 处连续.

定理 1.6.5　若函数 $f(z)$ 在有界闭区域 $\overline{D}$ 上连续,则

(1) $f(z)$ 在 $\overline{D}$ 上为有界函数;

(2) $f(z)$ 在 $\overline{D}$ 上能取到最大值与最小值,即存在 $z_1,z_2\in\overline{D}$,使得对任意的 $z\in\overline{D}$,有 $|f(z_1)|\leqslant|f(z)|\leqslant|f(z_2)|$;

(3) $f(z)$ 在 $\overline{D}$ 上一致连续,即对任意的 $\varepsilon>0$,总存在 $\delta>0$,使得当 $|z_1-z_2|<\delta$ $(z_1,z_2\in\overline{D})$ 时,有 $|f(z_1)-f(z_2)|<\varepsilon$.

由定理 1.6.4,可以推得多项式函数

$$w = P(z) = a_0 + a_1 z + a_2 z^2 + \cdots + a_n z^n$$

在复平面内是连续的,而有理分数函数

$$w = \frac{P(z)}{Q(z)}$$

其中,$P(z)$ 和 $Q(z)$ 都是多项式,当分母不为 0 时在复平面内也是连续的.

习题 1.6

1. 求下列极限.

(1) $\lim\limits_{z \to 1} \dfrac{z\bar{z} + 2z - \bar{z} - 2}{z^2 - 1}$; (2) $\lim\limits_{z \to 0} \dfrac{z \operatorname{Re} z}{1 + z}$.

2. 求下列函数的定义域,并判断这些函数在定义域内是否为连续函数.

(1) $w = |z - 1|$; (2) $w = \dfrac{z^2 - 1}{(z-1)^2 + 1}$.

3. 证明函数 $f(z) = \dfrac{\operatorname{Re} z}{|z|}$ 当 $z \to 0$ 时的极限不存在,从而 $f(z)$ 在 $z = 0$ 不连续.

4. 试证 $\arg z$ 在原点与负实轴上不连续.

5. 如果 $f(z)$ 在 z_0 连续,$\overline{f(z)}$ 在 z_0 是否连续?

6. 讨论函数 $f(z) = \begin{cases} \dfrac{\operatorname{Im} z}{1 + |z|}, & z \neq 0; \\ i, & z = 0 \end{cases}$ 在 $z = 0$ 处是否连续.

本章小结

本章主要介绍了复数及其运算和几何表示、复变函数及其极限和连续. 本章的重点是牢固掌握复数的几种表示方法(代数、三角、指数表示)及其运算,会用复数表达式表示一些常见平面曲线与区域,理解复变函数的概念和复变函数的极限、连续的概念.

1. 复数的概念及其表示

(1) 复数的概念:$z = x + \mathrm{i}y$,x, y 是实数. $x = \operatorname{Re} z, y = \operatorname{Im} z, \mathrm{i}^2 = -1$.

注:一般两个复数不比较大小,但其模(为实数)有大小.

(2) 复数的表示:

① 模:$|z| = \sqrt{x^2 + y^2}$.

② 辐角:在 $z \neq 0$ 时,复数 z 所对应的向量 $\overrightarrow{OP}$ 与 x 轴正向的夹角,记为 $\operatorname{Arg} z$,主值 $\arg z$ 是位于 $(-\pi, \pi]$ 中的辐角. 注意要正确理解辐角 $\operatorname{Arg} z$ 的多值性,即 $\operatorname{Arg} z = \arg z + 2k\pi$ (k 为任意整数),并掌握根据给定的非零复数 z 在复平面上的

位置确定辐角主值 arg z 的方法，arg z 与 arctan $\dfrac{y}{x}$ 之间的关系如下：

$$
\arg z = \begin{cases}
\arctan \dfrac{y}{x}, & x>0, y \in \mathbf{R}; \\[2mm]
\dfrac{\pi}{2}, & x=0, y>0; \\[2mm]
\arctan \dfrac{y}{x}+\pi, & x<0, y \geqslant 0; \\[2mm]
\arctan \dfrac{y}{x}-\pi, & x<0, y<0; \\[2mm]
-\dfrac{\pi}{2}, & x=0, y<0
\end{cases}
\left(\text{其中} -\dfrac{\pi}{2}<\arctan \dfrac{y}{x}<\dfrac{\pi}{2}\right).
$$

③ 三角表示：$z=|z|(\cos\theta+\mathrm{i}\sin\theta)$，其中 $\theta=\mathrm{Arg}\ z$.

注：公式中间一定是"＋"号.

④ 指数表示：$z=|z|\mathrm{e}^{\mathrm{i}\theta}$，其中 $\theta=\mathrm{Arg}\ z$.

2. 复数的运算

（1）加减法：若 $z_1=x_1+\mathrm{i}y_1$，$z_2=x_2+\mathrm{i}y_2$，则 $z_1 \pm z_2=(x_1 \pm x_2)+\mathrm{i}(y_1 \pm y_2)$.

（2）乘除法：

① 若 $z_1=x_1+\mathrm{i}y_1$，$z_2=x_2+\mathrm{i}y_2$，则

$$z_1 z_2=(x_1 x_2-y_1 y_2)+\mathrm{i}(x_2 y_1+x_1 y_2),$$

$$\frac{z_1}{z_2}=\frac{x_1+\mathrm{i}y_1}{x_2+\mathrm{i}y_2}=\frac{(x_1+\mathrm{i}y_1)(x_2-\mathrm{i}y_2)}{(x_2+\mathrm{i}y_2)(x_2-\mathrm{i}y_2)}=\frac{x_1 x_2+y_1 y_2}{x_2^2+y_2^2}+\mathrm{i}\frac{y_1 x_2-y_2 x_1}{x_2^2+y_2^2}.$$

② 若 $z_1=r_1(\cos\theta_1+\mathrm{i}\sin\theta_1)$，$z_2=r_2(\cos\theta_2+\mathrm{i}\sin\theta_2)$，则

$$|z_1 z_2|=r_1 r_2=|z_1||z_2|,\quad \mathrm{Arg}(z_1 z_2)=\mathrm{Arg}\ z_1+\mathrm{Arg}\ z_2,$$

$$\left|\frac{z_2}{z_1}\right|=\frac{|z_2|}{|z_1|},\quad \mathrm{Arg}\left(\frac{z_2}{z_1}\right)=\mathrm{Arg}\ z_2-\mathrm{Arg}\ z_1.$$

要正确理解上述两复数乘积与商的辐角公式，对于这两个公式应理解为等式两端可能取的值的全体相同.

（3）乘幂与方根：

① 若 $z=|z|(\cos\theta+\mathrm{i}\sin\theta)=|z|\mathrm{e}^{\mathrm{i}\theta}$，则 $z^n=|z|^n(\cos n\theta+\mathrm{i}\sin n\theta)=|z|^n \mathrm{e}^{\mathrm{i}n\theta}$.

② 若 $z=|z|(\cos\theta+\mathrm{i}\sin\theta)=|z|\mathrm{e}^{\mathrm{i}\theta}$，则

$$\sqrt[n]{z}=|z|^{\frac{1}{n}}\left(\cos\frac{\theta+2k\pi}{n}+\mathrm{i}\sin\frac{\theta+2k\pi}{n}\right)(k=0,1,2,\cdots,n-1)(\text{有 } n \text{ 个相异的值}).$$

3. 复变函数

复变函数及其极限、连续等概念是高等数学中相应概念的推广，它们既有相似之处，又有不同之点，读者在学习中应当善于比较，深刻理解.

（1）平面曲线和平面区域（包括单连通区域和多连通区域）是复变函数理论的

几何基础. 很多平面图形能用复数形式的方程或不等式来表示,反之,也可以由给定的复数形式的方程来确定它所表示的平面图形,读者要熟练掌握.

(2) 复变函数的定义与一元实变函数的定义一样,只是把定义中的"实数"扩展到"复数"中了. 复变函数 $w=f(z)$,在几何上可以看作把 z 平面上的一个点集 G 变到 w 平面上的另一个点集 G^* 的映射. 映射这一概念的引入,使我们对所研究的问题直观化、几何化.

(3) 复变函数极限的定义虽然与一元实变函数极限的定义在形式上相似,但实质上有很大的区别. 在复变函数的极限概念中,$z \to z_0$ 时关于路径的要求比 $x \to x_0$ 时关于路径的要求要苛刻得多,前者要求 z 在 G 上沿任意路径趋于 z_0($f(z)$ 都要趋向于同一个常数 A),是有无穷条路径可供选择,而后者要求 x 在实轴上沿任意路径趋于 x_0,只有两条路径(x_0 的左侧与右侧)可供选择.

(4) 复变函数的实部、虚部分别对应着一个二元函数,即
$$w=f(z)=u(x,y)+iv(x,y),$$
它的极限存在等价于它的实部 $u(x,y)$ 与虚部 $v(x,y)$ 的极限同时存在;它连续等价于它的实部 $u(x,y)$ 与虚部 $v(x,y)$ 同时连续,因此我们将研究复变函数的极限与连续性问题转化为研究两个二元实变函数 $u(x,y)$ 与 $v(x,y)$ 的极限与连续性问题.

复习题 1

1. 求下列复数 z 的实部、虚部、共轭复数、模与辐角主值.

(1) $\dfrac{1}{i} - \dfrac{3i}{1-i}$;　　　(2) $\dfrac{(\sqrt{3}+i)(2-2i)}{(\sqrt{3}-i)(2+2i)}$;　　　(3) $\left(\dfrac{1+\sqrt{3}i}{2}\right)^5$.

2. 试求下列各式中的 x 与 y(其中,x,y 都是实数).

(1) $(1+2i)x+(3-5i)y=1-3i$;

(2) $(x+y)^2 i - \dfrac{6}{i} - x = -y+5(x+y)i-1$.

3. 设 $z_1=\dfrac{1+i}{\sqrt{2}}$,$z_2=\sqrt{3}-i$,试用三角形式和指数形式表示复数 $z_1 z_2$ 及 $\dfrac{z_1}{z_2}$.

4. 设 $z=\dfrac{1+i}{1-i}$,求 $z^{100}+z^{75}+z^{50}$ 的值.

5. 若 $|\alpha|=1$ 或 $|\beta|=1$,求证 $\left|\dfrac{\alpha-\beta}{1-\overline{\alpha}\beta}\right|=1$.

6. 设复数 z 满足 $\arg(z+2)=\dfrac{\pi}{3}$,$\arg(z-2)=\dfrac{5\pi}{6}$,求复数 z.

7. 计算下列各式的值.

(1) $(\sqrt{3}-i)^5$;　　　　　　　(2) $\sqrt[6]{i}$.

8. 设复数 z_1, z_2, z_3 对应于等边三角形的三个顶点，试证

$$z_1{}^2 + z_2{}^2 + z_3{}^2 - z_1 z_2 - z_2 z_3 - z_3 z_1 = 0.$$

9. 求方程 $\left| \dfrac{2z-1-i}{2-(1-i)z} \right| = 1$ 所表示曲线的直角坐标方程.

10. 描出下列不等式所确定的区域，并说明其区域的开闭性、有界性、连通性.

(1) $-\dfrac{\pi}{4} < \arg \dfrac{z-i}{i} < \dfrac{\pi}{4}$；

(2) $\left| \dfrac{z-a}{1-\bar{a}z} \right| \leqslant 1$ $(|a| < 1)$；

(3) $z\bar{z} + (6+i)z + (6-i)\bar{z} \leqslant 4$.

11. 证明：若复数 $a+ib$ 是实系数方程 $a_0 z^n + a_1 z^{n-1} + \cdots + a_{n-1} z + a_n = 0$ 的根，则 $a-ib$ 也是该方程的根.

12. 设 $w = x^2 + iy^2$，$z = x + iy$，试求 z 平面上的直线 $x=a$，$y=a$ 及圆周 $x^2 + y^2 = a^2$ 的像.

13. 判断下列函数在给定点处的极限是否存在，若存在，试求出极限的值.

(1) $f(z) = \dfrac{z \operatorname{Re} z}{|z|}$，$z \to 0$；

(2) $f(z) = \dfrac{\operatorname{Re}(z^2)}{|z|^2}$，$z \to 0$；

(3) $f(z) = \dfrac{z-i}{z(z^2+1)}$，$z \to i$.

14. 证明：如果 $f(z)$ 在 z_0 连续，则函数 $\overline{f(z)}, \operatorname{Re} f(z), \operatorname{Im} f(z), |f(z)|$ 都在 z_0 处连续.

第 2 章　解析函数

解析函数是复变函数研究的主要对象,是一类具有某种特性的可微函数,它在理论和实际问题中有着广泛的应用. 本章首先介绍复变函数的导数与解析函数的概念和性质,引入判断函数可导和解析的主要条件——柯西-黎曼条件;其次,将在实数域上熟知的常用初等函数推广到复数域上来,并研究其性质.

2.1　复变函数的导数与解析函数

2.1.1　复变函数的导数

定义 2.1.1　设函数 $w=f(z)$ 定义于区域 D,z_0 与 $z_0+\Delta z$ 均为 D 内的点. 若极限

$$\lim_{\Delta z \to 0}\frac{\Delta w}{\Delta z}=\lim_{\Delta z \to 0}\frac{f(z_0+\Delta z)-f(z_0)}{\Delta z}$$

存在,则称 $f(z)$ 在 z_0 处可导,这个极限值称为 $f(z)$ 在 z_0 处的导数,记为 $f'(z_0)$,

即

$$f'(z_0)=\frac{\mathrm{d}w}{\mathrm{d}z}\bigg|_{z=z_0}=\lim_{\Delta z \to 0}\frac{f(z_0+\Delta z)-f(z_0)}{\Delta z}. \tag{2.1.1}$$

也就是说,对任意给定的 $\varepsilon>0$,相应地有一个 $\delta(\varepsilon)>0$,使得当 $0<|\Delta z|<\delta$ 时,总有

$$\left|\frac{f(z_0+\Delta z)-f(z_0)}{\Delta z}-f'(z_0)\right|<\varepsilon.$$

若极限不存在,则称函数 $w=f(z)$ 在 z_0 处不可导.

由定义可知,导数 $f'(z_0)$ 是一种极限,因此,$\lim\limits_{\Delta z \to 0}\dfrac{f(z_0+\Delta z)-f(z_0)}{\Delta z}$ 存在要求 $z_0+\Delta z \to z_0$(即 $\Delta z \to 0$)时的路径是任意的,与 $z_0+\Delta z \to z_0$ 的方式无关. 也就是说,$z_0+\Delta z$ 在区域 D 内以任何方式趋于 z_0 时,比值 $\dfrac{f(z_0+\Delta z)-f(z_0)}{\Delta z}$ 都趋于同一个数. 此处对于导数的这一限制比一元实变函数的类似限制要严格得多,从而使复变可导函数具有许多独特的性质和应用.

如果 $f(z)$ 在区域 D 内处处可导,则称 $f(z)$ 在 D 内可导.

例 1　试证函数 $f(z)=z^n$(n 为自然数)在复平面上处处可导,并求其导数.

解　对复平面上的任一点 z，由导数的定义有

$$\lim_{\Delta z \to 0} \frac{f(z+\Delta z)-f(z)}{\Delta z} = \lim_{\Delta z \to 0} \frac{(z+\Delta z)^n - z^n}{\Delta z}$$

$$= \lim_{\Delta z \to 0} \left[nz^{n-1} + \frac{n(n-1)}{2} z^{n-2} \cdot \Delta z + \cdots + (\Delta z)^{n-1} \right]$$

$$= nz^{n-1}.$$

于是，$f(z)=z^n$ 在点 z 的导数存在且等于 nz^{n-1}. 由点 z 在复平面上的任意性，证得 $f(z)=z^n$ 在复平面上处处可导且 $f'(z)=nz^{n-1}$.

例 2　问 $f(z)=x+2yi$ 是否可导?

解　$$\lim_{\Delta z \to 0} \frac{f(z+\Delta z)-f(z)}{\Delta z} = \lim_{\Delta z \to 0} \frac{(x+\Delta x)+2(y+\Delta y)i - x - 2yi}{\Delta x + i\Delta y}$$

$$= \lim_{\Delta z \to 0} \frac{\Delta x + 2\Delta yi}{\Delta x + \Delta yi},$$

设 Δz 沿着平行于 x 轴的方向趋于 0，则 $\Delta y=0$，$\Delta z=\Delta x$. 这时极限

$$\lim_{\Delta z \to 0} \frac{\Delta x + 2\Delta yi}{\Delta x + \Delta yi} = \lim_{\Delta x \to 0} \frac{\Delta x}{\Delta x} = 1,$$

设 Δz 沿着平行于 y 轴的方向趋于 0，则 $\Delta x=0$，这时 $\Delta z=i\Delta y$，极限

$$\lim_{\Delta z \to 0} \frac{\Delta x + 2\Delta yi}{\Delta x + \Delta yi} = \lim_{\Delta y \to 0} \frac{2\Delta yi}{\Delta yi} = 2.$$

所以函数 $f(z)=x+2yi$ 不可导.

至此，我们知道导数 $f'(z_0)$ 还是一种特殊类型（差商）的极限，这与高等数学中一元实变函数的导数 $f'(x_0)$ 的定义在形式上是一样的，而且复变函数中极限的运算法则和实变函数中的一样，因而实变函数中的求导法则都可以不加更改地推广到复变函数中来. 所以关于复变函数的导数，有如下导数的四则运算法则、反函数与复合函数的求导法则及求导公式：

(1) $c'=0$，其中 c 为复常数.

(2) $(z^n)'=nz^{n-1}$，其中 n 为正整数.

(3) $[f(z) \pm g(z)]' = f'(z) \pm g'(z)$.

(4) $[f(z)g(z)]' = f'(z)g(z) + f(z)g'(z)$.

(5) $\left[\dfrac{f(z)}{g(z)} \right]' = \dfrac{1}{g^2(z)} [f'(z)g(z) - f(z)g'(z)]$，$g(z) \neq 0$.

(6) $\{f[g(z)]\}' = f'(w)g'(z)$，其中 $w=g(z)$.

(7) $f'(z) = \dfrac{1}{\varphi'(w)}$，其中 $w=f(z)$ 与 $z=\varphi(w)$ 是两个互为反函数的单值函数，且 $\varphi'(w) \neq 0$.

关于"可导"与"连续"的关系，也与高等数学一样，有如下的定理.

定理 2.1.1　若函数 $w=f(z)$ 在点 z_0 可导，则 $w=f(z)$ 在点 z_0 连续.

证明 由函数 $w = f(z)$ 在 z_0 可导,有

$$f'(z_0) = \lim_{\Delta z \to 0} \frac{f(z_0 + \Delta z) - f(z_0)}{\Delta z},$$

即对于任给的 $\varepsilon > 0$,相应有一个 $\delta > 0$,使得当 $0 < |\Delta z| < \delta$ 时,有

$$\left| \frac{f(z_0 + \Delta z) - f(z_0)}{\Delta z} - f'(z_0) \right| < \varepsilon.$$

令

$$\rho(\Delta z) = \frac{f(z_0 + \Delta z) - f(z_0)}{\Delta z} - f'(z_0),$$

那么

$$\lim_{\Delta z \to 0} \rho(\Delta z) = 0,$$

由此得

$$f(z_0 + \Delta z) - f(z_0) = f'(z_0) \Delta z + \rho(\Delta z) \Delta z.$$

所以

$$\lim_{\Delta z \to 0} f(z_0 + \Delta z) = f(z_0),$$

即函数 $w = f(z)$ 在 z_0 连续.

注意 定理 2.1.1 的逆命题不成立. 例如,上述例 2 中 $f(z) = x + 2yi$ 在复平面上处处连续,但是处处不可导.

2.1.2 复变函数的微分

同导数一样,复变函数的微分概念在形式上与高等数学中的微分概念也完全相同.

事实上,若函数 $w = f(z)$ 在点 z_0 可导,则有

$$\lim_{\Delta z \to 0} \frac{\Delta w}{\Delta z} = f'(z_0),$$

于是有

$$\frac{\Delta w}{\Delta z} = f'(z) + \rho(\Delta z), \text{其中} \lim_{\Delta z \to 0} \rho(\Delta z) = 0,$$

即

$$\Delta w = f'(z) \Delta z + \rho(\Delta z) \Delta z.$$

因此,$|\rho(\Delta z) \Delta z|$ 是 $|\Delta z|$ 的高阶无穷小量,而 $f'(z) \Delta z$ 是函数 $w = f(z)$ 的改变量 Δw 的线性部分. 和高等数学中一样,称 $f'(z) \Delta z$ 为函数 $w = f(z)$ 在点 z_0 的微分,记作

$$dw \bigg|_{z = z_0} = f'(z_0) \Delta z. \tag{2.1.2}$$

如果函数 $w = f(z)$ 在点 z_0 的微分存在,则称函数 $w = f(z)$ 在点 z_0 可微.

特别地,当 $f(z) = z$ 时,$dz = \Delta z$,于是

$$dw \bigg|_{z = z_0} = f'(z_0) dz,$$

即

$$f'(z_0) = \frac{dw}{dz} \bigg|_{z = z_0}.$$

若函数 $w=f(z)$ 在区域 D 内处处可微,则称函数 $w=f(z)$ 在区域 D 内可微,且 $dw=f'(z)dz$.

至此,获得关于导函数的另一解释:导函数等于函数的微分与自变量的微分之比.该解释与高等数学中关于 $f'(x)$ 的解释一样.函数 $w=f(z)$ 在 z_0 可导与在 z_0 可微是等价的.

2.1.3　解析函数的概念

观察上节的例题可以发现,在复变函数中,有一类函数具有如下特征:函数 $f(z)$ 不仅在点 z_0 可导,而且在点 z_0 的某个邻域 $U(z_0,\delta)$ 内处处可导.由此可以将具有此特征的函数从复变函数中的可导函数类中分离出来研究.

定义 2.1.2　如果函数 $f(z)$ 在 z_0 及 z_0 的某个邻域内处处可导,那么称 $f(z)$ 在点 z_0 解析.如果 $f(z)$ 在区域 D 内每一点解析,则称 $f(z)$ 是 D 内的一个解析函数(全纯函数或正则函数).此时,也称函数 $f(z)$ 在区域 D 内解析,区域 D 又称为函数 $f(z)$ 的解析区域或解析域.

定义 2.1.3　若函数 $f(z)$ 在点 z_0 不解析,称 z_0 为函数 $f(z)$ 的奇点.

例如,函数 $w=\dfrac{1}{z^2}$ 在 z 平面上以 $z=0$ 为奇点.

由定义可知解析与可导的关系:函数在一个区域内解析与该函数在这个区域内处处可导是等价的.但是函数在一点解析与函数在该点可导是两个不等价的概念,也就是说,函数在一点可导不一定在该点解析,函数在一点解析比在一点可导要求高得多.

例 3　讨论函数 $f(z)=|z|^2$ 的解析性.

解　由于

$$\lim_{\Delta z\to0}\frac{f(z_0+\Delta z)-f(z_0)}{\Delta z}=\lim_{\Delta z\to0}\frac{|z_0+\Delta z|^2-|z_0|^2}{\Delta z}$$

$$=\lim_{\Delta z\to0}\frac{(z_0+\Delta z)(\overline{z_0}+\overline{\Delta z})-z_0\overline{z_0}}{\Delta z}=\lim_{\Delta z\to0}\left(\overline{z_0}+\overline{\Delta z}+z_0\,\frac{\overline{\Delta z}}{\Delta z}\right),$$

当 $z_0=0$ 时,这个极限是 0;

当 $z_0\neq0$ 时,令 $z_0+\Delta z$ 沿直线 $y-y_0=k(x-x_0)$ 趋于 z_0,由于 k 的任意性,

$$\frac{\overline{\Delta z}}{\Delta z}=\frac{\Delta x-\Delta y\mathrm{i}}{\Delta x+\Delta y\mathrm{i}}=\frac{1-\dfrac{\Delta y}{\Delta x}\mathrm{i}}{1+\dfrac{\Delta y}{\Delta x}\mathrm{i}}=\frac{1-k\mathrm{i}}{1+k\mathrm{i}}$$

不趋于一个确定的值,所以极限 $\lim\limits_{\Delta z\to0}\dfrac{f(z_0+\Delta z)-f(z_0)}{\Delta z}$ 不存在.

因此,$f(z)=|z|^2$ 在 $z=0$ 处可导,而在其他点都不可导,根据解析的定义,它在复平面上处处不解析.

由于"解析"是用"可导"定义的,因此不难证明:

定理 2.1.2 (1) 在区域 D 内解析的两个函数 $f(z)$ 与 $g(z)$ 的和、差、积、商(除去分母为 0 的点)在 D 内解析.

(2) 设函数 $h = g(z)$ 在 z 平面上的区域 D 内解析,函数 $w = f(h)$ 在 h 平面上的区域 G 内解析. 如果对 D 内的每一点 z,函数 $g(z)$ 的对应值 h 都属于 G,那么复合函数 $w = f[g(z)]$ 在 D 内解析.

从这个定理可以推知,所有多项式函数在复平面内是处处解析的,任何一个有理分式函数 $\dfrac{P(z)}{Q(z)}$ 在分母不为 0 的点的区域内是解析函数,使分母为 0 的点是它的奇点.

例 4 求函数 $f(z) = \dfrac{4z^3 + z + 1}{(z^2 + 4)(z^2 - 4)}$ 的奇点.

解 令 $(z^2 + 4)(z^2 - 4) = 0$,则 $z = \pm 2i, z = \pm 2$.

所以 $f(z) = \dfrac{4z^3 + z + 1}{(z^2 + 4)(z^2 - 4)}$ 的奇点为 $z = \pm 2i, z = \pm 2$.

习题 2.1

1. 利用导数的定义求下列函数的导数.

(1) $f(z) = \dfrac{1}{z}$;   (2) $f(z) = z \operatorname{Re} z$.

2. 求下列函数的奇点.

(1) $\dfrac{z}{z^2 - 1}$;   (2) $\dfrac{z + 2}{z^2(z^2 + 4)}$;

(3) $\dfrac{z - 2}{(z + 1)^2(z^2 + 1)}$.

3. 指出下列函数 $f(z)$ 的解析性区域,并求其导数.

(1) $(z + 1)^6$;   (2) $z^3 + 2zi$;

(3) $\dfrac{z^2}{z^2 + 1}$;   (4) $\dfrac{az + b}{cz + d}$ (c, d 中至少有一个不为 0).

4. 试讨论函数 $f(z) = \operatorname{Im} z$ 的可导性.

2.2 函数解析的充要条件

在 2.1 节中已经发现,并不是每一个复变函数 $f(z)$ 都是解析函数,而且对于给定的函数 $f(z) = u(x, y) + iv(x, y)$,即使所有偏导数都存在,函数 $f(z)$ 通常仍是不可导的. 例如 $w = x + 2yi$ 处处连续,并且 $u(x, y)$ 与 $v(x, y)$ 对 x 与 y 的所有一阶偏导数都存在且连续,但由 2.1 节例 2 知 $w = x + 2yi$ 处处不可导,处处不解析. 因此若函数 $f(z)$ 是可导的,则它的实部 $u(x,y)$ 与虚部 $v(x,y)$ 应当不是独立的,而必须是满足一定条件的,下面来探究这种条件,进而寻找判别函数可导、解析与否的简便而实用的方法.

下面先讨论 $f(z)$ 可导的必要条件.

定理 2. 2. 1　设函数 $f(z)=u(x,y)+iv(x,y)$ 在区域 D 内有定义,$z=x+iy$ 是 D 内任意一点. 若 $f(z)$ 在点 z 处可导,则 $u(x,y)$ 与 $v(x,y)$ 满足柯西-黎曼(Cauchy-Riemann)条件:

$$\frac{\partial u}{\partial x}=\frac{\partial v}{\partial y}, \quad \frac{\partial u}{\partial y}=-\frac{\partial v}{\partial x}, \tag{2.2.1}$$

且 $f(z)$ 的导数为

$$f'(z)=\frac{\partial u}{\partial x}+i\frac{\partial v}{\partial x}=\frac{\partial v}{\partial y}-i\frac{\partial u}{\partial y}. \tag{2.2.2}$$

证明　因为 $f(z)$ 在点 z 处可导,所以由导数定义,有

$$f'(z)=\lim_{\Delta z\to 0}\frac{f(z+\Delta z)-f(z)}{\Delta z}=\lim_{\Delta z\to 0}\frac{\Delta w}{\Delta z},$$

其中,$\Delta w=\Delta u+i\Delta v$, $\Delta z=\Delta x+i\Delta y$,则

$$\begin{aligned}
\lim_{\Delta z\to 0}\frac{\Delta w}{\Delta z}&=\lim_{\substack{\Delta x\to 0\\\Delta y\to 0}}\frac{[u(x+\Delta x,y+\Delta y)+iv(x+\Delta x,y+\Delta y)]-[u(x,y)+iv(x,y)]}{\Delta x+i\Delta y}\\
&=\lim_{\substack{\Delta x\to 0\\\Delta y\to 0}}\frac{[u(x+\Delta x,y+\Delta y)-u(x,y)]+i[v(x+\Delta x,y+\Delta y)-v(x,y)]}{\Delta x+i\Delta y}\\
&=\lim_{\substack{\Delta x\to 0\\\Delta y\to 0}}\frac{\Delta u+i\Delta v}{\Delta x+i\Delta y}.
\end{aligned}$$

因为 $f'(z)$ 存在,所以 Δz 以任意方式趋于 0,因此可以选取两条特殊路线使 $\Delta z\to 0$. 当 Δz 沿平行于实轴的直线趋于 0,即 $\Delta z=\Delta x$, $\Delta y=0$ 时,有

$$f'(z)=\lim_{\Delta x\to 0}\frac{\Delta u+i\Delta v}{\Delta x}=\lim_{\Delta x\to 0}\left(\frac{\Delta u}{\Delta x}+i\frac{\Delta v}{\Delta x}\right)=\frac{\partial u}{\partial x}+i\frac{\partial v}{\partial x};$$

当 Δz 沿平行于虚轴的直线趋于 0,即 $\Delta z=i\Delta y$,$\Delta x=0$ 时,有

$$f'(z)=\lim_{\Delta y\to 0}\frac{\Delta u+i\Delta v}{i\Delta y}=\lim_{\Delta y\to 0}\left(\frac{\Delta v}{\Delta y}-i\frac{\Delta u}{\Delta y}\right)=\frac{\partial v}{\partial y}-i\frac{\partial u}{\partial y},$$

于是

$$\frac{\partial u}{\partial x}+i\frac{\partial v}{\partial x}=\frac{\partial v}{\partial y}-i\frac{\partial u}{\partial y},$$

比较上式两端,即得

$$\frac{\partial u}{\partial x}=\frac{\partial v}{\partial y}, \quad \frac{\partial v}{\partial x}=-\frac{\partial u}{\partial y}.$$

上述条件称为柯西-黎曼条件,或称柯西-黎曼方程,简记为 C－R 条件. 由下例可知,C－R 条件是函数 $f(z)=u(x,y)+iv(x,y)$ 在一点可导的必要条件,而不是充分条件.

例 1 试证函数 $f(z)=\sqrt{|xy|}$ 在 $z=0$ 满足 C－R 条件,但在 $z=0$ 不可导.

证明 因为 $u(x,y)=\sqrt{|xy|}$, $v(x,y)=0$,

$$u_x(0,0)=\lim_{\Delta x\to 0}\frac{u(\Delta x,0)-u(0,0)}{\Delta x}=0=v_y(0,0),$$

$$u_y(0,0)=\lim_{\Delta y\to 0}\frac{u(0,\Delta y)-u(0,0)}{\Delta y}=0=-v_x(0,0),$$

但是

$$\lim_{\Delta z\to 0}\frac{f(\Delta z)-f(0)}{\Delta z}=\lim_{\substack{\Delta x\to 0\\ \Delta y\to 0}}\frac{\sqrt{|\Delta x\Delta y|}}{\Delta x+\mathrm{i}\Delta y}$$

$$=\lim_{\substack{\Delta x\to 0\\ \Delta y=k\Delta x\to 0}}\frac{\sqrt{|\Delta x k\Delta x|}}{\Delta x+\mathrm{i}k\Delta x}=\pm\frac{\sqrt{|k|}}{1+\mathrm{i}k},$$

此极限随着 k 值的不同而不同,故在 $\Delta z\to 0$ 时 $\lim_{\Delta z\to 0}\frac{f(\Delta z)-f(0)}{\Delta z}$ 不存在,从而函数 $f(z)=\sqrt{|xy|}$ 在 $z=0$ 不可导.

由此,把条件加强即可得到函数在一点可导的充分必要条件.

定理 2.2.2 设函数 $f(z)=u(x,y)+\mathrm{i}v(x,y)$ 定义在区域 D 内,则 $f(z)$ 在 D 内一点 $z=x+\mathrm{i}y$ 可导的充分必要条件是:$u(x,y)$ 与 $v(x,y)$ 在点 $z=x+\mathrm{i}y$ 可微,并且在该点满足柯西-黎曼方程:$\dfrac{\partial u}{\partial x}=\dfrac{\partial v}{\partial y}$, $\dfrac{\partial u}{\partial y}=-\dfrac{\partial v}{\partial x}$.

证明 必要性在前面已经证明,现在证明充分性.

设 $f(z)$ 在 D 内一点 $z=x+iy$ 可导,则

$$\begin{aligned}\Delta w&=f(z+\Delta z)-f(z)\\&=u(x+\Delta x,y+\Delta y)-u(x,y)+\mathrm{i}[v(x+\Delta x,y+\Delta y)-v(x,y)]\\&=\Delta u+\mathrm{i}\Delta v,\end{aligned}$$

由 $u(x,y),v(x,y)$ 在点 $z=x+iy$ 可微,可知

$$\Delta u=\frac{\partial u}{\partial x}\Delta x+\frac{\partial u}{\partial y}\Delta y+\varepsilon_1\Delta x+\varepsilon_2\Delta y,$$

$$\Delta v=\frac{\partial v}{\partial x}\Delta x+\frac{\partial v}{\partial y}\Delta y+\varepsilon_3\Delta x+\varepsilon_4\Delta y,$$

这里

$$\lim_{\substack{\Delta x\to 0\\ \Delta y\to 0}}\varepsilon_k=0\ (k=1,2,3,4).$$

所以

$$\begin{aligned}f(z+\Delta z)-f(z)&=\Delta u+\mathrm{i}\Delta v\\&=\frac{\partial u}{\partial x}\Delta x+\frac{\partial u}{\partial y}\Delta y+\varepsilon_1\Delta x+\varepsilon_2\Delta y+\mathrm{i}(\frac{\partial v}{\partial x}\Delta x+\frac{\partial v}{\partial y}\Delta y+\varepsilon_3\Delta x+\varepsilon_4\Delta y)\\&=(\frac{\partial u}{\partial x}+\mathrm{i}\frac{\partial v}{\partial x})\Delta x+(\frac{\partial u}{\partial y}+\mathrm{i}\frac{\partial v}{\partial y})\Delta y+(\varepsilon_1+\mathrm{i}\varepsilon_3)\Delta x+(\varepsilon_2+\mathrm{i}\varepsilon_4)\Delta y.\end{aligned}$$

由 C - R 条件有

$$\frac{\partial u}{\partial y} = -\frac{\partial v}{\partial x} = i^2 \frac{\partial v}{\partial x}, \quad \frac{\partial v}{\partial y} = \frac{\partial u}{\partial x},$$

所以

$$f(z+\Delta z) - f(z) = \left(\frac{\partial u}{\partial x} + i \frac{\partial v}{\partial x}\right)(\Delta x + i\Delta y) + (\varepsilon_1 + i\varepsilon_3)\Delta x + (\varepsilon_2 + i\varepsilon_4)\Delta y,$$

即

$$\frac{f(z+\Delta z) - f(z)}{\Delta z} = \frac{\partial u}{\partial x} + i \frac{\partial v}{\partial x} + (\varepsilon_1 + i\varepsilon_3)\frac{\Delta x}{\Delta z} + (\varepsilon_2 + i\varepsilon_4)\frac{\Delta y}{\Delta z}.$$

因为 $\left|\dfrac{\Delta x}{\Delta z}\right| \leqslant 1, \left|\dfrac{\Delta y}{\Delta z}\right| \leqslant 1$, 当 $\Delta z \to 0$ 时, 对上述等式取极限.

利用

$$\lim_{\substack{\Delta x \to 0 \\ \Delta y \to 0}} \varepsilon_k = 0 \ (k=1,2,3,4),$$

可得

$$f'(z) = \lim_{\Delta z \to 0} \frac{f(z+\Delta z) - f(z)}{\Delta z} = \frac{\partial u}{\partial x} + i \frac{\partial v}{\partial x} = \frac{\partial v}{\partial y} - i \frac{\partial u}{\partial y}.$$

即函数 $f(z) = u(x,y) + iv(x,y)$ 在 D 内一点 $z = x + iy$ 可导.

根据函数在区域内解析的定义及定理 2.2.2, 可得到判断函数在区域 D 内解析的一个充要条件.

定理 2.2.3　函数 $f(z) = u(x,y) + iv(x,y)$ 在其定义域 D 内解析的充分必要条件是: $u(x,y)$ 与 $v(x,y)$ 在 D 内可微, 并且满足柯西-黎曼方程:

$$\frac{\partial u}{\partial x} = \frac{\partial v}{\partial y}, \quad \frac{\partial u}{\partial y} = -\frac{\partial v}{\partial x}.$$

定理 2.2.2 和定理 2.2.3 是本章的主要定理, 它们提供了判断函数 $f(z)$ 在某点是否可导, 在区域内是否解析的常用方法, 是否满足柯西-黎曼方程是定理的主要条件. 如果 $f(z)$ 在某点(区域 D 内)不满足柯西-黎曼方程, 那么 $f(z)$ 在该点不可导(在区域 D 内不解析).

若 $u(x,y), v(x,y)$ 在 D 内具有连续的偏导数, 则 $u(x,y), v(x,y)$ 在 D 内可微, 所以我们可以得到函数在某点可导(区域 D 内解析)的充分条件.

定理 2.2.4　函数 $f(z) = u(x,y) + iv(x,y)$ 在区域 D 内一点 $z = x + iy$ 可导(区域 D 内解析)的充分条件是:

(1) $\dfrac{\partial u}{\partial x}, \dfrac{\partial u}{\partial y}, \dfrac{\partial v}{\partial x}, \dfrac{\partial v}{\partial y}$ 在点 $z = x + iy$(区域 D 内)连续;

(2) 满足柯西-黎曼方程: $\dfrac{\partial u}{\partial x} = \dfrac{\partial v}{\partial y}, \dfrac{\partial u}{\partial y} = -\dfrac{\partial v}{\partial x}.$

推论　若 $f'(z)$ 在区域 D 内处处为 0, 那么 $f(z)$ 在 D 内为一常数.

证明　因为 $f'(z) = \dfrac{\partial u}{\partial x} + i \dfrac{\partial v}{\partial x} = \dfrac{\partial v}{\partial y} - i \dfrac{\partial u}{\partial y} = 0$, 故

$$\frac{\partial u}{\partial x}=\frac{\partial u}{\partial y}=\frac{\partial v}{\partial x}=\frac{\partial v}{\partial y}=0,$$

所以有 $u=$ 常数，$v=$ 常数，从而 $f(z)$ 为常数.

例 2 讨论下列函数的可导性与解析性.

(1) $f(z)=(\bar{z})^2$；　　　　　　(2) $f(z)=x^2-\mathrm{i}y$.

解 (1) 因为 $(\bar{z})^2=x^2-y^2-\mathrm{i}2xy$，所以

$$u(x,y)=x^2-y^2, \quad v(x,y)=-2xy,$$

$$\frac{\partial u}{\partial x}=2x, \quad \frac{\partial u}{\partial y}=-2y,$$

$$\frac{\partial v}{\partial x}=-2y, \quad \frac{\partial v}{\partial y}=-2x.$$

由此可知，函数 $f(z)=(\bar{z})^2$ 仅在点 $(0,0)$ 处满足柯西-黎曼方程，且偏导数连续，所以 $f(z)=(\bar{z})^2$ 仅在点 $(0,0)$ 处可导，而在整个复平面上处处不解析.

(2) 因为 $u(x,y)=x^2$，$v(x,y)=-y$，故

$$\frac{\partial u}{\partial x}=2x, \quad \frac{\partial u}{\partial y}=0, \quad \frac{\partial v}{\partial x}=0, \quad \frac{\partial v}{\partial y}=-1,$$

仅当 $x=-\dfrac{1}{2}$ 时，即仅在直线 $x=-\dfrac{1}{2}$ 上函数 $f(z)=x^2-\mathrm{i}y$ 满足柯西-黎曼方程，且偏导数连续，从而仅在直线 $x=-\dfrac{1}{2}$ 上 $f(z)$ 可导，但在整个复平面上 $f(z)$ 处处不解析.

注意 上述两例中由于函数 $f(z)$ 只在一个孤立的点或只在一条直线上可导，各点都未形成由可导点构成的圆邻域，故 $f(z)$ 在其上都不解析，从而在整个复平面处处不解析.

例 3 试证函数 $f(z)=\mathrm{e}^x(\cos y+\mathrm{i}\sin y)$ 在复平面上解析，且 $f'(z)=f(z)$.

证明 设 $u=\mathrm{e}^x\cos y$，$v=\mathrm{e}^x\sin y$，则

$$\frac{\partial u}{\partial x}=\mathrm{e}^x\cos y, \quad \frac{\partial u}{\partial y}=-\mathrm{e}^x\sin y,$$

$$\frac{\partial v}{\partial x}=\mathrm{e}^x\sin y, \quad \frac{\partial v}{\partial y}=\mathrm{e}^x\cos y.$$

因为 $\dfrac{\partial u}{\partial x}=\dfrac{\partial v}{\partial y}$，$\dfrac{\partial u}{\partial y}=-\dfrac{\partial v}{\partial x}$，且 4 个一阶偏导连续，所以函数 $f(z)=\mathrm{e}^x(\cos y+\mathrm{i}\sin y)$ 在复平面上处处解析，且

$$f'(z)=\frac{\partial u}{\partial x}+\mathrm{i}\frac{\partial v}{\partial x}=\mathrm{e}^x\cos y+\mathrm{i}\mathrm{e}^x\sin y=f(z).$$

例 4 设函数 $f(z)=my^3+nx^2y+\mathrm{i}(x^3+lxy^2)$ 为解析函数，试确定常数 l,m,n 的值.

解 设 $u(x,y)=my^3+nx^2y$，$v(x,y)=x^3+lxy^2$，则

$$\frac{\partial u}{\partial x}=2nxy,\ \frac{\partial u}{\partial y}=3my^2+nx^2,$$

$$\frac{\partial v}{\partial x}=3x^2+ly^2,\ \frac{\partial v}{\partial y}=2lxy,$$

因为函数 $f(z)$ 解析,故满足 C-R 条件,即

$$\begin{cases} 2nxy=2lxy, \\ 3x^2+ly^2=-(3my^2+nx^2). \end{cases}$$

所以 $\qquad\qquad\qquad\qquad n=l=-3,m=1.$

习题 2.2

1. 判断下列函数在何处可导? 在何处解析?

(1) $\dfrac{1}{z}$;　　　　　　　　　(2) $(x^2-y^2-x)+\mathrm{i}(2xy-y^2)$;

(3) $2x^3+3y^3\mathrm{i}$;　　　　　　　(4) $z=\sin x\,\mathrm{ch}\,y+\mathrm{i}\cos x\,\mathrm{ch}\,y$;

(5) $\bar{z}z^2$.

2. 判断函数 $f(z)=x^3-y^3+2x^2y^2\mathrm{i}$ 是否为解析函数? 并求其导数.

3. 设函数 $f(z)=x^2+axy+by^2+\mathrm{i}(cx^2+dxy+y^2)$ 为解析函数,试确定常数 a,b,c,d 的值.

4. 设 $f(z)=a\ln(x^2+y^2)+\mathrm{i}\arctan\dfrac{y}{x}$ 在 $x>0$ 时解析,试确定 a 的值.

5. 设 $f(z)$ 在区域 D 内解析,试证明在 D 内下列条件是彼此等价的(即互为充要条件).

(1) $f(z)=$常数;　　　　(2) $f'(z)=0$;　　　　(3) $\mathrm{Re}f(z)=$常数;

(4) $\mathrm{Im}f(z)=$常数;　　(5) $\overline{f(z)}$ 解析;　　(6) $|f(z)|=$常数.

6. 若函数 $f(z)=u+\mathrm{i}v$ 在区域 D 内解析,并满足下列条件之一,试证 $f(z)$ 必为常数.

(1) $\overline{f(z)}$ 在 D 内解析;

(2) $v=u^2$;

(3) $\arg f(z)$ 在 D 内为常数;

(4) $au+bv=c$ $(a,b,c$ 为不全为 0 的实常数).

7. 设 $f(z)$ 在区域 D 内解析,试证 $\left(\dfrac{\partial^2}{\partial x^2}+\dfrac{\partial^2}{\partial y^2}\right)|f(z)|^2=4|f'(z)|^2$.

2.3　初等函数

本节把实变函数中一些常用的初等函数如指数函数、对数函数、幂函数、三角

函数、双曲函数等推广到复变函数的情形．经过推广之后的初等函数往往会获得一些新的性质，例如复指数函数 e^z 具有周期性，复三角函数 $\sin z, \cos z$ 已不再是有界的，等等．下面研究这些初等函数的性质，并讨论它们的解析性．

2.3.1 指数函数

由 2.2 节例 3 知道，函数 $f(z)=e^x(\cos y+i\sin y)$ 在复平面上处处解析，且 $f'(z)=f(z)$，由此可以给出下面的定义．

定义 2.3.1 设复数 $z=x+iy$，称 $e^x(\cos y+i\sin y)$ 为复数 z 的指数函数，记作 $\exp z$，即

$$\exp z=e^x(\cos y+i\sin y), \tag{2.3.1}$$

其中 e 为自然对数的底，即 $e=2.718\,28\cdots$．

为方便起见，约定：在无特殊声明时，e^z 即表示 $\exp z$，但必须注意，这里的 e^z 没有幂的意义，仅仅作为代替 $\exp z$ 的符号使用（幂的定义将在后面介绍），因此有

$$e^z=e^{x+iy}=e^x(\cos y+i\sin y).$$

显然，当 $x=0$ 时，$z=iy$，$e^z=e^{iy}=\cos y+i\sin y$，此即为欧拉公式；当 $y=0$ 时，$e^z=e^x$，此为实指数函数．

不难发现，复指数函数具有如下性质：

(1) e^z 在全平面都有定义，且 $e^z\neq0$．

(2) e^z 在复平面上处处解析，且 $(e^z)'=e^z$．

(3) 对任意复数 $z=x+iy$，有 $|e^z|=e^x$，$\mathrm{Arg}(e^z)=y+2k\pi\ (k\in\mathbf{Z})$，其可看作是指数函数定义的等价关系式．

(4) 其运算法则类似于实函数中的 e^x，满足加法定理，即对任意的复数 z_1,z_2，有 $e^{z_1+z_2}=e^{z_1}\cdot e^{z_2}$．

证明 设 $z_1=x_1+iy_1$，$z_2=x_2+iy_2$，按定义有

$$e^{z_1}\cdot e^{z_2}=e^{x_1}(\cos y_1+i\sin y_1)\cdot e^{x_2}(\cos y_2+i\sin y_2)$$
$$=e^{x_1+x_2}[(\cos y_1\cos y_2-\sin y_1\sin y_2)+i(\sin y_1\cos y_2+\cos y_1\sin y_2)]$$
$$=e^{x_1+x_2}[\cos(y_1+y_2)+i\sin(y_1+y_2)]$$
$$=e^{z_1+z_2}.$$

(5) e^z 是以 $2k\pi i$ 为周期的周期函数 $(k\in\mathbf{Z})$，即 $e^{z+2k\pi i}=e^z$．

证明 $e^{z+2k\pi i}=e^z\cdot e^{2k\pi i}=e^z(\cos 2k\pi+i\sin 2k\pi)=e^z.$

这个性质是实变指数函数 e^x 所没有的．

(6) $\lim\limits_{z\to\infty}e^z$ 不存在（即 e^∞ 无意义）．

事实上，当 z 沿正实轴趋于无穷远点时 $(y=0, x\to+\infty)$，$e^z\to+\infty$；当 z 沿负实轴趋于无穷远点时 $(y=0, x\to-\infty)$，$e^z\to0$，故 $\lim\limits_{z\to\infty}e^z$ 不存在．

由上述性质,在将 e^x 推广到 e^z 后,函数 e^z 仍保留了某些性质(如指数的可加性),同时也丢掉了某些性质(如当 z 不为实数时,e^z 不再具有单调性),而且还增添了某些性质(如 e^z 具有周期性).

2.3.2　对数函数

和实变函数一样,我们把复对数函数定义为复指数函数的反函数.

定义 2.3.2　指数函数的反函数,即满足方程 $z=e^w(z\neq0)$ 的函数 $w=f(z)$ 称为对数函数,记作 $w=\mathrm{Ln}\,z$.

设 $z=re^{i\theta},w=u+iv$,则有 $re^{i\theta}=e^{u+iv}$,于是

$$e^u=r,\ \text{即}\ u=\ln r=\ln|z|,$$

又 $e^{iv}=e^{i\theta}$,可得 $v=\theta_0+2k\pi\ (k=0,\pm1,\pm2,\cdots)$,因此

$$w=\ln|z|+i\mathrm{Arg}\,z.$$

由于 $\mathrm{Arg}\,z$ 为多值函数,所以对数函数 $w=\mathrm{Ln}\,z$ 也为多值函数,并且每两个值相差 $2\pi i$ 的整数倍,记作

$$\mathrm{Ln}\,z=\ln|z|+i\mathrm{Arg}\,z, \tag{2.3.2}$$

如果规定上式中的 $\mathrm{Arg}\,z$ 取主值 $\arg z$,那么 $\mathrm{Ln}\,z$ 为一单值函数,记作 $\ln z$,称为 $\mathrm{Ln}\,z$ 的主值,这样就有

$$\ln z=\ln|z|+i\arg z. \tag{2.3.3}$$

而其余各值都可由

$$\mathrm{Ln}\,z=\ln z+2k\pi i\quad(k=0,\pm1,\pm2,\cdots)$$

表达. 对于每一个固定的 k,上式为一单值函数,称为 $\mathrm{Ln}\,z$ 的一个分支.

特别地,当 $z=x>0$ 时,$\mathrm{Ln}\,z$ 的主值 $\ln z=\ln x$ 就是实变数对数函数.

例 1　求 $\mathrm{Ln}(-1),\mathrm{Ln}(3+4i)$ 及其主值.

解　主值:　$\ln(-1)=\ln 1+\pi i=\pi i$,

$\mathrm{Ln}(-1)=\ln 1+\pi i+2k\pi i=(2k+1)\pi i\quad(k\in\mathbf{Z})$;

主值:$\ln(3+4i)=\ln|3+4i|+i\arctan\dfrac{4}{3}=\ln 5+i\arctan\dfrac{4}{3}$,

$\mathrm{Ln}(3+4i)=\ln 5+i\arctan\dfrac{4}{3}+2k\pi i\quad(k\in\mathbf{Z})$.

在实变函数中,负数没有对数,此例说明这个事实在复数范围内不再成立.

利用辐角的相应性质,不难证明,复变数对数函数保持了实变数对数函数的基本运算性质:

$$\mathrm{Ln}(z_1z_2)=\mathrm{Ln}\,z_1+\mathrm{Ln}\,z_2, \tag{2.3.4}$$

$$\mathrm{Ln}\left(\frac{z_1}{z_2}\right)=\mathrm{Ln}\,z_1-\mathrm{Ln}\,z_2. \tag{2.3.5}$$

但应注意,与第 1 章中关于乘积和商的辐角等式(1.3.2)式(1.3.4)一样,这

两个等式也应理解为两端取值的全体是相同的.

例如,关于等式(2.3.4)应理解为:当在左端任取 $\mathrm{Ln}(z_1z_2)$ 中的某个值 A 时,一定能在右端从 $\mathrm{Ln}\,z_1$ 中取出某个值 α 及从 $\mathrm{Ln}\,z_2$ 中取出某个值 β,使得 $A=\alpha+\beta$. 并且,当在右端从 $\mathrm{Ln}\,z_1$ 中任取某个值 α 及从 $\mathrm{Ln}\,z_2$ 中取出某个值 β 时,也一定能在左端从 $\mathrm{Ln}(z_1z_2)$ 中取出某个值 A,使得 $A=\alpha+\beta$.

按上述理解,容易知道等式

$$\mathrm{Ln}\,z^n=n\mathrm{Ln}\,z$$

$$\mathrm{Ln}\,\sqrt[n]{z}=\frac{1}{n}\mathrm{Ln}\,z$$

不再成立,其中 n 为大于1的正整数.

下面讨论对数函数的解析性.

就对数函数主值 $\ln z$ 而言,$\ln|z|$ 除原点外处处连续,由于 $\arg z$ 的定义为 $-\pi<\arg z\leqslant\pi$,若设 $z=x+iy$,则当 $x<0$ 时,有

$$\lim_{y\to0^-}\arg z=-\pi,\quad\lim_{y\to0^+}\arg z=\pi,$$

所以 $\arg z$ 在原点及负实半轴上都不连续. 因此,对数函数 $\ln z=\ln|z|+i\arg z$ 在除去原点及负实半轴外,在复平面其他点处处连续,从而 $\ln z$ 在除去原点及负实半轴外的平面内解析. 由反函数的求导法则可知 $\dfrac{d\ln z}{dz}=\dfrac{1}{\dfrac{de^w}{dw}}=\dfrac{1}{z}$. 由式(2.3.2)可知 $\mathrm{Ln}\,z$ 的各个分支在除去原点及负实轴的平面内也解析,并且有相同的导数值.

今后,在应用对数函数 $\mathrm{Ln}\,z$ 时,指的都是它在除去原点及负实轴的平面内的某一单值分支.

2.3.3 幂函数

在高等数学中,我们知道,若 a 为正数,b 为实数,那么乘幂 a^b 可通过对数恒等变形为 $a^b=e^{b\ln a}$,现将其推广到复数中.

设 z 为不等于0的一个复数,α 为任意一个复数,定义幂函数 $w=z^\alpha$ 为

$$z^\alpha=e^{\alpha\mathrm{Ln}\,z}=e^{\alpha(\ln|z|+i\arg z+2k\pi i)}(k\text{ 为整数}).\tag{2.3.6}$$

在 α 为正实数情形时,补充规定:当 $z=0$ 时,有 $z^\alpha=0$.

由于 $\mathrm{Ln}\,z$ 的多值性,一般来说,z^α 是多值函数,但随着 α 的取值不同有以下几种情形:

(1) 当 $\alpha=n$ (n 为正整数)时,$w=z^\alpha=z^n$ 为单值函数;

(2) 当 $\alpha=-n$ (n 为正整数)时,$w=z^\alpha=z^{-n}=\dfrac{1}{z^n}$ 也是单值函数;

（3）当 $\alpha=\dfrac{1}{n}$（n 为正整数）时，$w=z^{\alpha}=z^{\frac{1}{n}}=\sqrt[n]{z}$，此为根式函数，且

$$\sqrt[n]{z}=\mathrm{e}^{\frac{1}{n}(\ln|z|+\mathrm{i}\arg z+2k\pi\mathrm{i})}=\mathrm{e}^{\frac{1}{n}\ln|z|}\mathrm{e}^{\mathrm{i}(\arg z+2k\pi)\frac{1}{n}}=|z|^{\frac{1}{n}}\mathrm{e}^{\mathrm{i}(\arg z+2k\pi)\frac{1}{n}},$$

它只有在 $k=0,1,2,\cdots,n-1$ 时才取不同的值，是具有 n 个分支的多值函数；

（4）当 $\alpha=\dfrac{m}{n}$（m 和 n 为互质的整数，$n>0$）时，$z^{\alpha}=|z|^{\frac{m}{n}}\mathrm{e}^{\mathrm{i}(\arg z+2k\pi)\frac{m}{n}}$ 也在 $k=0$，$1,2,\cdots,n-1$ 时才取不同的值，是具有 n 个分支的多值函数；

（5）当 α 为无理数或虚数时，z^{α} 有无穷多个值，且

$$z^{\alpha}=|z|^{\alpha}\mathrm{e}^{\mathrm{i}\alpha(\arg z+2k\pi)}\quad(z\neq0,k\in\mathbf{Z}).$$

此外，由于 $\mathrm{Ln}\,z$ 的各个分支在除去原点及负实轴的复平面内解析，因此幂函数的各个分支也在该域内解析，且

$$(z^{\alpha})'=(\mathrm{e}^{\alpha\ln z})'=\mathrm{e}^{\alpha\ln z}\cdot\alpha\cdot\dfrac{1}{z}=\alpha z^{\alpha-1}.$$

例 2　求 i^{i} 的值.

解　$\mathrm{i}^{\mathrm{i}}=\mathrm{e}^{\mathrm{i}\mathrm{Ln}\,\mathrm{i}}=\mathrm{e}^{\mathrm{i}(2k+\frac{1}{2})\pi\mathrm{i}}=\mathrm{e}^{-(2k+\frac{1}{2})\pi}\ (k=0,\pm1,\pm2,\cdots)$，其主值为 $\mathrm{e}^{-\frac{\pi}{2}}$.

2.3.4　三角函数与双曲函数

1. 三角函数

复变函数中的三角函数是将欧拉公式 $\mathrm{e}^{\mathrm{i}\theta}=\cos\theta+\mathrm{i}\sin\theta$，$\mathrm{e}^{-\mathrm{i}\theta}=\cos\theta-\mathrm{i}\sin\theta$ 推广到任意复数的情形给出的. 即对任意的复数 z，有

$$\mathrm{e}^{\mathrm{i}z}=\cos z+\mathrm{i}\sin z,\ \mathrm{e}^{-\mathrm{i}z}=\cos z-\mathrm{i}\sin z,$$

两式相减、相加分别得到：

$$\sin z=\dfrac{\mathrm{e}^{\mathrm{i}z}-\mathrm{e}^{-\mathrm{i}z}}{2\mathrm{i}},\ \cos z=\dfrac{\mathrm{e}^{\mathrm{i}z}+\mathrm{e}^{-\mathrm{i}z}}{2}. \tag{2.3.7}$$

它们分别称为 z 的正弦函数和余弦函数.

这样定义的三角函数具有如下性质：

（1）由于 e^{z} 是以 $2k\pi\mathrm{i}(k\in\mathbf{Z})$ 为周期的周期函数，所以由定义不难推得，正弦函数和余弦函数都是以 $2k\pi(k\in\mathbf{Z})$ 为周期的周期函数，即

$$\sin(z+2k\pi)=\sin z,\ \cos(z+2k\pi)=\cos z,$$

并且易知 $\sin z$ 是奇函数，$\cos z$ 是偶函数，即

$$\sin(-z)=-\sin z,\ \cos(-z)=\cos z.$$

（2）$\sin z$ 和 $\cos z$ 在整个复平面内解析，且

$$(\sin z)'=\cos z,\ (\cos z)'=-\sin z.$$

（3）用 $\sin z$ 和 $\cos z$ 的定义可以直接验证实变三角函数的三角公式仍然成立，如

$$\sin^{2}z+\cos^{2}z=1,$$

$$\sin(z_1 + z_2) = \sin z_1 \cos z_2 + \cos z_1 \sin z_2,$$
$$\cos(z_1 + z_2) = \cos z_1 \cos z_2 - \sin z_1 \sin z_2.$$

(4) 令 $\sin z = 0$，即 $e^{iz} = e^{-iz}$ 或 $e^{2iz} = 1$，由 $z = x + iy$ 有

$$e^{-2y} e^{2ix} = 1 = e^{2n\pi i},$$

故 $$e^{-2y} = 1, \ 2x = 2n\pi,$$

即 $$y = 0, \ x = n\pi (n \in \mathbf{Z}),$$

所以 $\sin z$ 的零点是 $z = n\pi \ (n \in \mathbf{Z})$. 同理可得 $\cos z$ 的零点为 $z = (n + \frac{1}{2})\pi (n \in \mathbf{Z})$.

(5) 在复数域内不能断言 $|\sin z| \leqslant 1$，$|\cos z| \leqslant 1$，即 $\sin z, \cos z$ 都是无界函数. 因为

$$|\cos z| = \left| \frac{e^{iz} + e^{-iz}}{2} \right| = \left| \frac{e^{i(x+iy)} + e^{-i(x+iy)}}{2} \right| = \frac{1}{2} |e^{-y} e^{ix} + e^{y} e^{-ix}|$$

$$\geqslant \frac{1}{2} |e^{y} - e^{-y}|,$$

当 $|y| \to \infty$ 时，$|\cos z| \to \infty$. 所以 $|\cos z|$ 是无界的. 同理可验证，$|\sin z|$ 也是无界的，这一性质与实变三角函数是截然不同的.

(6) $\lim\limits_{z \to \infty} \sin z$ 与 $\lim\limits_{z \to \infty} \cos z$ 均不存在.

对于其他的 4 个复变三角函数，可以通过 $\sin z, \cos z$ 来定义：

$$\tan z = \frac{\sin z}{\cos z}, \quad \cot z = \frac{\cos z}{\sin z},$$

$$\sec z = \frac{1}{\cos z}, \quad \csc z = \frac{1}{\sin z}.$$

读者可以仿照 $\sin z$ 与 $\cos z$ 讨论它们的周期性、奇偶性、解析性等.

2. 双曲函数

与三角函数 $\sin z$ 与 $\cos z$ 密切相关的是双曲函数，双曲函数的定义与一元实函数情形相同，双曲正弦、双曲余弦、双曲正切、双曲余切函数分别定义为

$$\operatorname{sh} z = \frac{e^z - e^{-z}}{2}, \ \operatorname{ch} z = \frac{e^z + e^{-z}}{2},$$

$$\operatorname{th} z = \frac{e^z - e^{-z}}{e^z + e^{-z}}, \ \operatorname{coth} z = \frac{e^z + e^{-z}}{e^z - e^{-z}}.$$

显然它们是实变量双曲函数的推广，且具有下列重要性质：

(1) $\operatorname{sh} z, \operatorname{ch} z$ 都是以 $2k\pi i (k \in \mathbf{Z})$ 为周期的周期函数，$\operatorname{sh} z$ 是奇函数，$\operatorname{ch} z$ 是偶函数；

(2) $\operatorname{sh} z, \operatorname{ch} z$ 在整个复平面内解析，且

$$(\operatorname{sh} z)' = \operatorname{ch} z, \ (\operatorname{ch} z)' = \operatorname{sh} z;$$

(3) 双曲函数与三角函数有如下关系：

$$\sin iz = i\operatorname{sh} z, \cos iz = \operatorname{ch} z; \ \operatorname{sh} iz = i\sin z, \operatorname{ch} iz = \cos z.$$

例 3　计算 $\sin(1+2i)$ 的值.

解　$\sin(1+2i)=\sin 1 \cdot \cos 2i+\cos 1 \cdot \sin 2i=\sin 1 \cdot \text{ch } 2+i\cos 1 \cdot \text{sh } 2$

$$=\frac{1}{2}[(e^2+e^{-2})\sin 1+i(e^2-e^{-2})\cos 1].$$

例 4　试求方程 $\sin z+\cos z=0$ 的全部解.

解　由 $\sin z+\cos z=0$ 得

$$\frac{\sqrt{2}}{2}\sin z+\frac{\sqrt{2}}{2}\cos z=0,$$

即

$$\sin\left(z+\frac{\pi}{4}\right)=0.$$

因此有

$$z+\frac{\pi}{4}=k\pi,$$

故原方程的解为

$$z=k\pi-\frac{\pi}{4}\ (k=0,\pm 1,\pm 2,\cdots).$$

2.3.5　反三角函数与反双曲函数

1. 反三角函数

反三角函数定义为三角函数的反函数.

设 $z=\cos w$,则称 w 为 z 的反余弦函数,记为

$$w=\text{Arccos } z.$$

由 $z=\cos w=\dfrac{1}{2}(e^{iw}+e^{-iw})$,得 e^{iw} 的二次方程:

$$e^{2iw}-2ze^{iw}+1=0,$$

它的根为

$$e^{iw}=z+\sqrt{z^2-1},$$

其中,$\sqrt{z^2-1}$ 应理解为双值函数. 因此两端取对数,得

$$\text{Arccos } z=-i\text{Ln}(z+\sqrt{z^2-1}). \tag{2.3.8}$$

显然 Arccos z 是一个多值函数,并且在复平面内都有定义.

类似可以定义反正弦、反正切函数为

$$\text{Arcsin } z=-i\text{Ln}(iz+\sqrt{1-z^2}), \tag{2.3.9}$$

$$\text{Arctan } z=-\frac{i}{2}\text{Ln}\frac{1+iz}{1-iz}. \tag{2.3.10}$$

2. 反双曲函数

反双曲函数定义为双曲函数的反函数. 用与推导反三角函数表达式完全类似的步骤,可以得到反双曲函数的表达式为

$$\text{Arsh } z=\text{Ln}(z+\sqrt{z^2+1}),$$

$$\text{Arch } z = \text{Ln}(z + \sqrt{z^2 - 1}),$$

$$\text{Arth } z = \frac{1}{2}\text{Ln}\frac{1+z}{1-z}.$$

它们都是多值函数.

习题 2.3

1. 计算下列函数值.

(1) $e^{\frac{2-\pi i}{3}}$；

(2) $\exp[(1+i\pi)/4]$；

(3) $\cos(\pi + 5i)$；

(4) $\cos(1+i)$.

2. 试求下列函数值及其主值.

(1) $\text{Ln}(3 - \sqrt{3}i)$；

(2) $\text{Ln}(-i)$；

(3) $(1+i)^{1-i}$；

(4) 3^{3-i}；

(5) $(-3)^{\sqrt{5}}$.

3. 求解下列方程.

(1) $\sin z = 0$；

(2) $1 + e^z = 0$；

(3) $\text{sh } z = i$；

(4) $|\tan z| = 1 + 2i$.

4. 试证明：

(1) 当 $y \to \infty$ 时，$|\sin(x+iy)|$ 和 $|\cos(x+iy)|$ 趋于无穷大；

(2) 当 z 为复数时，$|\sin z| \leqslant 1$ 和 $|\cos z| \leqslant 1$ 不成立.

5. 求复数 e^{e^z} 的实部和虚部.

6. 证明下列等式.

(1) $\sin^2 z + \cos^2 z = 1$；

(2) $\sin(z_1 + z_2) = \sin z_1 \cos z_2 + \cos z_1 \sin z_2$；

(3) $\cos(z_1 + z_2) = \cos z_1 \cos z_2 - \sin z_1 \sin z_2$；

(4) $\sin 2z = 2\sin z \cos z$；

(5) $\tan 2z = \dfrac{2\tan z}{1 - \tan^2 z}$；

(6) $\sin\left(\dfrac{\pi}{2} - z\right) = \cos z$，$\cos(z + \pi) = -\cos z$；

(7) $|\cos z|^2 = \cos^2 x + \text{sh}^2 y$，$|\sin z|^2 = \sin^2 x + \text{sh}^2 y$.

7. 判断下列等式是否成立，若不成立请举例说明.

(1) $\text{Ln}(z_1 z_2) = \text{Ln } z_1 + \text{Ln } z_2$；

(2) $\text{Ln}\left(\dfrac{z_1}{z_2}\right) = \text{Ln } z_1 - \text{Ln } z_2$；

(3) $\text{Ln } z^2 = 2\text{Ln } z$；

(4) $\text{Ln}(\sqrt{z}) = \dfrac{1}{2}\text{Ln } z$；

(5) $\mathrm{Ln}\ 1=\mathrm{Ln}\ \dfrac{z}{z}=\mathrm{Ln}\ z-\mathrm{Ln}\ z=0.$

8. 试问：在复数域中 $(a^b)^c$ 与 a^{bc} 一定相等吗？

本章小结

　　本章主要介绍了复变函数的导数与解析函数的概念和性质，判断函数可导和解析的主要条件——柯西-黎曼条件，并且将在实数域上常用初等函数推广到复数域上，并研究其性质. 本章的重点是理解复变函数可导和解析的概念，掌握判断复变函数可导和解析的方法，熟悉初等函数的定义及其相关性质，其中解析函数和多值函数是难点.

　　1. 复变函数导数与解析函数的概念

　　(1) 复变函数的导数定义与一元实变函数的导数的定义在形式上相同，即

$$f'(z_0)=\lim_{\Delta z\to 0}\frac{f(z_0+\Delta z)-f(z_0)}{\Delta z},$$

从而具有和实函数一样的求导、运算法则，但是上式中极限存在的要求是与 Δz 趋于 0 的方式无关，这表明复变函数在一点可导的条件比实变函数可导的条件要严格得多，因此复变可导函数有不少特有的性质.

　　(2) 复变函数解析是用可导来定义的. 函数在一个区域内解析与在一个区域内可导是等价的，但在一点解析比它在一点可导的要求高得多，因此解析函数有许多一元实变函数没有的性质. 解析函数是复变函数的核心概念，后面的章节都是从不同角度围绕解析函数展开，务必要理解函数解析的概念，理解解析和可导的区别.

　　2. 函数可导与解析的充要条件

　　(1) 函数可导的充要条件. 设函数 $f(z)=u(x,y)+\mathrm{i}v(x,y)$ 定义在区域 D 内，则 $f(z)$ 在 D 内一点 $z=x+\mathrm{i}y$ 可导的充分必要条件是：$u(x,y)$ 与 $v(x,y)$ 在点 $z=x+\mathrm{i}y$ 可微，并且在该点满足柯西-黎曼方程：$\dfrac{\partial u}{\partial x}=\dfrac{\partial v}{\partial y},\dfrac{\partial u}{\partial y}=-\dfrac{\partial v}{\partial x}.$

　　(2) 函数解析的充要条件. 函数 $f(z)=u(x,y)+\mathrm{i}v(x,y)$ 在其定义域 D 内解析的充分必要条件是：$u(x,y)$ 与 $v(x,y)$ 在 D 内可微，并且满足柯西-黎曼方程：$\dfrac{\partial u}{\partial x}=\dfrac{\partial v}{\partial y},\dfrac{\partial u}{\partial y}=-\dfrac{\partial v}{\partial x}.$

　　以上两个定理是本章的主要定理，它们提供了判断函数 $f(z)$ 在某点是否可导，在区域内是否解析的常用方法，是否满足柯西-黎曼方程是定理的主要条件. 如果 $f(z)$ 在某点（区域 D 内）不满足柯西-黎曼方程，那么 $f(z)$ 在该点不可导（在区域 D 内不解析）.

3. 函数可导与解析的判别方法

(1) 利用函数可导与解析的定义

根据定义,要判断一个函数在点 z_0 是否解析,只要判断它在 z_0 及其邻域内是否可导;要判断该函数在区域 D 内是否解析,则要判定它在 D 内是否可导.而可导可根据导数的定义来验证.

(2) 利用充要条件

复变函数可导与解析的充要条件将函数 $f(z) = u(x,y) + iv(x,y)$ 的可导与解析问题转化为两个二元实变函数 $u(x,y)$ 和 $v(x,y)$ 来研究,其中的两个条件有一个不满足,则函数 $f(z)$ 既不可导也不解析,它是判断函数是否可导或解析常用的方法.在实际应用中也常常运用如下函数可导或解析的充分条件来证明.

函数 $f(z) = u(x,y) + iv(x,y)$ 在其定义域 D 内一点 $z = x + iy$ 可导(定义域 D 内解析)的充分条件是:

① $\dfrac{\partial u}{\partial x}, \dfrac{\partial u}{\partial y}, \dfrac{\partial v}{\partial x}, \dfrac{\partial v}{\partial y}$ 在点 $z = x + iy$(区域 D 内)连续;

② 满足柯西-黎曼方程: $\dfrac{\partial u}{\partial x} = \dfrac{\partial v}{\partial y}, \dfrac{\partial u}{\partial y} = -\dfrac{\partial v}{\partial x}$.

(3) 利用可导或解析函数的四则运算定理

当函数 $f(z)$ 是以 z 的形式给出时可以选用该方法.例如设函数 $f(z) = z^2 + \dfrac{1}{z}$,根据求导公式和法则有 $f'(z) = 2z - \dfrac{1}{z^2}$,因此,该函数在复平面内除 $z = 0$ 外处处可导,处处解析.

4. 复变初等函数

复变初等函数是实变初等函数在复数范围内的推广,它既保持了实变初等函数的某些基本性质,又有一些与实变初等函数不同的特性.

(1) 指数函数 $e^z = e^x(\cos y + i\sin y)$ 在 z 平面处处可导,处处解析,且 $(e^z)' = e^z$.它保持了实指数函数 e^x 的一些特性,如加法定理等,但是 e^z 是以 $2k\pi i (k \in \mathbf{Z})$ 为周期的周期函数,这个特性是实指数函数所没有的.

(2) 对数函数 $\mathrm{Ln}\, z = \ln|z| + i\mathrm{Arg}\, z$ 是具有无穷多个分支的多值函数.在除去原点及负实轴的平面内也解析,并且有相同的导数值,即 $(\mathrm{Ln}\, z)' = \dfrac{1}{z}$.它保持了实对数函数的某些运算性质,例如,

$$\mathrm{Ln}(z_1 z_2) = \mathrm{Ln}\, z_1 + \mathrm{Ln}\, z_2, \quad \mathrm{Ln}\left(\frac{z_1}{z_2}\right) = \mathrm{Ln}\, z_1 - \mathrm{Ln}\, z_2.$$

但是有些则不成立,如

$$\mathrm{Ln}\, z^n = n\mathrm{Ln}\, z, \quad \mathrm{Ln}\sqrt[n]{z} = \frac{1}{n}\mathrm{Ln}\, z.$$

并且"复数无对数"的论断也不再有效.

（3）复数的幂函数定义为 $z^a = \mathrm{e}^{a\mathrm{Ln}\,z} = \mathrm{e}^{a(\ln|z|+\mathrm{i}\arg z+2k\pi\mathrm{i})}$（$k$ 为整数）．除整幂函数 $z^n (n\in\mathbf{Z})$ 是单值函数外，其余都是多值函数．幂函数的各个分支在除去原点及负实轴的复平面内解析，并且 $(z^a)' = az^{a-1}$.

（4）三角正弦函数与三角余弦函数定义为

$$\sin z = \frac{\mathrm{e}^{\mathrm{i}z} - \mathrm{e}^{-\mathrm{i}z}}{2\mathrm{i}},\ \cos z = \frac{\mathrm{e}^{\mathrm{i}z} + \mathrm{e}^{-\mathrm{i}z}}{2}.$$

$\sin z$，$\cos z$ 在 z 平面内解析，且 $(\sin z)' = \cos z$，$(\cos z)' = -\sin z$．它们保持了实三角函数 $\sin x$，$\cos x$ 的周期性、奇偶性，一些三角恒等式也成立．但是不具备单调性且不再具有有界性，即 $|\sin z|\leqslant 1$，$|\cos z|\leqslant 1$ 不再成立．

对双曲正弦与双曲余弦函数 $\mathrm{sh}\,z = \dfrac{\mathrm{e}^z - \mathrm{e}^{-z}}{2}$，$\mathrm{ch}\,z = \dfrac{\mathrm{e}^z + \mathrm{e}^{-z}}{2}$，也可做类似的总结．$\mathrm{sh}\,z$ 是奇函数，$\mathrm{ch}\,z$ 是偶函数，它们都是以 $2k\pi\mathrm{i}(k\in\mathbf{Z})$ 为周期的周期函数．$\mathrm{sh}\,z$，$\mathrm{ch}\,z$ 在 z 平面内解析，且 $(\mathrm{sh}\,z)' = \mathrm{ch}\,z$，$(\mathrm{ch}\,z)' = \mathrm{sh}\,z$.

（5）反三角函数与反双曲函数都是用对数函数来定义的，因而都是多值函数．

复习题 2

1. 试判断下列函数的可导性与解析性.

（1）$f(z) = x^3 - 3xy^2 + \mathrm{i}(3x^2 y - y^3)$；　　　　　（2）$f(z) = z|z|$.

2. 设 $f(z) = \begin{cases} \dfrac{x^3 - y^3 + \mathrm{i}(x^3 + y^3)}{x^2 + y^2}, & z\neq 0; \\ 0, & z = 0. \end{cases}$ 试证 $f(z)$ 在原点满足 C－R 方程，但不可导.

3. 设 $f(z) = \dfrac{1}{5}z^5 - (1+\mathrm{i})z$，求方程 $f'(z) = 0$ 的所有根.

4. 若函数 $f(z) = x^2 + 2xy - y^2 + \mathrm{i}(y^2 + axy - x^2)$ 在复平面内处处解析，求实常数 a 的值.

5. 证明函数 $w = \dfrac{x}{x^2 + y^2} - \mathrm{i}\dfrac{y}{x^2 + y^2}$ 在 $z\neq 0$ 时处处解析，并求其导数.

6. 设 $z = x + \mathrm{i}y$，试求

（1）$|\mathrm{e}^{\mathrm{i}-2z}|$；　　　　　（2）$|\mathrm{e}^{z^2}|$；　　　　　（3）$\mathrm{Re}(\mathrm{e}^{\frac{1}{z}})$.

7. 设 $f(z)$ 在上半平面内解析，证明函数 $\overline{f(\bar{z})}$ 在下半平面内解析.

8. 设函数 $f(z) = u + \mathrm{i}v$ 在区域 D 内解析，证明

$$\left(\frac{\partial}{\partial x}|f(z)|\right)^2 + \left(\frac{\partial}{\partial y}|f(z)|\right)^2 = |f'(z)|^2.$$

9. 计算下列各式的值.

(1) $\mathrm{Ln}(1+\mathrm{i})$;   (2) $(1+\mathrm{i})^{\mathrm{i}}$.

10. 试证: $\mathrm{e}^{2\mathrm{i}z}-1=2\mathrm{i}\sin z \cdot \mathrm{e}^{\mathrm{i}z}$.

11. 求解下列方程.

(1) $\mathrm{e}^z=1+\sqrt{3}\mathrm{i}$;   (2) $\ln z=\dfrac{\pi\mathrm{i}}{2}$.

(3) $\mathrm{sh}\, z=0$;   (3) $\mathrm{ch}\, z=0$.

12. 证明下列各等式.

(1) $\mathrm{ch}^2 z-\mathrm{sh}^2 z=1$;   (2) $\mathrm{ch}\, 2z=\mathrm{sh}^2 z+\mathrm{ch}^2 z$;

(3) $\mathrm{th}(z+\pi\mathrm{i})=\mathrm{th}\, z$;   (4) $\mathrm{sh}(z_1+z_2)=\mathrm{sh}\, z_1\mathrm{ch}\, z_2+\mathrm{ch}\, z_1\mathrm{sh}\, z_2$.

第 3 章　复变函数的积分

复变函数积分理论是复变函数的核心内容,解析函数的许多重要性质要利用复变函数积分来证明.本章先介绍复变函数积分的概念、性质及计算方法,然后讨论解析函数的柯西积分定理、柯西积分公式及高阶导数公式,这些定理和公式不仅提供了复变函数积分的计算方法,还深刻揭示了解析函数的独特性质.最后讨论解析函数与调和函数的关系.

3.1　复变函数积分的概念与性质

3.1.1　复变函数积分的定义

我们所考虑的复变函数的积分是复变函数沿复平面上的曲线的积分.为了叙述方便又不妨碍实际应用,我们约定:今后提到的曲线均为光滑或逐段光滑的有向曲线,所谓有向曲线是指规定了方向的曲线.曲线的方向是这样规定的:

(1) 如果曲线 C 是开口弧段,常把两个端点中的一个作为起点,另一个作为终点,规定从起点到终点的方向为曲线 C 的正向.如果 A 到 B 作为曲线 C 的正向,那么 B 到 A 就是曲线 C 的负向,记作 C^-.

(2) 如果曲线 C 是简单闭曲线,通常总规定逆时针方向为正向,记作 C,顺时针方向为负向,记作 C^-.

(3) 如果 C 为区域 D 的边界曲线,则规定,C 的正向是指当观察者顺此方向沿曲线环行时,区域 D 总在观察者的左边.因此单连通区域的边界曲线取逆时针方向为正向,这与规定(2)是一致的.若曲线 C 是复平面上某个多连通区域的边界曲线,那么外部边界取逆时针方向,而内部边界曲线取顺时针为正向.

定义 3.1.1　设 C 为复平面上以 A 为起点,以 B 为终点的一条光滑的有向曲线,函数 $w=f(z)$ 在曲线 C 上处处有定义,把曲线 C 任意分成 n 个弧段,设分点为

$$A=z_0,z_1,z_2,\cdots,z_{k-1},z_k,\cdots,z_n=B.$$

在每个弧段 $\overset{\frown}{z_{k-1}z_k}(k=1,2,\cdots,n)$ 上任意取一点 ζ_k(如图 3-1),并作出和式

$$S_n=\sum_{k=1}^{n}f(\zeta_k)(z_k-z_{k-1})=\sum_{k=1}^{n}f(\zeta_k)\Delta z_k.$$

这里 $\Delta z_k=z_k-z_{k-1}$,记 $\Delta s_k=\overset{\frown}{z_{k-1}z_k}$ 的长度,$\delta=\max\limits_{1\leqslant k\leqslant n}\{\Delta s_k\}$.当 n 无限增加,且 δ 趋

于 0 时,如果不论对 C 的分法及 ζ_k 的取法如何,S_n 有唯一极限,那么称这极限值为函数 $f(z)$ 沿曲线 C 的积分,记作 $\int_C f(z)\mathrm{d}z$,即

$$\int_C f(z)\mathrm{d}z = \lim_{\delta \to 0} \sum_{k=1}^{n} f(\zeta_k)\Delta z_k.$$

(3.1.1)

如果 C 为闭曲线,那么沿此闭曲线的积分记作 $\oint_C f(z)\mathrm{d}z$.

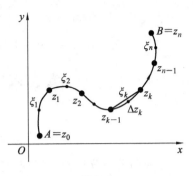

图 3-1

3.1.2　复变函数积分的性质

根据复变函数积分的定义,不难验证复变函数积分具有下列性质. 设下列性质中出现的积分都存在.

(1) $\int_C [f(z) \pm g(z)]\mathrm{d}z = \int_C f(z)\mathrm{d}z \pm \int_C g(z)\mathrm{d}z$.

(2) $\int_C kf(z)\mathrm{d}z = k\int_C f(z)\mathrm{d}z$($k$ 为常数).

(3) 若 C 是由分段光滑曲线 $C_1, C_2, \cdots, C_n$ 组成的,则有

$$\int_C f(z)\mathrm{d}z = \int_{C_1} f(z)\mathrm{d}z + \int_{C_2} f(z)\mathrm{d}z + \cdots + \int_{C_n} f(z)\mathrm{d}z.$$

(4) $\int_C f(z)\mathrm{d}z = -\int_{C^-} f(z)\mathrm{d}z$($C^-$ 为 C 的反向曲线).

(5) 设曲线 C 的长度为 L,函数 $f(z)$ 在 C 上满足 $|f(z)| \leqslant M$,那么

$$\left| \int_C f(z)\mathrm{d}z \right| \leqslant \int_C |f(z)|\mathrm{d}s \leqslant M\int_C \mathrm{d}s = ML \text{（积分估计值式）}.$$

证明　因为 $\left| \sum_{k=1}^{n} f(\zeta_k)\Delta z_k \right| \leqslant \sum_{k=1}^{n} |f(\zeta_k)\Delta z_k| \leqslant \sum_{k=1}^{n} |f(\zeta_k)|\Delta s_k$,两边同时取极限,可得

$$\left| \int_C f(z)\mathrm{d}z \right| \leqslant \int_C |f(z)|\mathrm{d}s \leqslant M\int_C \mathrm{d}s = ML.$$

例 1　试证明 $\left| \int_C (x^2 + \mathrm{i}y^2)\mathrm{d}z \right| \leqslant \pi$,其中 C 为连接点 $-\mathrm{i}$ 到 i 的右半圆周.

证明　因 C 的方程为 $x^2 + y^2 = 1$($x \geqslant 0$),而

$$|x^2 + \mathrm{i}y^2| = \sqrt{x^4 + y^4} \leqslant x^2 + y^2,$$

故在 C 上,$|x^2 + \mathrm{i}y^2| \leqslant 1$,而 C 的长度为 π,由性质(5) 积分估计值式得

$$\left| \int_C (x^2 + \mathrm{i}y^2)\mathrm{d}z \right| \leqslant \pi.$$

3.1.3 复变函数积分存在的条件及其计算法

定理 3.1.1 （复变函数积分存在定理）若函数 $f(z)=u(x,y)+\mathrm{i}v(x,y)$ 在光滑有向曲线 C 上连续，则积分 $\int_C f(z)\mathrm{d}z$ 必存在，且

$$\int_C f(z)\mathrm{d}z = \int_C u\,\mathrm{d}x - v\,\mathrm{d}y + \mathrm{i}\int_C v\,\mathrm{d}x + u\,\mathrm{d}y. \tag{3.1.2}$$

证明 设定义 3.1.1 中 $z_k=x_k+\mathrm{i}y_k$，$\zeta_k=\xi_k+\mathrm{i}\eta_k$，由于

$$\Delta z_k = z_k - z_{k-1} = x_k + \mathrm{i}y_k - (x_{k-1}+\mathrm{i}y_{k-1})$$
$$= (x_k - x_{k-1}) + \mathrm{i}(y_k - y_{k-1}) = \Delta x_k - \mathrm{i}\Delta y_k,$$

所以

$$\sum_{k=1}^n f(\zeta_k)\Delta z_k = \sum_{k=1}^n [u(\xi_k,\eta_k)+\mathrm{i}v(\xi_k,\eta_k)](\Delta x_k+\mathrm{i}\Delta y_k)$$
$$= \sum_{k=1}^n [u(\xi_k,\eta_k)\Delta x_k - v(\xi_k,\eta_k)\Delta y_k] +$$
$$\mathrm{i}\sum_{k=1}^n [v(\xi_k,\eta_k)\Delta x_k + u(\xi_k,\eta_k)\Delta y_k].$$

由于 $f(z)=u(x,y)+\mathrm{i}v(x,y)$ 在 C 上处处连续，所以 $u(x,y)$ 及 $v(x,y)$ 均为 C 上的连续函数，在上式两边取极限并利用实二元函数对坐标曲线积分的定义与存在条件可得

$$\lim_{\delta\to0}\sum_{k=1}^n f(\zeta_k)\Delta z_k = \int_C f(z)\mathrm{d}z = \int_C u\,\mathrm{d}x - v\,\mathrm{d}y + \mathrm{i}\int_C v\,\mathrm{d}x + u\,\mathrm{d}y.$$

注意 （1）若函数 $f(z)$ 在光滑或逐段光滑有向曲线 C 上连续，则积分 $\int_C f(z)\mathrm{d}z$ 必存在．

（2）由式（3.1.2）知，$\int_C f(z)\mathrm{d}z$ 可以通过两个实二元函数对坐标曲线积分来计算．为方便记忆，式（3.1.2）可形式记为

$$\int_C f(z)\mathrm{d}z = \int_C (u+\mathrm{i}v)(\mathrm{d}x+\mathrm{i}\mathrm{d}y).$$

设有向光滑曲线 C 的参数方程为：$z=z(t)=x(t)+\mathrm{i}y(t)$，且 $t=\alpha$ 对应曲线 C 的始点，$t=\beta$ 对应曲线 C 的终点，则根据实二元函数对坐标曲线积分的换元计算法，有

$$\int_C f(z)\mathrm{d}z = \int_\alpha^\beta \{u[x(t),y(t)]x'(t) - v[x(t),y(t)]y'(t)\}\mathrm{d}t$$
$$+ \mathrm{i}\int_\alpha^\beta \{v[x(t),y(t)]x'(t) + u[x(t),y(t)]y'(t)\}\mathrm{d}t$$
$$= \int_\alpha^\beta \{u[x(t),y(t)] + \mathrm{i}v[x(t),y(t)]\}[x'(t)+\mathrm{i}y'(t)]\mathrm{d}t$$

$$= \int_\alpha^\beta f[z(t)]z'(t)\mathrm{d}t.$$

即得如下定理：

定理 3.1.2 （复变函数积分参数方程计算法）设有向光滑曲线 C 参数方程为

$$z=z(t)=x(t)+\mathrm{i}y(t),$$

且 $t=\alpha$ 对应曲线 C 的始点，$t=\beta$ 对应曲线 C 的终点，函数 $f(z)$ 在 C 上连续，则

$$\int_C f(z)\mathrm{d}z = \int_\alpha^\beta f[z(t)]z'(t)\mathrm{d}t. \tag{3.1.3}$$

用公式(3.1.3)计算复变函数积分是利用积分曲线 C 的参数方程进行变量代换的，这种计算法称为参数方程法. 式(3.1.3)称为复变函数积分的变量代换公式.

例 2 计算 $\int_C z\mathrm{d}z$，其中 C 为：(1) 从原点到 $3+4\mathrm{i}$ 的直线段；(2) 由原点到点 3 和由点 3 到点 $3+4\mathrm{i}$ 的两条直线段连接而成的折线段.

解 (1) 设 C 的参数方程为 $z=3t+\mathrm{i}4t=(3+4\mathrm{i})t$ $(0\leqslant t\leqslant 1)$，$\mathrm{d}z=(3+4\mathrm{i})\mathrm{d}t$，于是

$$\int_C z\mathrm{d}z = \int_0^1 (3+4\mathrm{i})^2 t\mathrm{d}t = (3+4\mathrm{i})^2 \int_0^1 t\mathrm{d}t = \frac{1}{2}(3+4\mathrm{i})^2 = -\frac{7}{2}+12\mathrm{i}.$$

(2) 设由原点到点 3 的直线段为 C_1，由点 3 到点 $3+4\mathrm{i}$ 的直线段为 C_2，则 C_1 的参数方程为：$z=3t,0\leqslant t\leqslant 1$；$C_2$ 的参数方程为：$z=3+4\mathrm{i}t,0\leqslant t\leqslant 1$.

$$\int_C z\mathrm{d}z = \int_{C_1} z\mathrm{d}z + \int_{C_2} z\mathrm{d}z = \int_0^1 9t\mathrm{d}t + \int_0^1 (3+4\mathrm{i}t)4\mathrm{i}\mathrm{d}t = -\frac{7}{2}+12\mathrm{i}.$$

注意 在此例(1)(2)两小题中，C 的路径不同，但始点与终点相同，积分结果相同，这说明有些复变函数积分可能与路径无关.

例 3 计算 $\int_C \bar{z}\mathrm{d}z$ 的值，其中 C 是：(1) 沿从 $(0,0)$ 到 $(1,1)$ 的直线段；(2) 沿从 $(0,0)$ 到 $(1,0)$ 再到 $(1,1)$ 的折线.

解 (1) 积分曲线 C 参数方程为 $\begin{cases} x=t \\ y=t \end{cases}$ $(0\leqslant t\leqslant 1)$，则

$$\int_C \bar{z}\mathrm{d}z = \int_0^1 (t-\mathrm{i}t)(1+\mathrm{i})\mathrm{d}t = \int_0^1 2t\mathrm{d}t = 1.$$

(2) 积分曲线 C 是由 C_1 和 C_2 组成，C_1 的参数方程为 $\begin{cases} x=t \\ y=0 \end{cases}$ $(0\leqslant t\leqslant 1)$，$C_2$ 的参数方程为 $\begin{cases} x=1 \\ y=t \end{cases}$ $(0\leqslant t\leqslant 1)$，则

$$\int_C \bar{z}\mathrm{d}z = \int_{C_1} \bar{z}\mathrm{d}z + \int_{C_2} \bar{z}\mathrm{d}z = \int_0^1 t\mathrm{d}t + \int_0^1 (1-\mathrm{i}t)\mathrm{i}\mathrm{d}t = \frac{1}{2}+\left(\frac{1}{2}+\mathrm{i}\right) = 1+\mathrm{i}.$$

注意　在此例(1)(2)两小题中,C 的始点与终点相同,但路径不同,积分结果也不同,这说明有些复变函数积分与路径有关.

例 4　计算 $\oint_C \dfrac{\mathrm{d}z}{(z-z_0)^{n+1}}$,其中 C 是以 z_0 为圆心,r 为半径的正向圆周,n 为整数.

解　C 的参数方程可以表示为:$z = z_0 + r\mathrm{e}^{\mathrm{i}\theta}$,$0 \leqslant \theta \leqslant 2\pi$,因此

$$\oint_C \frac{\mathrm{d}z}{(z-z_0)^{n+1}} = \int_0^{2\pi} \frac{\mathrm{i}r\mathrm{e}^{\mathrm{i}\theta}}{r^{n+1}\mathrm{e}^{\mathrm{i}(n+1)\theta}}\mathrm{d}\theta = \int_0^{2\pi} \frac{\mathrm{i}}{r^n\mathrm{e}^{\mathrm{i}n\theta}}\mathrm{d}\theta = \frac{\mathrm{i}}{r^n}\int_0^{2\pi} \mathrm{e}^{-\mathrm{i}n\theta}\mathrm{d}\theta$$

$$= \begin{cases} 2\pi\mathrm{i}, & n=0; \\ \dfrac{\mathrm{i}}{r^n}\displaystyle\int_0^{2\pi}(\cos n\theta - \mathrm{i}\sin n\theta)\mathrm{d}\theta, & n \neq 0 \end{cases}$$

$$= \begin{cases} 2\pi\mathrm{i}, & n=0; \\ 0, & n \neq 0. \end{cases}$$

即得
$$\oint_C \frac{\mathrm{d}z}{(z-z_0)^{n+1}} = \begin{cases} 2\pi\mathrm{i}, & n=0; \\ 0, & n \neq 0. \end{cases} \tag{3.1.4}$$

注意　本题积分结果在后面的积分计算中经常用到,式(3.1.4)可作为积分公式使用,它的特点是积分结果与积分路径圆周的中心及半径无关.

习题 3.1

1. 证明:$\left| \displaystyle\int_C \frac{1}{z^2}\mathrm{d}z \right| \leqslant 2$,积分路径 C 为连接点 i 到 $2+\mathrm{i}$ 的直线段.

2. 计算积分 $\displaystyle\int_C z^2\mathrm{d}z$,其中积分路径 C 为:

(1) 从点 0 到点 $1+\mathrm{i}$ 的直线段;

(2) 沿抛物线 $y=x^2$,从点 0 到点 $1+\mathrm{i}$ 的弧段.

3. 计算积分 $\displaystyle\int_C \mathrm{Re}\, z\mathrm{d}z$,其中积分路径 C 为:

(1) 从点 0 到点 $3+4\mathrm{i}$ 的直线段;

(2) 从点 0 到点 3 再到 $3+4\mathrm{i}$ 的折线段.

4. 计算积分 $\displaystyle\int_C \frac{\bar{z}}{|z|}\mathrm{d}z$,其中积分路径 C 为:

(1) 正向圆周 $|z|=1$;

(2) 沿单位圆周 $|z|=1$ 的左半圆周,从点 i 到点 $-\mathrm{i}$.

5. 设 C 为正向圆周 $|z-\mathrm{i}|=1$,试用观察法得出下列积分值,并说明得出积分值的依据.

$$(1) \oint_C \frac{1}{z-\mathrm{i}}\mathrm{d}z; \qquad (2) \oint_C \frac{1}{(z-\mathrm{i})^3}\mathrm{d}z; \qquad (3) \oint_C (z-\mathrm{i})^2\mathrm{d}z.$$

3.2 柯西积分定理及其推广

3.2.1 柯西积分定理

从 3.1 节的例子可见,有的复变函数积分与路径无关,有的积分却与路径有关. 我们自然会想到,在什么条件下,复变函数积分与路径无关呢?

由 3.1 节定理 3.1.1,我们知道,复变函数积分与实二元函数线积分满足

$$\int_C f(z)\mathrm{d}z = \int_C u\,\mathrm{d}x - v\,\mathrm{d}y + \mathrm{i}\int_C v\,\mathrm{d}x + u\,\mathrm{d}y. \tag{3.1.2}$$

因此,$\int_C f(z)\mathrm{d}z$ 在 D 内与积分路径无关的充要条件是式(3.1.2)右端两个对坐标的曲线积分 $\int_C u\,\mathrm{d}x - v\,\mathrm{d}y$ 和 $\int_C v\,\mathrm{d}x + u\,\mathrm{d}y$ 都与路径无关,而实二元函数的曲线积分 $\int_C P(x,y)\mathrm{d}x + Q(x,y)\mathrm{d}y$ 与路径无关的充要条件是函数 $P(x,y),Q(x,y)$ 在包含积分路径在其内部的单连通区域 D 内具有连续的一阶偏导函数,且满足 $\frac{\partial P}{\partial y}=\frac{\partial Q}{\partial x}$. 所以当 $\frac{\partial u}{\partial x},\frac{\partial v}{\partial y},\frac{\partial u}{\partial y},\frac{\partial v}{\partial x}$ 在单连通域 D 内连续且 $\frac{\partial u}{\partial x}=\frac{\partial v}{\partial y},\frac{\partial u}{\partial y}=-\frac{\partial v}{\partial x}$ 时,$\int_C u\,\mathrm{d}x - v\,\mathrm{d}y$ 和 $\int_C v\,\mathrm{d}x + u\,\mathrm{d}y$ 都与路径无关,从而 $\int_C f(z)\mathrm{d}z$ 在 D 内积分与积分路径无关. 而该条件也是 $f(z)=u(x,y)+\mathrm{i}v(x,y)$ 为单连通区域 D 内解析函数的充分条件,因此,对复变函数积分,就有如下定理:

定理 3.2.1 (柯西积分定理)如果函数 $f(z)$ 在单连通区域 D 内处处解析,则沿 D 内任意一条正向光滑或逐段光滑的闭曲线 C 的积分值为零:$\oint_C f(z)\mathrm{d}z = 0$.

这个定理是法国数学家柯西(Cauchy)于 1825 年发表的. 德国数学家黎曼 1851 年假设"$f'(z)$ 在 D 内连续",采用格林公式简便地证明了柯西积分定理,实际上"$f'(z)$ 在 D 内连续"这个条件是不必要的,因为后来人们证明了解析函数的导函数仍然解析,从而导函数必连续.

黎曼证明过程:不妨设 $f'(z)\neq 0$,且在 D 内连续,因为

$$f'(z)=\frac{\partial u}{\partial x}+\mathrm{i}\frac{\partial v}{\partial x}=\frac{\partial v}{\partial y}-\mathrm{i}\frac{\partial u}{\partial y},$$

所以 u,v 及其偏导函数连续,且满足 C - R 方程,又

$$\oint_C f(z)\mathrm{d}z = \oint_C u\,\mathrm{d}x - v\,\mathrm{d}y + \mathrm{i}\oint_C v\,\mathrm{d}x + u\,\mathrm{d}y,$$

$$\oint_C u\,\mathrm{d}x - v\,\mathrm{d}y = \iint_{D_1} \left(-\frac{\partial v}{\partial x} - \frac{\partial u}{\partial y}\right)\mathrm{d}x\,\mathrm{d}y = \iint_{D_1} \left(\frac{\partial u}{\partial y} - \frac{\partial u}{\partial y}\right)\mathrm{d}x\,\mathrm{d}y = 0,$$

$$\oint_C v\,\mathrm{d}x + u\,\mathrm{d}y = \iint_{D_1} \left(\frac{\partial u}{\partial x} - \frac{\partial v}{\partial y}\right)\mathrm{d}x\,\mathrm{d}y = \iint_{D_1} \left(\frac{\partial v}{\partial y} - \frac{\partial v}{\partial y}\right)\mathrm{d}x\,\mathrm{d}y = 0,$$

其中,D_1 为 C 的内部. 所以有

$$\oint_C f(z)\,\mathrm{d}z = 0.$$

1900 年,法国数学家古萨(E. Goursat)给出了柯西积分定理新的证明方法,该证明中无须假设"$f'(z)$ 在 D 内连续",但比较复杂,人们这时称柯西积分定理为柯西-古萨积分定理.

由柯西积分定理及函数 $f(z)$ 在闭区域 $\overline{D}=D+C$ 上解析的定义易得如下定理:

定理 3.2.2 设 C 为复平面上任意一条光滑或逐段光滑的正向简单闭曲线,它的内部为区域 D,函数 $f(z)$ 在闭区域 $\overline{D}=D+C$ 上解析,则

$$\oint_C f(z)\,\mathrm{d}z = 0. \tag{3.2.1}$$

事实上,定理 3.2.2 中的 $f(z)$ 在边界上只需连续即可,即有如下定理成立,因证明较复杂,这里只给出结论,不做证明.

定理 3.2.3 设 C 为复平面上任意一条光滑或逐段光滑的正向简单闭曲线,它的内部为区域 D,函数 $f(z)$ 在区域 D 内解析,在闭区域 $\overline{D}=D+C$ 上连续,则

$$\oint_C f(z)\,\mathrm{d}z = 0.$$

注意 定理 3.2.2、定理 3.2.3 也称为柯西积分定理. 实际上,定理 3.2.1 与定理 3.2.2 等价,在计算积分时,常用定理 3.2.2.

例 1 计算下列复积分,其中 C 是正向圆周 $|z|=1$.

(1) $\oint_C \mathrm{e}^z\,\mathrm{d}z$; (2) $\oint_C \dfrac{1}{\cos z}\,\mathrm{d}z$.

解 (1) 由于 $f(z)=\mathrm{e}^z$ 在复平面内解析,故由柯西积分定理得 $\oint_C \mathrm{e}^z\,\mathrm{d}z = 0$.

(2) 由于 $f(z)=\dfrac{1}{\cos z}$ 的奇点为 $z=k\pi+\dfrac{\pi}{2}(k=0,\pm 1,\pm 2,\cdots)$,所以被积函数在积分曲线及其内部均解析,故由柯西积分定理得 $\oint_C \dfrac{1}{\cos z}\,\mathrm{d}z = 0$.

3.2.2 复变函数积分的牛顿-莱布尼茨公式

根据柯西积分定理,不难得到如下定理:

定理 3.2.4 设函数 $f(z)$ 在单连通区域 D 内处处解析,那么沿 D 内任意光

滑或逐段光滑的有向曲线 C 的积分 $\int_C f(z)\mathrm{d}z$ 与路径无关,即积分值 $\int_C f(z)\mathrm{d}z$ 仅依赖于曲线 C 的始点 z_0 与终点 z_1,而与路径无关.

由定理 3.2.4 知,解析函数 $f(z)$在单连通区域 D 内积分与路径无关,积分仅与积分曲线 C 的始点 z_0 和终点 z_1 有关,对于这种积分,我们约定写成

$$\int_{z_0}^{z_1} f(\zeta)\mathrm{d}\zeta,$$

并把 z_0 与 z_1 分别称为积分的下限和上限.

当下限 z_0 固定而上限 z_1 在单连通区域 D 内变动,且令 $z_1=z$ 时,积分 $\int_{z_0}^{z} f(\zeta)\mathrm{d}\zeta$ 在 D 内确定了单值函数 $F(z)$,即

$$F(z)=\int_{z_0}^{z} f(\zeta)\mathrm{d}\zeta. \tag{3.2.2}$$

由上式给出的函数 $F(z)$具有如下重要性质:

定理 3.2.5　设函数 $f(z)$在单连通区域 D 内解析,则 $F(z)=\int_{z_0}^{z} f(\zeta)\mathrm{d}\zeta$ 在 D 内解析,且 $F'(z)=f(z)$.

证明　令 $f(z)=u(x,y)+\mathrm{i}v(x,y)$,则

$$F(z)=\int_{z_0}^{z} f(\zeta)\mathrm{d}\zeta=\int_{(x_0,y_0)}^{(x,y)} u\mathrm{d}x-v\mathrm{d}y+\mathrm{i}\int_{(x_0,y_0)}^{(x,y)} v\mathrm{d}x+u\mathrm{d}y,$$

令　　$P(x,y)=\int_{(x_0,y_0)}^{(x,y)} u\mathrm{d}x-v\mathrm{d}y,\ Q(x,y)=\int_{(x_0,y_0)}^{(x,y)} v\mathrm{d}x+u\mathrm{d}y,$

因为积分与路径无关,所以选择从 (x_0,y_0) 到 (x_0,y) 再到 (x,y) 的折线段路径积分得

$$P(x,y)=\int_{(x_0,y_0)}^{(x,y)} u\mathrm{d}x-v\mathrm{d}y=\int_{y_0}^{y} -v(x_0,y)\mathrm{d}y+\int_{x_0}^{x} u(x,y)\mathrm{d}x, \tag{3.2.3}$$

或选择从 (x_0,y_0) 到 (x,y_0) 再到 (x,y) 的折线段路径积分得

$$P(x,y)=\int_{(x_0,y_0)}^{(x,y)} u\mathrm{d}x-v\mathrm{d}y=\int_{x_0}^{x} u(x,y_0)\mathrm{d}x-\int_{y_0}^{y} v(x,y)\mathrm{d}y.$$

因而有

$$\frac{\partial P}{\partial x}=u,\ \frac{\partial P}{\partial y}=-v.$$

同理可证明

$$\frac{\partial Q}{\partial x}=v,\ \frac{\partial Q}{\partial y}=u.$$

所以

$$\frac{\partial P}{\partial x}=\frac{\partial Q}{\partial y},\ \frac{\partial P}{\partial y}=-\frac{\partial Q}{\partial x},$$

又 $\dfrac{\partial P}{\partial x}=\dfrac{\partial Q}{\partial y}=u,\dfrac{\partial P}{\partial y}=-\dfrac{\partial Q}{\partial x}=-v$ 连续,所以函数

$$F(z)=\int_{z_0}^{z}f(\zeta)\mathrm{d}\zeta=P(x,y)+\mathrm{i}Q(x,y)$$

在 D 内解析,且

$$F'(z)=P_x(x,y)+\mathrm{i}Q_x(x,y)=u+\mathrm{i}v=f(z). \tag{3.2.4}$$

定义 3.2.1　若函数 $\Phi(z)$ 在区域 D 内可导,且导数为 $f(z)$,即 $\Phi'(z)=f(z)$,则称 $\Phi(z)$ 为 $f(z)$ 的一个原函数. 称 $f(z)$ 的原函数的全体为 $f(z)$ 的不定积分,记作 $\int f(z)\mathrm{d}z$.

由定义 3.2.1 和定理 3.2.5 知,$F(z)=\int_{z_0}^{z}f(\zeta)\mathrm{d}\zeta$ 为 $f(z)$ 的一个原函数,且 $f(z)$ 有无穷多个原函数,任意两个原函数相差一个常数. 由此可以得到如下定理:

定理 3.2.6　若函数 $f(z)$ 在单连通区域 D 内解析,$\Phi(z)$ 是 $f(z)$ 在 D 内的一个原函数,则

$$\int_{z_0}^{z_1}f(z)\mathrm{d}z=\Phi(z)\Big|_{z_0}^{z_1}=\Phi(z_1)-\Phi(z_0), \tag{3.2.5}$$

其中 z_0 与 z_1 为 D 内任意两点. 称式(3.2.6)为复变函数积分的牛顿-莱布尼茨公式.

证明　因为 $F(z)=\int_{z_0}^{z}f(\zeta)\mathrm{d}\zeta$ 也是 $f(z)$ 的一个原函数,所以

$$\int_{z_0}^{z}f(\zeta)\mathrm{d}\zeta=\Phi(z)+C,$$

将 $z=z_0$ 代入上式得,$0=\Phi(z_0)+C$,即有 $C=-\Phi(z_0)$.

所以

$$\int_{z_0}^{z}f(\zeta)\mathrm{d}\zeta=\Phi(z)-\Phi(z_0).$$

令 $z=z_1$ 得

$$\int_{z_0}^{z_1}f(z)\mathrm{d}z=\Phi(z_1)-\Phi(z_0).$$

例 2　求积分

$$\int_{0}^{2\pi a}(3z^2+2z+1)\mathrm{d}z,$$

其中积分路径是连接 0 到 $2\pi a$ 的摆线:$x=a(\theta-\sin\theta),y=a(1-\cos\theta)$.

解　由于 $f(z)=3z^2+2z+1$ 在复平面内解析,且 $(z^3+z^2+z)'=f(z)$,所以由定理 3.2.6 知

$$\int_{0}^{2\pi a}(3z^2+2z+1)\mathrm{d}z=(z^3+z^2+z)\Big|_{0}^{2\pi a}=8\pi^3a^3+4\pi^2a^2+2\pi a.$$

3.2.3 复合闭路定理

在柯西积分定理中,我们考虑的区域 D 是单连通区域,现在考虑如果区域 D 是多连通区域,函数 $f(z)$ 仍在 D 内解析,那么柯西积分定理是否还成立呢? 即柯西积分定理是否可以推广到复连通区域上呢? 下面的复合闭路定理给出了肯定的回答.

定理 3.2.7 (复合闭路定理)设 $C,C_1,C_2,\cdots,C_n$ 是复平面内 $n+1$ 条光滑或逐段光滑的简单正向闭曲线,$C_1,C_2,\cdots,C_n$ 都在 C 的内部,且 $C_1,C_2,\cdots,C_n$ 互不相交,互不包含,记 $\Gamma=C+C_1^-+C_2^-+\cdots+C_n^-$,以 Γ 为边界的 $n+1$ 连通区域为 D,如果 $f(z)$ 在区域 D 内解析,在 $D+C$ 上连续,则有

(1) $\oint_\Gamma f(z)\mathrm{d}z = 0$;

(2) $\oint_C f(z)\mathrm{d}z = \sum_{k=1}^n \oint_{C_k} f(z)\mathrm{d}z$,即沿外路 C 的积分等于内路 $C_1,C_2,\cdots,C_n$ 的积分之和.

证明 不妨设 $n=2$,作两条辅助曲线 r_1,r_2,分别将 C,C_1,C_2 连接起来,则以曲线 $\Gamma=C+r_1+r_1^-+C_1^-+r_2+r_2^-+C_2^-$ 边界所围成的区域 D 为单连通区域.

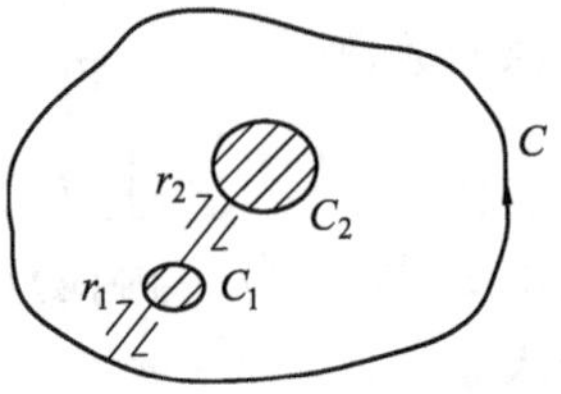

图 3-2

由柯西积分定理,有 $\oint_\Gamma f(z)\mathrm{d}z = 0$, 即

$$\oint_{C+C_1^-+C_2^-} f(z)\mathrm{d}z = \oint_C f(z)\mathrm{d}z + \oint_{C_1^-} f(z)\mathrm{d}z + \oint_{C_2^-} f(z)\mathrm{d}z = 0 ,$$

因而有
$$\oint_C f(z)\mathrm{d}z = \oint_{C_1} f(z)\mathrm{d}z + \oint_{C_2} f(z)\mathrm{d}z.$$

n 为其他正整数时,可类似证明.

注意 (1)复合闭路定理是柯西积分在复连通区域上的推广.

(2) 复合闭路定理中 $n=1$ 时,有
$$\oint_C f(z)\mathrm{d}z = \oint_{C_1} f(z)\mathrm{d}z.$$

即在区域内的一个解析函数沿闭曲线的积分,不因闭曲线在区域内做连续变形而改变它的值,只要在变形过程中曲线不经过函数 $f(z)$ 不解析的点. 该结论称为**闭路变形原理**. 利用该原理,重要积分 $\oint_C \dfrac{\mathrm{d}z}{(z-z_0)^{n+1}}$ 中以 z_0 为圆心,r 为半径的正向圆周 C,可推广至含 z_0 在其内部的任意正向闭曲线 C,仍有

$$\oint_C \frac{1}{(z-z_0)^{n+1}}\mathrm{d}z = \begin{cases} 2\pi\mathrm{i}, n=0; \\ 0, \quad n\neq 0 \end{cases} \tag{3.2.6}$$

成立.

例 3 计算 $\oint_C \dfrac{\mathrm{d}z}{z^2(z^2+4)}$,其中闭曲线 C 由正向圆周 $|z|=\dfrac{3}{2}$ 与负向圆周

$|z|=1$ 构成(如图 3-3).

解　因为 $f(z)=\dfrac{1}{z^2(z^2+4)}$ 的奇点 $z=0,z=\pm 2\mathrm{i}$ 在 C

的外部,即 $f(z)$ 在 C 上及其内部解析.

所以
$$\oint_C \frac{\mathrm{d}z}{z^2(z^2+4)}=0.$$

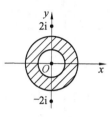

图 3-3

例 4　计算 $\displaystyle\oint_\Gamma \frac{1}{z^2-z}\mathrm{d}z$ 的值,其中 Γ 是包含点 $0,1$ 在其

内部的任何光滑或逐段光滑的正向简单闭曲线.

解　在 Γ 内作两条互不包含互不相交的正向曲
线 C_1,C_2,奇点 $z=0$ 在 C_1 内部,奇点 $z=1$ 在 C_2 内部
(如图 3-4).

由复合闭路定理,有

$$\oint_C \frac{1}{z^2-z}\mathrm{d}z=\oint_{C_1}\frac{1}{z^2-z}\mathrm{d}z+\oint_{C_2}\frac{1}{z^2-z}\mathrm{d}z,$$

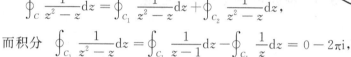

图 3-4

而积分　$\displaystyle\oint_{C_1}\frac{1}{z^2-z}\mathrm{d}z=\oint_{C_1}\frac{1}{z-1}\mathrm{d}z-\oint_{C_1}\frac{1}{z}\mathrm{d}z=0-2\pi\mathrm{i},$

$$\oint_{C_2}\frac{1}{z^2-z}\mathrm{d}z=\oint_{C_2}\frac{1}{z-1}\mathrm{d}z-\oint_{C_2}\frac{1}{z}\mathrm{d}z=2\pi\mathrm{i}-0,$$

所以原积分　$\displaystyle\oint_C \frac{1}{z^2-z}\mathrm{d}z=0-2\pi\mathrm{i}+2\pi\mathrm{i}-0=0.$

注意　该例题以上解法说明了利用复合闭路定理可将积分闭曲线内含被积

函数 $f(z)$ 的 n 个奇点的积分 $\displaystyle\oint_C f(z)\mathrm{d}z$ 化为 n 个积分的和 $\displaystyle\sum_{k=1}^{n}\oint_{C_k}f(z)\mathrm{d}z$,其中 f

(z) 在 $C_k(k=1,2,\cdots,n)$ 内有且仅有一个奇点,这个方法在求积分闭曲线内有多个

奇点的积分时常用.但必须指出,此题本身也可直接利用积分的线性性质与重要

积分(即式(3.2.7))求解,即

$$\oint_C \frac{1}{z^2-z}\mathrm{d}z=\oint_C \frac{1}{z-1}\mathrm{d}z-\oint_C \frac{1}{z}\mathrm{d}z=2\pi\mathrm{i}-2\pi\mathrm{i}=0.$$

习题 3.2

1. 设 C 为正向圆周 $|z|=1$,试用观察法得出下列积分值,并说明得出积分值
的依据.

$(1)\displaystyle\oint_C z^2\cos z\mathrm{d}z;$　　　　$(2)\displaystyle\oint_C \frac{1}{z-3}\mathrm{d}z;$　　　　$(3)\displaystyle\oint_C \frac{z}{z^2+4}\mathrm{d}z;$

(4) $\oint_C \tan z \, dz$;   (5) $\oint_C \dfrac{1}{z-\dfrac{i}{2}} dz$;   (6) $\oint_C \dfrac{1}{\left(z-\dfrac{1}{2}\right)(z-2)} dz$.

2. 利用牛顿–莱布尼茨公式计算下列积分.

(1) $\int_{-\pi i}^{\pi i} \operatorname{ch}(2z) \, dz$;   (2) $\int_0^{\pi} \cos^2 z \, dz$;   (3) $\int_0^i (z+1) e^z \, dz$.

3. 计算积分 $\oint_C (|z| - z e^{-z}) \, dz$,其中 C 为正向圆周 $|z| = 2$.

4. 计算积分 $\oint_{C_1+C_2} \dfrac{e^{2z}}{z-1} dz$,其中 C_1 为正向圆周 $|z|=3$,C_2 为负向圆周 $|z|=2$.

5. 计算 $\oint_C \dfrac{2z+1}{z(z+1)} dz$ 的值,其中 C 是包含点 $0,-1$ 在其内部的任何正向光滑简单闭曲线.

3.3 柯西积分公式及其推论

3.3.1 柯西积分公式

由闭路变形原理知,当 C 为含 z_0 在其内部的任意正向光滑或逐段光滑的闭曲线时,$\oint_C \dfrac{1}{z-z_0} dz = 2\pi i$,若进一步假设 $f(z)$ 在 C 上及其内部解析,从而函数 $\dfrac{f(z)}{z-z_0}$ 仍然仅在 C 内部有一个奇点 z_0,那么积分 $\oint_C \dfrac{f(z)}{z-z_0} dz$ 等于多少呢? 设以 ρ 为半径的圆周 $K: |z-z_0| = \rho$ 含于 C 的内部,由闭路变形原理知

$$\oint_C \frac{f(z)}{z-z_0} dz = \oint_K \frac{f(z)}{z-z_0} dz.$$

其中半径 ρ 可以足够小,当 $\rho \to 0$ 时,由于 $f(z)$ 连续,故在圆周 $K: |z-z_0| = \rho$ 上 $f(z) \to f(z_0)$,从而猜测

$$\oint_C \frac{f(z)}{z-z_0} dz = \oint_K \frac{f(z)}{z-z_0} dz = \oint_K \frac{f(z_0)}{z-z_0} dz = 2\pi i f(z_0).$$

1831 年,柯西给出了该猜测正确性的证明,并将其发表了,该公式称为柯西积分公式.

定理 3.3.1 设 C 为任意一条光滑或逐段光滑的正向简单闭曲线,它的内部为区域 D,如果 $f(z)$ 在 C 上及区域 D 内处处解析,z_0 为 D 内的任意一点,则

$$f(z_0) = \frac{1}{2\pi i} \oint_C \frac{f(z)}{z-z_0} dz. \tag{3.3.1}$$

称公式(3.3.1)为柯西积分公式.

证明 由于 $f(z)$ 在 z_0 连续,任意给定 $\varepsilon > 0$,必有一个 $\delta(\varepsilon) > 0$,当 $|z-z_0| < \delta$ 时,$|f(z) - f(z_0)| < \varepsilon$. 设以 z_0 为中心,ρ 为半径的圆周 $K: |z-z_0| = \rho$ 含于 C 的

内部(如图 3-5),且 $\rho<\delta$,那么

$$\oint_C \frac{f(z)}{z-z_0}\mathrm{d}z = \oint_K \frac{f(z)}{z-z_0}\mathrm{d}z$$

$$= \oint_K \frac{f(z)-f(z_0)+f(z_0)}{z-z_0}\mathrm{d}z$$

$$= \oint_C \frac{f(z_0)}{z-z_0}\mathrm{d}z + \oint_K \frac{f(z)-f(z_0)}{z-z_0}\mathrm{d}z$$

$$= 2\pi\mathrm{i}f(z_0) + \oint_K \frac{f(z)-f(z_0)}{z-z_0}\mathrm{d}z.$$

又有

$$\left|\oint_K \frac{f(z)-f(z_0)}{z-z_0}\mathrm{d}z\right| \leqslant \oint_K \frac{|f(z)-f(z_0)|}{|z-z_0|}\mathrm{d}s < \frac{\varepsilon}{\rho}\oint_K \mathrm{d}s = 2\pi\varepsilon \to 0(\varepsilon\to 0).$$

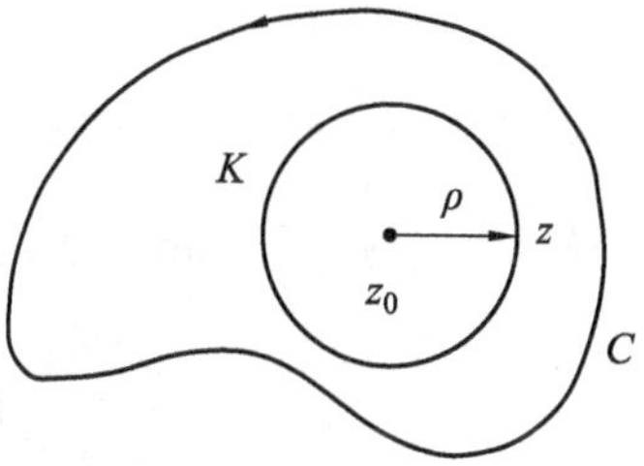

图 3-5

所以

$$f(z_0) = \frac{1}{2\pi\mathrm{i}}\oint_C \frac{f(z)}{z-z_0}\mathrm{d}z.$$

注意 (1) 柯西积分公式表明,解析函数在区域内部任意一点的值可以用它在边界上的值通过积分表示出来,这是解析函数的又一重要特征,在理论上和实际应用中都有重要意义.

特别地,如果 C 是圆周 $z=z_0+R\mathrm{e}^{\mathrm{i}\theta}$,那么柯西积分公式成为

$$f(z_0) = \frac{1}{2\pi}\int_0^{2\pi} f(z_0+R\mathrm{e}^{\mathrm{i}\theta})\mathrm{d}\theta. \tag{3.3.2}$$

这个公式称为**平均值公式**. 这就是说,一个解析函数在圆心处的值等于它在圆周上的平均值.

(2) 柯西积分公式可以改写为

$$\oint_C \frac{f(z)}{z-z_0}\mathrm{d}z = 2\pi\mathrm{i}f(z_0). \tag{3.3.1$'$}$$

即该公式可以给出积分 $\oint_C \frac{f(z)}{z-z_0}\mathrm{d}z$ 的计算方法,但需要注意的是,公式 $(3.3.1)'$ 中 $f(z)$ 在 C 上及区域 D 内处处解析,$\frac{f(z)}{z-z_0}$ 在 C 内部只有唯一的奇点 $z=z_0$,如果 $\frac{f(z)}{z-z_0}$ 在 C 内部有两个及两个以上奇点,就不能直接应用柯西积分公式了,而需结合复合闭路定理计算积分.

(3) 设 $f(z)$ 与曲线 C 满足定理 3.3.1 的条件,则

$$\oint_C \frac{f(z)}{z-z_0}\mathrm{d}z = \begin{cases} 2\pi\mathrm{i}f(z_0), & z_0 \text{ 在 } C \text{ 内部}; \\ 0, & z_0 \text{ 在 } C \text{ 外部}. \end{cases}$$

例 1 求下列积分的值.

(1) $\dfrac{1}{2\pi i}\oint_C \dfrac{\sin z}{z-1}dz$，$C$ 为 $|z-1|=2$，取正向；

(2) $\oint_C \dfrac{z^2}{(z^2-9)(z-i)}dz$，$C$ 为 $|z|=2$，取正向.

解 (1) $f(z)=\sin z$ 在复平面内解析，1 在积分闭曲线 C 内，由柯西积分公式得

$$\frac{1}{2\pi i}\oint_C \frac{\sin z}{z-1}dz = \sin z\Big|_{z=1} = \sin 1.$$

(2) $f(z)=\dfrac{z^2}{z^2-9}$ 在 $|z|\leqslant 2$ 内解析，i 在积分闭曲线 C 内，由柯西积分公式得

$$\oint_C \frac{z^2}{(z^2-9)(z-i)}dz = 2\pi i \frac{z^2}{z^2-9}\Big|_{z=i} = \frac{\pi i}{5}.$$

例 2 计算 $\oint_C \dfrac{e^z}{z^2+1}dz$，其中 C 为不经过 $\pm i$ 的任一光滑正向闭曲线.

解 被积函数 $f(z)=\dfrac{e^z}{z^2+1}=\dfrac{e^z}{(z-i)(z+i)}$ 在复平面内奇点为 $\pm i$，根据其与 C 的位置分 4 种情况讨论：

(1) $\pm i$ 皆在 C 的外部时，根据柯西积分定理知 $\oint_C \dfrac{e^z}{z^2+1}dz=0$；

(2) i 在 C 的内部，$-i$ 在 C 的外部时，根据柯西积分公式知

$$\oint_C \frac{e^z}{z^2+1}dz = 2\pi i \frac{e^z}{z+i}\Big|_{z=i} = \pi e^i;$$

(3) $-i$ 在 C 的内部，i 在 C 的外部时，根据柯西积分公式知

$$\oint_C \frac{e^z}{z^2+1}dz = 2\pi i \frac{e^z}{z-i}\Big|_{z=-i} = -\pi e^{-i};$$

(4) $\pm i$ 皆在 C 的内部时，在 C 内部作两条互不包含互不相交的正向曲线 C_1，C_2，i 在 C_1 的内部，$-i$ 在 C_2 的内部，根据复合闭路定理及柯西积分公式知

$$\oint_C \frac{e^z}{z^2+1}dz = \oint_{C_1} \frac{e^z}{z^2+1}dz + \oint_{C_2} \frac{e^z}{z^2+1}dz = \pi(e^i-e^{-i}) = 2\pi i\sin 1.$$

例 3 设函数 $f(z)=\oint_C \dfrac{\xi^2-\xi+2}{\xi-z}d\xi$，其中曲线 C 为圆周：$|\xi|=2$，取正向，$|z|\neq 2$，求 $f(3+4i)$ 及 $f'(1+i)$.

解 被积函数 $g(\xi)=\dfrac{\xi^2-\xi+2}{\xi-z}$ 在复平面上的奇点为 $\xi=z$，故可知：

当 $|z|<2$ 时，由柯西积分公式得

$$f(z)=\oint_C \frac{\xi^2-\xi+2}{\xi-z}d\xi = 2\pi i(\xi^2-\xi+2)\Big|_{\xi=z} = 2\pi i(z^2-z+2)$$

从而

$$f'(z)=2\pi i(2z-1).$$

当 $|z|>2$ 时, 由柯西积分定理得

$$f(z) = \oint_C \frac{\xi^2 - \xi + 2}{\xi - z} \mathrm{d}\xi = 0.$$

因 $|3+4\mathrm{i}| = 5 > 2$, 故 $f(3+4\mathrm{i}) = 0$.

因 $|1+\mathrm{i}| = \sqrt{2} < 2$, 故 $f'(1+\mathrm{i}) = 2\pi\mathrm{i}(2z-1)\Big|_{z=1+\mathrm{i}} = 2\pi(-2+\mathrm{i})$.

3.3.2 解析函数的高阶导数公式

应用柯西积分公式, 我们可以证明一个解析函数 $f(z)$ 的导数仍为解析函数, 从而可以证明解析函数不仅有一阶导数, 还有二阶导数, 直至任意阶导数, 以及高阶导数公式.

定理 3.3.2 解析函数 $f(z)$ 的导数仍为解析函数, 它的 n 阶导数为

$$f^{(n)}(z_0) = \frac{n!}{2\pi\mathrm{i}} \oint_C \frac{f(z)}{(z-z_0)^{n+1}} \mathrm{d}z. \tag{3.3.3}$$

其中 C 为函数 $f(z)$ 的解析域 D 内围绕 z_0 的任何一条光滑或逐段光滑的正向简单闭曲线, 而且它的内部全包含于 D.

证明 设 z_0 是函数 $f(z)$ 的解析域 D 内任意一点, C 为 D 内围绕 z_0 的任何一条光滑或逐段光滑的正向简单闭曲线, $z_0 + \Delta z$ 在 C 内部. 由柯西积分公式得

$$f(z_0) = \frac{1}{2\pi\mathrm{i}} \oint_C \frac{f(z)}{z - z_0} \mathrm{d}z,$$

$$f(z_0 + \Delta z) = \frac{1}{2\pi\mathrm{i}} \oint_C \frac{f(z)}{z - z_0 - \Delta z} \mathrm{d}z.$$

因此有

$$\frac{f(z_0 + \Delta z) - f(z_0)}{\Delta z}$$

$$= \frac{1}{\Delta z} \left[\frac{1}{2\pi\mathrm{i}} \oint_C \frac{f(z)}{z - (z_0 + \Delta z)} \mathrm{d}z - \frac{1}{2\pi\mathrm{i}} \oint_C \frac{f(z)}{z - z_0} \mathrm{d}z \right]$$

$$= \frac{1}{2\pi\mathrm{i}\Delta z} \oint_C f(z) \left[\frac{1}{z - (z_0 + \Delta z)} - \frac{1}{z - z_0} \right] \mathrm{d}z$$

$$= \frac{1}{2\pi\mathrm{i}} \oint_C \frac{f(z)}{(z - z_0)(z - z_0 - \Delta z)} \mathrm{d}z,$$

从而

$$\frac{f(z_0 + \Delta z) - f(z_0)}{\Delta z} - \frac{1}{2\pi\mathrm{i}} \oint_C \frac{f(z)}{(z - z_0)^2} \mathrm{d}z$$

$$= \frac{1}{2\pi\mathrm{i}} \oint_C \left[\frac{f(z)}{(z - z_0)(z - z_0 - \Delta z)} - \frac{f(z)}{(z - z_0)^2} \right] \mathrm{d}z$$

$$= \frac{1}{2\pi\mathrm{i}} \oint_C \frac{\Delta z f(z)}{(z - z_0)^2 (z - z_0 - \Delta z)} \mathrm{d}z = I.$$

设后一个积分为 I, 那么

$$|I| = \frac{1}{2\pi}\left|\oint_C \frac{\Delta z f(z)\mathrm{d}z}{(z-z_0)^2(z-z_0-\Delta z)}\right| \leqslant \frac{1}{2\pi}\oint_C \frac{|\Delta z||f(z)|\mathrm{d}s}{|z-z_0|^2|z-z_0-\Delta z|}.$$

因为 $f(z)$ 在 C 上是解析的,所以它在 C 上是有界的. 因此可知,必存在一个正数 M,使得在 C 上有 $|f(z)| \leqslant M$. 设 d 为从 z_0 到曲线 C 上各点的最短距离,并取 $|\Delta z|$ 适当地小,使其满足 $|\Delta z| \leqslant \frac{1}{2}d$,那么就有

$$|z-z_0|^2 \geqslant d^2$$

$$|z-z_0-\Delta z| \geqslant |z-z_0| - |\Delta z| > \frac{1}{2}d,$$

所以
$$|I| < |\Delta z|\frac{ML}{\pi d^3},$$

这里 L 为 C 的长度. 如果 $\Delta z \to 0$,那么 $I \to 0$,从而

$$f'(z_0) = \lim_{\Delta z \to 0}\frac{f(z_0 + \Delta z) - f(z_0)}{\Delta z} = \frac{1}{2\pi\mathrm{i}}\oint_C \frac{f(z)}{(z-z_0)^2}\mathrm{d}z.$$

同理可证明

$$\lim_{\Delta z \to 0}\frac{f'(z_0 + \Delta z) - f'(z_0)}{\Delta z} = \frac{2}{2\pi\mathrm{i}}\oint_C \frac{f(z)}{(z-z_0)^3}\mathrm{d}z,$$

即
$$f''(z_0) = \frac{2!}{2\pi\mathrm{i}}\oint_C \frac{f(z)}{(z-z_0)^3}\mathrm{d}z.$$

用数学归纳法可以证明:$f^{(n)}(z_0) = \frac{n!}{2\pi\mathrm{i}}\oint_C \frac{f(z)}{(z-z_0)^{n+1}}\mathrm{d}z.$

注意　(1) 定理 3.3.2 告诉我们,解析函数具有任意阶导数,这是解析函数又一重要特征. 这一点与实函数完全不一样,一个实函数 $f(x)$ 有一阶导数,不一定有二阶或更高阶导数存在.

(2) 公式(3.3.3)的作用不在于通过积分求导数,而在于通过求导来求积分,公式(3.3.3)可改写为

$$\oint_C \frac{f(z)}{(z-z_0)^{n+1}}\mathrm{d}z = \frac{2\pi\mathrm{i}}{n!}f^{(n)}(z_0) \quad (n=1,2,\cdots). \qquad (3.3.3)'$$

即当 $f(z)$ 在 C 上及其内部解析,z_0 在 C 内部时,积分 $\oint_C \frac{f(z)}{(z-z_0)^{n+1}}\mathrm{d}z$ $(n=1,2,3,\cdots)$ 的结果由式(3.3.3)$'$给出. 称式(3.3.3)及式(3.3.3)$'$为**高阶导数公式**.

例 4　求下列积分的值,其中 C 为正向圆周:$|z|=r>1$.

(1) $\oint_C \frac{\cos \pi z}{(z-1)^5}\mathrm{d}z$;　　　　　　　(2) $\oint_C \frac{\mathrm{e}^z}{(z^2+1)^2}\mathrm{d}z$.

解　(1) 函数 $\frac{\cos \pi z}{(z-1)^5}$ 在 C 内部的奇点为 $z=1$,$\cos \pi z$ 在 C 的内部处处解析. 根据高阶导数公式,有

$$\oint_C \frac{\cos \pi z}{(z-1)^5}\mathrm{d}z = \frac{2\pi\mathrm{i}}{(5-1)!}(\cos \pi z)^{(4)}\Big|_{z=1}$$

$$= -\frac{\pi^5\mathrm{i}}{12}.$$

（2）函数 $\dfrac{\mathrm{e}^z}{(z^2+1)^2}$ 在 C 内部的奇点为 $z=\pm\mathrm{i}$，

在 C 内以 i 为中心作一个正向圆周 C_1，以 $-\mathrm{i}$ 为中心作一个正向圆周 C_2（如图 3-6），那么函数

$\dfrac{\mathrm{e}^z}{(z^2+1)^2}$ 在由 C，C_1^- 和 C_2^- 所围成的区域中是解

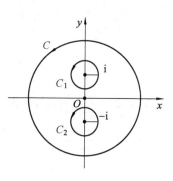

图 3-6

析的. 根据复合闭路定理，有

$$\oint_C \frac{\mathrm{e}^z}{(z^2+1)^2}\mathrm{d}z = \oint_{C_1}\frac{\mathrm{e}^z}{(z^2+1)^2}\mathrm{d}z + \oint_{C_2}\frac{\mathrm{e}^z}{(z^2+1)^2}\mathrm{d}z,$$

由高阶导数公式，有

$$\oint_{C_1}\frac{\mathrm{e}^z}{(z^2+1)^2}\mathrm{d}z = \oint_{C_1}\frac{\dfrac{\mathrm{e}^z}{(z+\mathrm{i})^2}}{(z-\mathrm{i})^2}\mathrm{d}z$$

$$= \frac{2\pi\mathrm{i}}{(2-1)!}\left[\frac{\mathrm{e}^z}{(z+\mathrm{i})^2}\right]'\Big|_{z=\mathrm{i}}$$

$$= \frac{(1-\mathrm{i})\mathrm{e}^{\mathrm{i}}}{2}\pi.$$

同理可得

$$\oint_{C_2}\frac{\mathrm{e}^z}{(z^2+1)^2}\mathrm{d}z = \frac{-(1+\mathrm{i})\mathrm{e}^{-\mathrm{i}}}{2}\pi.$$

所以

$$\oint_C \frac{\mathrm{e}^z}{(z^2+1)^2}\mathrm{d}z = \frac{\pi}{2}(1-\mathrm{i})(\mathrm{e}^{\mathrm{i}}-\mathrm{i}\mathrm{e}^{-\mathrm{i}})$$

$$= \frac{\pi}{2}(1-\mathrm{i})^2(\cos 1 - \sin 1)$$

$$= \mathrm{i}\pi\sqrt{2}\sin\left(1-\frac{\pi}{4}\right).$$

习题 3.3

1. 计算下列积分值.

（1）$\oint_C \dfrac{z^2+2z+1}{z-2}\mathrm{d}z$，$C$ 为正向圆周 $|z-2|=1$；

（2）$\oint_C \dfrac{\sin\left(\dfrac{\pi}{4}z\right)}{z^2-1}\mathrm{d}z$，$C$ 为正向圆周 $x^2+y^2-2x=0$；

(3) $\oint_C \left(\dfrac{1}{z+1} + \dfrac{2}{z-5} \right) \mathrm{d}z$, C 为正向圆周 $|z|=4$ ；

(4) $\oint_C \dfrac{\mathrm{e}^z}{z(z-1)} \mathrm{d}z$, C 为正向圆周 $|z|=2$ ；

(5) $\oint_C \dfrac{\cos z}{(z-\mathrm{i})^3} \mathrm{d}z$, C 为绕点 i 一周的正向任意光滑简单闭曲线；

(6) $\oint_C \dfrac{\mathrm{e}^{\mathrm{i}z}}{(z-\mathrm{i})^5} \mathrm{d}z$, C 为正向圆周 $|z|=2$.

2. 设 C 为不经过点 i 与 $-$i 的正向光滑或逐段光滑的简单闭曲线，求积分

$$\oint_C \dfrac{z^2 \sin(\mathrm{i}z)}{(z-\mathrm{i})(z+\mathrm{i})} \mathrm{d}z.$$

3. 计算积分值（所给积分曲线均取正向）.

$$\oint_{C_j} \dfrac{\mathrm{e}^{2z}}{z(z-1)^2} \mathrm{d}z \quad (j=1,2,3).$$

(1) $C_1 : |z| = \dfrac{1}{4}$; (2) $C_2 : |z-1| = \dfrac{1}{4}$; (3) $C_3 : |z| = 2$.

4. 设 $f(z) = \oint_{|\xi|=4} \dfrac{\mathrm{e}^\xi}{(\xi-z)^3} \mathrm{d}\xi$, 其中 $|z| \neq 4$, 求 $f(5)$, $f(0)$, $f'(\pi\mathrm{i})$.

3.4 解析函数与调和函数

3.4.1 调和函数的概念

调和函数是满足一定条件的多元实函数，在许多实际问题中具有广泛的应用，比如稳定状态的热传导、流体流动、静电场、渗流等问题都可用调和函数来描述. 下面给出调和函数及共轭调和函数的概念.

定义 3.4.1 设二元实函数 $u(x,y)$ 在区域 D 内具有二阶连续偏导数，且满足拉普拉斯（Laplace）方程

$$\dfrac{\partial^2 u}{\partial x^2} + \dfrac{\partial^2 u}{\partial y^2} = 0,$$

则称 $u(x,y)$ 为 D 内的调和函数.

定义 3.4.2 设二元实函数 $u(x,y)$ 和 $v(x,y)$ 都为区域 D 内的调和函数，且满足 C - R 方程

$$\dfrac{\partial u}{\partial x} = \dfrac{\partial v}{\partial y}, \quad \dfrac{\partial u}{\partial y} = -\dfrac{\partial v}{\partial x},$$

则称 $v(x,y)$ 是 $u(x,y)$ 在 D 内的共轭调和函数.

3.4.2　解析函数与调和函数的关系

在 3.3 节,我们已经知道区域 D 内解析函数 $f(z)=u(x,y)+\mathrm{i}v(x,y)$ 有任意阶导数,因此在区域 D 内它的实部 u 与虚部 v 都有任意阶连续偏导数.我们还知道解析函数 $f(z)=u(x,y)+\mathrm{i}v(x,y)$ 的实部 u 与虚部 v 满足 C−R 方程

$$\frac{\partial u}{\partial x}=\frac{\partial v}{\partial y},\ \frac{\partial u}{\partial y}=-\frac{\partial v}{\partial x}.$$

将上面的两等式分别对 x,y 求偏导,得

$$\frac{\partial^2 u}{\partial x^2}=\frac{\partial^2 v}{\partial y\partial x},\ \frac{\partial^2 u}{\partial y^2}=-\frac{\partial^2 v}{\partial x\partial y}.$$

因为 $v(x,y)$ 具有二阶连续偏导数,所以 $\dfrac{\partial^2 v}{\partial x\partial y}=\dfrac{\partial^2 v}{\partial y\partial x}$.

因此

$$\frac{\partial^2 u}{\partial x^2}+\frac{\partial^2 u}{\partial y^2}=0.$$

同理可得

$$\frac{\partial^2 v}{\partial x^2}+\frac{\partial^2 v}{\partial y^2}=0.$$

即 u 与 v 为区域 D 内的调和函数,且满足 C−R 方程.

由上面的讨论并结合解析函数的充要条件得解析函数与调和函数的关系如下:

定理 3.4.1　$f(z)=u(x,y)+\mathrm{i}v(x,y)$ 为区域 D 内解析函数的充要条件是 $v(x,y)$ 是 $u(x,y)$ 在 D 内的共轭调和函数.

注意　(1) 解析函数 $f(z)=u(x,y)+\mathrm{i}v(x,y)$ 的实部 u 与虚部 v 都是调和函数,但反之,u 与 v 都是调和函数,$f(z)=u(x,y)+\mathrm{i}v(x,y)$ 不一定是解析函数.如:$u=x$ 与 $v=-y$ 都是复平面内的解析函数,但 $f(z)=u+\mathrm{i}v=x-\mathrm{i}y$ 处处不解析,因为 $u=x$ 与 $v=-y$ 不满足 C−R 方程,即虚部不是实部的共轭调和函数.

(2) 任意一个二元调和函数可作为解析函数 $f(z)$ 的实部 $u(x,y)$(或虚部 $v(x,y)$),而 $f(z)$ 的虚部 $v(x,y)$(或实部 $u(x,y)$)可由 C−R 方程确定.

例 1　已知 $u(x,y)=y^3-3x^2y$,证明 $u(x,y)$ 为调和函数,求 $u(x,y)$ 的共轭调和函数 $v(x,y)$ 及对应的解析函数 $f(z)=u(x,y)+\mathrm{i}v(x,y)$.

证明　因为 $\dfrac{\partial u}{\partial x}=-6xy,\ \dfrac{\partial u}{\partial y}=3y^2-3x^2$,

$$\frac{\partial^2 u}{\partial x^2}=-6y,\ \frac{\partial^2 u}{\partial x\partial y}=-6x=\frac{\partial^2 u}{\partial y\partial x},\ \frac{\partial^2 u}{\partial y^2}=6y,$$

所以 $u(x,y)=y^3-3x^2y$ 在复平面内具有二阶连续偏导数,且满足拉普拉斯方程

$$\frac{\partial^2 u}{\partial x^2}+\frac{\partial^2 u}{\partial y^2}=-6y+6y=0,$$

所以 $u(x,y)$ 为调和函数.

下面求其共轭调和函数 $v(x,y)$ 及解析函数 $f(z)=u(x,y)+\mathrm{i}v(x,y)$.

解法一：(偏积分法)由 $\dfrac{\partial v}{\partial y} = \dfrac{\partial u}{\partial x} = -6xy$，得

$$v(x,y) = \int \frac{\partial v}{\partial y}\mathrm{d}y = \int -6xy\,\mathrm{d}y = -3xy^2 + \varphi(x),$$

于是由

$$\frac{\partial v}{\partial x} = -3y^2 + \varphi'(x) = 3x^2 - 3y^2 = -\frac{\partial u}{\partial y},$$

得 $\qquad\qquad \varphi'(x) = 3x^2,\ \varphi(x) = x^3 + C\ (C\ 为任意实常数),$

从而

$$v(x,y) = -3xy^2 + x^3 + C,$$

因此

$$\begin{aligned}
f(z) &= y^3 - 3x^2y + \mathrm{i}(x^3 - 3xy^2 + C)\\
&= \mathrm{i}[x^3 + 3x^2(\mathrm{i}y) + 3x(\mathrm{i}y)^2 + (\mathrm{i}y)^3 + C]\\
&= \mathrm{i}(z^3 + C).
\end{aligned}$$

解法二：(线积分法)因为 $f(z) = u(x,y) + \mathrm{i}v(x,y)$ 解析，由 C-R 方程，有

$$\frac{\partial v}{\partial y} = \frac{\partial u}{\partial x} = -6xy,\ \frac{\partial v}{\partial x} = -\frac{\partial u}{\partial y} = 3x^2 - 3y^2,$$

要求共轭调和函数 $v(x,y)$. 由全微分的定义，有

$$\mathrm{d}v = (3x^2 - 3y^2)\mathrm{d}x - 6xy\,\mathrm{d}y,$$

于是

$$v(x,y) = \int_{(0,0)}^{(x,y)} (3x^2 - 3y^2)\mathrm{d}x - 6xy\,\mathrm{d}y + C = x^3 - 3xy^2 + C\ (C\ 为任意实常数),$$

从而所求的解析函数为

$$f(z) = y^3 - 3x^2y + \mathrm{i}(x^3 - 3xy^2 + C) = \mathrm{i}(x + \mathrm{i}y)^3 + \mathrm{i}C = \mathrm{i}z^3 + \mathrm{i}C = \mathrm{i}(z^3 + C).$$

解法三：(不定积分法)因为 $f(z) = u(x,y) + \mathrm{i}v(x,y)$ 解析，所以

$$f'(z) = \frac{\partial u}{\partial x} + \mathrm{i}\frac{\partial v}{\partial x} = \frac{\partial u}{\partial x} - \mathrm{i}\frac{\partial u}{\partial y} = -6xy + \mathrm{i}(3x^2 - 3y^2) = \mathrm{i}3(x + \mathrm{i}y)^2 = \mathrm{i}3z^2,$$

于是

$$f(z) = \mathrm{i}z^3 + C_1.$$

因为 $f(z)$ 的实部 $u(x,y) = y^3 - 3x^2y$，所以 C_1 必为纯虚数，从而

$$f(z) = \mathrm{i}z^3 + \mathrm{i}C = \mathrm{i}(z^3 + C) = (y^3 - 3x^2y) + \mathrm{i}(x^3 - 3xy^2 + C),\ 其中\ \mathrm{i}C = C_1,$$

从而 $\qquad\qquad v(x,y) = x^3 - 3xy^2 + C\ (C\ 为任意实常数).$

注意 也可以类似地由解析函数的虚部来确定它的实部.

习题 3.4

1. 验证函数 $\varphi(x,y) = xy - x + y$ 为调和函数.

2. 设 $v = e^{px} \sin y$,求 p 的值使得 v 为调和函数.

3. 试证明函数 $u = x^2 - y^2 + xy$ 为调和函数,并求其共轭调和函数 $v(x, y)$ 及解析函数 $f(z) = u(x, y) + iv(x, y)$.

4. 证明:$u(x, y) = x^2 - y^2$ 和 $v(x, y) = y$ 都是调和函数,但是 $u + iv$ 不是解析函数.

5. 设 u 为区域 D 内的调和函数,判断 $f = \dfrac{\partial u}{\partial x} - i\dfrac{\partial u}{\partial y}$ 是否为解析函数.

本章小结

1. 复变函数积分的概念与性质

(1) 复变函数积分的概念:$\displaystyle\int_C f(z)\mathrm{d}z = \lim_{\delta \to 0}\sum_{k=1}^{n} f(\zeta_k)\Delta z_k$,$C$ 是光滑有向曲线.

(2) 复变函数积分的性质:

① $\displaystyle\int_C [f(z) \pm g(z)]\mathrm{d}z = \int_C f(z)\mathrm{d}z \pm \int_C g(z)\mathrm{d}z$.

② $\displaystyle\int_C kf(z)\mathrm{d}z = k\int_C f(z)\mathrm{d}z$　(k 为常数).

③ 若 C 是由分段光滑曲线 $C_1, C_2, \cdots, C_n$ 组成,则有

$$\int_C f(z)\mathrm{d}z = \int_{C_1} f(z)\mathrm{d}z + \int_{C_2} f(z)\mathrm{d}z + \cdots + \int_{C_n} f(z)\mathrm{d}z.$$

④ $\displaystyle\int_C f(z)\mathrm{d}z = -\int_{C^-} f(z)\mathrm{d}z$　(C^- 与 C 的方向相反).

⑤ 设曲线 C 的长度为 L,函数 $f(z)$ 在 C 上满足 $|f(z)| \leqslant M$,那么

$$\left|\int_C f(z)\mathrm{d}z\right| \leqslant \int_C |f(z)|\mathrm{d}z \leqslant ML. \text{(积分估计值式)}$$

(3) 复变函数积分的一般计算法

① 化为线积分:$\displaystyle\int_C f(z)\mathrm{d}z = \int_C u\,\mathrm{d}x - v\,\mathrm{d}y + i\int_C v\,\mathrm{d}x + u\,\mathrm{d}y$(常用于理论证明);

② 参数方法:设曲线 C:$z = z(t)$ $(\alpha \leqslant t \leqslant \beta)$,其中 α 对应曲线 C 的起点,β 对应曲线 C 的终点,则 $\displaystyle\int_C f(z)\mathrm{d}z = \int_\alpha^\beta f[z(t)]z'(t)\mathrm{d}t$.

2. 关于复变函数积分的重要定理与结论

(1) 柯西积分定理:如果函数 $f(z)$ 在单连通区域 D 内处处解析,则沿 D 内任意一条光滑或逐段光滑闭曲线 C 的积分值为零:$\displaystyle\oint_C f(z)\mathrm{d}z = 0$.

(2) 复合闭路定理:设 $C, C_1, C_2, \cdots, C_n$ 是复平面内 $n+1$ 条简单正向闭曲线,$C_1, C_2, \cdots, C_n$ 都在 C 的内部,且 $C_1, C_2, \cdots, C_n$ 互不相交,互不包含,记

$$\Gamma = C + C_1^- + C_2^- + \cdots + C_n^-,$$

以 Γ 为边界的 $n+1$ 连通区域为 D,如果 $f(z)$ 在区域 D 内解析,在 $D+C$ 上连续,则有

① $\oint_\Gamma f(z)\mathrm{d}z = 0$;

② $\oint_C f(z)\mathrm{d}z = \sum_{k=1}^n \oint_{C_k} f(z)\mathrm{d}z$,即沿外路 C 的积分等于内路 $C_1,C_2,\cdots,C_n$ 的积分之和.

(3) 牛顿-莱布尼茨公式:若函数 $f(z)$ 在单连通区域 D 内解析,$\Phi(z)$ 是 $f(z)$ 在 D 内的一个原函数,则

$$\int_{z_0}^{z_1} f(z)\mathrm{d}z = \Phi(z)\Big|_{z_0}^{z_1} = \Phi(z_1) - \Phi(z_0),$$

其中 z_0 与 z_1 为 D 内任意两点.

说明:解析函数 $f(z)$ 沿非闭曲线的积分与积分路径无关,计算时只要求出原函数差值即可.

(4) 柯西积分公式:设 C 为任意一条正向光滑或逐段光滑的简单闭曲线,它的内部为区域 D,如果 $f(z)$ 在 C 上及区域 D 内处处解析,z_0 为 D 内任意一点,则

$$f(z_0) = \frac{1}{2\pi\mathrm{i}} \oint_C \frac{f(z)}{z - z_0}\mathrm{d}z.$$

(5) 高阶导数公式:解析函数 $f(z)$ 的导数仍为解析函数,它的 n 阶导数为

$$f^{(n)}(z_0) = \frac{n!}{2\pi\mathrm{i}} \oint_C \frac{f(z)}{(z-z_0)^{n+1}}\mathrm{d}z \quad (n=1,2,\cdots),$$

其中 C 为函数 $f(z)$ 的解析域 D 内围绕 z_0 的任何一条正向光滑或逐段光滑的简单闭曲线,而且它的内部全包含于 D.

(6) 重要积分:

$$\oint_C \frac{1}{(z-z_0)^{n+1}}\mathrm{d}z = \begin{cases} 2\pi\mathrm{i}, n=0; \\ 0, \quad n \neq 0 \end{cases}$$ (C 是包含 z_0 的任意光滑或逐段光滑的正向简单闭曲线).

3. 解析函数与调和函数

(1) 调和函数的概念:若二元实函数 $\varphi(x,y)$ 在 D 内有二阶连续偏导数且满足

$$\frac{\partial^2 \varphi}{\partial x^2} + \frac{\partial^2 \varphi}{\partial y^2} = 0,$$

则称 $\varphi(x,y)$ 为 D 内的调和函数.

(2) 解析函数与调和函数的关系

① 解析函数 $f(z)=u+\mathrm{i}v$ 的实部 u 与虚部 v 都是调和函数,并称虚部 v 为实部 u 的共轭调和函数.

② 两个调和函数 u 与 v 构成的函数 $f(z)=u+\mathrm{i}v$ 不一定是解析函数;但是若

u,v 满足柯西-黎曼方程,则 $u+\mathrm{i}v$ 一定是解析函数.

（3）已知解析函数 $f(z)$ 的实部或虚部,求解析函数 $f(z)=u+\mathrm{i}v$ 的方法.

① 偏积分法:若已知实部 $u=u(x,y)$,利用 C－R 条件,得 $\dfrac{\partial u}{\partial x}=\dfrac{\partial v}{\partial y}$;

对 $\dfrac{\partial v}{\partial y}=\dfrac{\partial u}{\partial x}$ 两边积分,得 $v=\displaystyle\int\dfrac{\partial u}{\partial x}\mathrm{d}y+g(x)$（＊）

再对（＊）式两边对 x 求偏导,得 $\dfrac{\partial v}{\partial x}=\dfrac{\partial}{\partial x}\left(\displaystyle\int\dfrac{\partial u}{\partial x}\mathrm{d}y\right)+g'(x)$（＊＊）

由 C－R 条件,$\dfrac{\partial u}{\partial y}=-\dfrac{\partial v}{\partial x}$,得 $\dfrac{\partial u}{\partial y}=-\dfrac{\partial}{\partial x}\left(\displaystyle\int\dfrac{\partial u}{\partial x}\mathrm{d}y\right)+g'(x)$,可求出 $g(x)$;

将 $g(x)$ 代入（＊）式,可求得虚部 v.

② 线积分法:若已知实部 $u=u(x,y)$,利用 C－R 条件可得

$$\mathrm{d}v=\frac{\partial v}{\partial x}\mathrm{d}x+\frac{\partial v}{\partial y}\mathrm{d}y=-\frac{\partial u}{\partial y}\mathrm{d}x+\frac{\partial u}{\partial x}\mathrm{d}y,$$

故虚部为 $v=\displaystyle\int_{(x_0,y_0)}^{(x,y)}-\frac{\partial u}{\partial y}\mathrm{d}x+\frac{\partial u}{\partial x}\mathrm{d}y+C.$

由于该积分与路径无关,可选取简单路径（如折线）计算它,其中 (x_0,y_0) 与 (x,y) 是解析区域中的两点.

③ 不定积分法:若已知实部 $u=u(x,y)$,根据解析函数的导数公式和 C－R 条件得,

$$f'(z)=\frac{\partial u}{\partial x}+\mathrm{i}\frac{\partial v}{\partial y}=\frac{\partial u}{\partial x}-\mathrm{i}\frac{\partial u}{\partial y},$$

将此式右端表示成 z 的函数 $U(z)$,由于 $f'(z)$ 仍为解析函数,故

$$f(z)=\int U(z)\mathrm{d}z+C\quad（C\text{ 为任意实常数}）.$$

注意　若已知虚部 v 也可用类似方法求出实部 u.

复习题 3

1. 计算积分

$$I=\int_L(x-\mathrm{i}y)y\mathrm{d}z,$$

其中 L 为从原点指向 $1+\mathrm{i}$ 的直线段.

2. 计算下列积分.

（1）$\displaystyle\int_C z^2\mathrm{d}z$,其中 C 是从 $z=0$ 到 $z=3+4\mathrm{i}$ 的直线段;

（2）$\displaystyle\oint_c\frac{(z-2)^3\sin\dfrac{1}{z-2}}{z^2-6z+10}\mathrm{d}z$,$C$ 为正向圆周 $|z|=\dfrac{1}{2}$;

(3) $\oint_C \dfrac{\cos\dfrac{\pi z}{4}}{z(z-3)^2}\mathrm{d}z$，其中 C 是正向圆周 $|z|=2$；

(4) $\oint_C \dfrac{\mathrm{d}z}{(2z+1)^2(z-2)}$，其中 C 是正向圆周 $|z|=1$.

3. 计算积分 $\oint_C \dfrac{\mathrm{e}^z}{z}\mathrm{d}z$，其中 C 为正向圆周 $|z|=1$，并证明 $\displaystyle\int_0^\pi \mathrm{e}^{\cos\theta}\cos(\sin\theta)\mathrm{d}\theta=\pi$.

4. 设 $f(z)=\displaystyle\int_C \dfrac{3\lambda^2+7\lambda+1}{\lambda-z}\mathrm{d}\lambda$，其中 $C=\{\lambda\,|\,|\lambda|=3\}$，求 $f(3+\mathrm{i}),f(1+\mathrm{i})$，$f'(1+\mathrm{i})$.

5. 设 C 为不经过点 0 与 1 的任一光滑正向简单闭曲线，求积分 $\oint_C \dfrac{\mathrm{e}^z}{z(z-1)^2}\mathrm{d}z$.

6. 证明 $u=\mathrm{e}^x(x\cos y-y\sin y)$ 为复平面上的调和函数，求其共轭调和函数 v，并确定解析函数 $f(z)=u+\mathrm{i}v$ 适合 $f(0)=0$.

7. 设 $f(z)$ 在单连通域 D 内处处解析且不为 0，C 为 D 内任何一条光滑简单闭曲线，试证明：

$$\oint_C \dfrac{f''(z)+2f'(z)+f(z)}{f(z)}\mathrm{d}z=0.$$

8. 设 $f(z),g(z)$ 都在简单光滑正向闭曲线 C 上及 C 的内部解析，且在 C 上
$$f(z)=g(z),$$

证明：在 C 的内部也有 $f(z)=g(z)$.

第 4 章 复级数

无穷级数是微积分的进一步发展,并成为微积分的重要组成部分.复变函数中无穷级数是实函数中级数的推广,它是研究解析函数的一个重要工具.将解析函数表示成级数,不但在解析函数理论和方法中占据重要地位,而且在计算数学、流体力学等方面也有很多应用.

本章首先介绍复数项无穷级数和幂级数的基本概念与性质,然后着重讨论如何将解析函数展开成幂级数或罗朗级数的问题,为学习第 5 章中留数的相关知识做好准备.

4.1 复数项级数

4.1.1 复数列的极限

定义 4.1.1 设 $\{\alpha_n\}=\{a_n+ib_n\}(n=1,2,\cdots)$ 为一复数列,又设 $\alpha=a+ib$ 为一确定的复数.如果对任意给定 $\varepsilon>0$,存在正数 $N(\varepsilon)$,当 $n>N$ 时,$|\alpha_n-\alpha|<\varepsilon$ 成立,那么 α 称为复数列 $\{\alpha_n\}(n=1,2,\cdots)$ 在 $n\to\infty$ 时的极限.记作

$$\lim_{n\to\infty}\alpha_n=\alpha.$$

也称复数列 $\{\alpha_n\}(n=1,2,\cdots)$ 收敛于 $\alpha=a+ib$. 如果 $\{\alpha_n\}(n=1,2,\cdots)$ 不收敛,则称 $\{\alpha_n\}(n=1,2,\cdots)$ 发散.

由不等式

$$|a_n-a|\leqslant|\alpha_n-\alpha|\leqslant|a_n-a|+|b_n-b|,$$
$$|b_n-b|\leqslant|\alpha_n-\alpha|\leqslant|a_n-a|+|b_n-b|$$

及数列收敛定义,可得如下定理:

定理 4.1.1 设 $\{\alpha_n\}=\{a_n+ib_n\}(n=1,2,\cdots)$ 为一复数列,又设 $\alpha=a+ib$ 为一确定的复数,则 $\lim\limits_{n\to\infty}\alpha_n=\alpha$ 的充要条件是

$$\lim_{n\to\infty}a_n=a,\ \lim_{n\to\infty}b_n=b.$$

证明 (必要性)设 $\lim\limits_{n\to\infty}\alpha_n=\alpha$,则对任意给定 $\varepsilon>0$,存在正数 $N(\varepsilon)$,当 $n>N$ 时,有

$$|\alpha_n-\alpha|<\varepsilon.$$

所以当 $n>N$ 时,有

$$|a_n-a|\leqslant|\alpha_n-\alpha|<\varepsilon,$$

$$|b_n-b|\leqslant|\alpha_n-\alpha|<\varepsilon.$$

由实数列极限概念知

$$\lim_{n\to\infty}a_n=a,\ \lim_{n\to\infty}b_n=b.$$

（充分性）设 $\lim_{n\to\infty}a_n=a,\lim_{n\to\infty}b_n=b$，则对任意给定的 $\varepsilon>0$，存在正数 $N(\varepsilon)$，当 $n>N$ 时，有

$$|a_n-a|<\frac{\varepsilon}{2},|b_n-b|<\frac{\varepsilon}{2}.$$

因此当 $n>N$ 时

$$|\alpha_n-\alpha|\leqslant|a_n-a|+|b_n-b|<\varepsilon,$$

所以

$$\lim_{n\to\infty}\alpha_n=\alpha.$$

注意 （1）复数列的敛散性的确定可通过讨论实数列的敛散性得到.

（2）有关实数列的极限唯一性、有界性及四则运算性质都可推广到复数列上.

例1 下列数列是否收敛？如果收敛，求出其极限.

(1) $\alpha_n=(-1)^n+\frac{1}{2^n}i$; 　　　　(2) $\alpha_n=(1+\sqrt{3}i)^{-n}$.

解 （1）因为 $\lim_{n\to\infty}(-1)^n$ 不存在，$\lim_{n\to\infty}\frac{1}{2^n}=0$，所以数列 $\alpha_n=(-1)^n+\frac{1}{2^n}i$ 发散.

（2）因为 $\alpha_n=(1+\sqrt{3}i)^{-n}=\frac{1}{2^n}(\cos\frac{n\pi}{3}-i\sin\frac{n\pi}{3})$，且

$$\lim_{n\to\infty}\frac{1}{2^n}\cos\frac{n\pi}{3}=0,\ \lim_{n\to\infty}\frac{1}{2^n}\sin\frac{n\pi}{3}=0,$$

所以数列 $\alpha_n=(1+\sqrt{3}i)^{-n}$ 收敛，且 $\lim_{n\to\infty}\alpha_n=0$.

4.1.2 复数项级数的概念

定义4.1.2 设 $\{\alpha_n\}=\{a_n+ib_n\}(n=1,2,\cdots)$ 为一复数列，表达式

$$\alpha_1+\alpha_2+\cdots+\alpha_n+\cdots$$

称为复数项无穷级数，简称为复数项级数，记为 $\sum_{n=1}^{\infty}\alpha_n$，即

$$\sum_{n=1}^{\infty}\alpha_n=\alpha_1+\alpha_2+\cdots+\alpha_n+\cdots$$

其中第 n 项 α_n 叫作级数的一般项.

级数 $\sum_{n=1}^{\infty}\alpha_n$ 的前 n 项和 $S_n=\alpha_1+\alpha_2+\cdots+\alpha_n$ 称为级数的部分和.当 n 依次取 $1,2,\cdots$ 时，它们构成一个新的数列

$$S_1=\alpha_1,S_2=\alpha_1+\alpha_2,\cdots,S_n=\alpha_1+\alpha_2+\cdots+\alpha_n,\cdots$$

如果部分和数列 $\{S_n\}$ 收敛,则称级数 $\sum\limits_{n=1}^{\infty}\alpha_n$ 收敛,并称极限 $\lim\limits_{n\to\infty}S_n$ 为级数的和. 如果部分和数列 $\{S_n\}$ 不收敛,则称级数 $\sum\limits_{n=1}^{\infty}\alpha_n$ 是发散的.

由于

$$S_n = \alpha_1 + \alpha_2 + \cdots + \alpha_n = \sum_{k=1}^{n}\alpha_k = \sum_{k=1}^{n}a_k + i\sum_{k=1}^{n}b_k$$

根据定理 4.1.1 和实数项级数与复数项级数收敛的定义立即可得出如下定理:

定理 4.1.2 复数项级数 $\sum\limits_{n=1}^{\infty}\alpha_n$ 收敛的充要条件是实级数 $\sum\limits_{n=1}^{\infty}a_n$ 和 $\sum\limits_{n=1}^{\infty}b_n$ 同时收敛.

根据实级数收敛的必要条件,上述实级数 $\sum\limits_{n=1}^{\infty}a_n$ 和 $\sum\limits_{n=1}^{\infty}b_n$ 收敛时有

$$\lim_{n\to\infty}a_n = 0, \ \lim_{n\to\infty}b_n = 0,$$

从而

$$\lim_{n\to\infty}\alpha_n = 0.$$

于是得:

定理 4.1.3 复数项级数 $\sum\limits_{n=1}^{\infty}\alpha_n \ (\alpha_n = a_n + ib_n, n = 1, 2, \cdots)$ 收敛的必要条件是 $\lim\limits_{n\to\infty}\alpha_n = 0$.

推论 若 $\lim\limits_{n\to\infty}\alpha_n \neq 0$,则复数项级数 $\sum\limits_{n=1}^{\infty}\alpha_n$ 发散.

定义 4.1.2 若级数 $\sum\limits_{n=1}^{\infty}|\alpha_n|$ 收敛,则称级数 $\sum\limits_{n=1}^{\infty}\alpha_n$ 绝对收敛;若级数 $\sum\limits_{n=1}^{\infty}|\alpha_n|$ 发散,级数 $\sum\limits_{n=1}^{\infty}\alpha_n$ 收敛,则称级数 $\sum\limits_{n=1}^{\infty}\alpha_n$ 为条件收敛.

由于

$$|a_n| \leqslant |\alpha_n| = |a_n + ib_n| \leqslant |a_n| + |b_n|,$$
$$|b_n| \leqslant |\alpha_n| = |a_n + ib_n| \leqslant |a_n| + |b_n|,$$

根据实正项级数的比较判别法,可得如下定理:

定理 4.1.4 复数项级数 $\sum\limits_{n=1}^{\infty}\alpha_n \ (\alpha_n = a_n + ib_n, n = 1, 2, \cdots)$ 绝对收敛的充要条件是实数项级数 $\sum\limits_{n=1}^{\infty}a_n$,$\sum\limits_{n=1}^{\infty}b_n$ 同时绝对收敛.

由定理 4.1.4 知,若实正项级数 $\sum\limits_{n=1}^{\infty}|\alpha_n|$ 收敛,则复数项级数 $\sum\limits_{n=1}^{\infty}\alpha_n$ 必收敛.

例 2 判断下列级数的收敛性. 若收敛,是绝对收敛还是条件收敛?

(1) $\sum\limits_{n=1}^{\infty}\dfrac{1}{n}\left(1 + \dfrac{i}{n}\right)$;　　　　(2) $\sum\limits_{n=1}^{\infty}\dfrac{\sin in}{2^n}$;

(3) $\displaystyle\sum_{n=1}^{\infty}\frac{\mathrm{i}^n}{\sqrt{n}}$; 　　　　　　(4) $\displaystyle\sum_{n=1}^{\infty}\frac{(3-4\mathrm{i})^n}{6^n}$.

解　(1) 因为 $\displaystyle\sum_{n=1}^{\infty}\frac{1}{n}$ 发散,$\displaystyle\sum_{n=1}^{\infty}\frac{1}{n^2}$ 收敛,所以 $\displaystyle\sum_{n=1}^{\infty}\frac{1}{n}(1+\frac{\mathrm{i}}{n})$ 发散.

(2) 因为 $\sin \mathrm{i}n=\dfrac{e^{-n}-e^{n}}{2\mathrm{i}}$,$\dfrac{\sin \mathrm{i}n}{2^n}=\dfrac{1}{2\mathrm{i}}\Big[\Big(\dfrac{1}{2e}\Big)^n-\Big(\dfrac{e}{2}\Big)^n\Big]\to\infty(n\to\infty)$,所以原级数发散.

(3) 因为 $\mathrm{i}^n=\cos\dfrac{n\pi}{2}+\mathrm{i}\sin\dfrac{n\pi}{2}$,所以

$$\sum_{n=1}^{\infty}\frac{\mathrm{i}^n}{\sqrt{n}}=\sum_{n=1}^{\infty}\frac{\cos\frac{n\pi}{2}}{\sqrt{n}}+\mathrm{i}\sum_{n=1}^{\infty}\frac{\sin\frac{n\pi}{2}}{\sqrt{n}}=\sum_{n=1}^{\infty}\frac{(-1)^n}{\sqrt{2n}}+\mathrm{i}\sum_{n=1}^{\infty}\frac{(-1)^{n-1}}{\sqrt{2n-1}}$$

收敛,但是 $\displaystyle\sum_{n=1}^{\infty}\Big|\frac{\mathrm{i}^n}{\sqrt{n}}\Big|=\sum_{n=1}^{\infty}\frac{1}{\sqrt{n}}$ 发散.所以原级数是条件收敛.

(4) 因为 $\displaystyle\sum_{n=1}^{\infty}\Big|\frac{(3-4\mathrm{i})^n}{6^n}\Big|=\sum_{n=1}^{\infty}\Big(\frac{5}{6}\Big)^n$ 收敛,所以原级数收敛且为绝对收敛.

习题 4.1

1. 下列数列是否收敛? 如果收敛,求出其极限.

(1) $\alpha_n=(1+\dfrac{1}{n})e^{\mathrm{i}\frac{\pi}{n}}$; 　　　　(2) $\alpha_n=n\cos \mathrm{i}n$;

(3) $\alpha_n=\dfrac{1+\mathrm{i}n}{1-\mathrm{i}n}$; 　　　　　　(4) $\alpha_n=n^2\Big(\sin^2\dfrac{1}{n}+\mathrm{i}\ln\dfrac{n^2+1}{n^2}\Big)$.

2. 下列级数是否收敛? 是否绝对收敛?

(1) $\displaystyle\sum_{n=1}^{\infty}\Big[\frac{(-1)^n}{n}+\frac{1}{2^n}\mathrm{i}\Big]$; 　　(2) $\displaystyle\sum_{n=1}^{\infty}\cos \mathrm{i}n$;

(3) $\displaystyle\sum_{n=1}^{\infty}\frac{(3+4\mathrm{i})^n}{n!}$; 　　　(4) $\displaystyle\sum_{n=3}^{\infty}\frac{\mathrm{i}^n}{\ln n}$.

4.2　幂级数

4.2.1　复函数项级数的概念

定义 4.2.1　设 $\{f_n(z)\}(n=1,2,\cdots)$ 为定义在区域 D 内的复变函数序列,称表达式

$$f_1(z) + f_2(z) + \cdots + f_n(z) + \cdots \xlongequal{\triangle} \sum_{n=1}^{\infty} f_n(z)$$

为复函数项无穷级数,简称为复函数项级数. 称 $S_n(z) = f_1(z) + f_2(z) + \cdots + f_n(z)$

为级数 $\sum\limits_{n=1}^{\infty} f_n(z)$ 的前 n 项部分和.

如果对于 D 内的某一点 z_0, 极限 $\lim\limits_{n\to\infty} S_n(z_0) = S(z_0)$ 存在,则称复函数项级数

$\sum\limits_{n=1}^{\infty} f_n(z)$ 在点 z_0 收敛,且 $\sum\limits_{n=1}^{\infty} f_n(z_0) = S(z_0)$;称 z_0 为 $\sum\limits_{n=1}^{\infty} f_n(z)$ 的一个收敛点,

收敛点的全体称为级数 $\sum\limits_{n=1}^{\infty} f_n(z)$ 的收敛域;若级数 $\sum\limits_{n=1}^{\infty} f_n(z)$ 在点 z_0 发散,则称

z_0 为 $\sum\limits_{n=1}^{\infty} f_n(z)$ 的一个发散点,发散点的全体称为级数 $\sum\limits_{n=1}^{\infty} f_n(z)$ 的发散域.

若级数 $\sum\limits_{n=1}^{\infty} f_n(z)$ 在区域 D 内处处收敛,则其和一定是 z 的函数,记为 $S(z)$,称为

$\sum\limits_{n=1}^{\infty} f_n(z)$ 在区域 D 内的和函数,即对任意的 $z \in D$ 有,$S(z) = \lim\limits_{n\to\infty} S_n(z) = \sum\limits_{n=1}^{\infty} f_n(z)$.

4.2.2　幂级数的概念及其收敛性

定义 4.2.2　称形如

$$\sum_{n=0}^{\infty} c_n(z-z_0)^n = c_0 + c_1(z-z_0) + \cdots + c_n(z-z_0)^n + \cdots \qquad (4.2.1)$$

或

$$\sum_{n=0}^{\infty} c_n z^n = c_0 + c_1 z + \cdots + c_n z^n + \cdots \qquad (4.2.2)$$

的函数项级数为幂级数. 其中 $c_0, c_1, \cdots, c_n, \cdots$ 都是复常数,称为幂级数的系数.

由于级数 (4.2.2) 为级数 (4.2.1) 中 $z_0 = 0$ 的特例,因此理论上对 (4.2.1) 型级数加以讨论.

下面的阿贝耳 (Abel) 定理展示了幂级数的特性.

定理 4.2.1　(1) 如果级数 $\sum\limits_{n=0}^{\infty} c_n(z-z_0)^n$ 在 $z = z_1 (z_1 \neq z_0)$ 收敛,那么它在 $|z-z_0| < |z_1-z_0|$ 内处处绝对收敛;

(2) 如果级数 $\sum\limits_{n=0}^{\infty} c_n(z-z_0)^n$ 在 $z = z_1$ 发散,那么它在 $|z-z_0| > |z_1-z_0|$ 内处处发散.

证明　(1) 因为级数 $\sum\limits_{n=0}^{\infty} c_n(z_1-z_0)^n$ 收敛,根据收敛的必要条件,

$$\lim_{n\to\infty} c_n(z_1-z_0)^n = 0,$$

必存在正数 M,使得所有 $|c_n(z_1-z_0)^n|<M$.

如果 $|z-z_0|<|z_1-z_0|$,那么 $\dfrac{|z-z_0|}{|z_1-z_0|}=q<1$,而

$$|c_n(z-z_0)^n|=\left|c_n(z_1-z_0)^n\frac{(z-z_0)^n}{(z_1-z_0)^n}\right|=|c_n(z_1-z_0)^n|\cdot\left|\frac{z-z_0}{z_1-z_0}\right|^n<Mq^n,$$

由比较判别法知 $\displaystyle\sum_{n=0}^{\infty}|c_n(z-z_0)^n|$ 收敛,所以级数 $\displaystyle\sum_{n=0}^{\infty}c_n(z-z_0)^n$ 绝对收敛.

(2) 如果 $\displaystyle\sum_{n=0}^{\infty}c_n(z-z_0)^n$ 在 $z=z_1$ 发散,采用反证法并利用(1)的结论可以证明,当 $|z-z_0|>|z_1-z_0|$ 时,级数 $\displaystyle\sum_{n=0}^{\infty}c_n(z-z_0)^n$ 是发散的,证明过程请读者自行完成.

4.2.3 幂级数的收敛圆与收敛半径

由阿贝尔定理知,幂级数 $\displaystyle\sum_{n=0}^{\infty}c_n(z-z_0)^n$ 的收敛情况必为下列情形之一:

(1) $\displaystyle\sum_{n=0}^{\infty}c_n(z-z_0)^n$ 在复平面上处处收敛;

(2) $\displaystyle\sum_{n=0}^{\infty}c_n(z-z_0)^n$ 在复平面上除 $z=z_0$ 外,处处发散;

(3) $\displaystyle\sum_{n=0}^{\infty}c_n(z-z_0)^n$ 在复平面上除 $z=z_0$ 外还有其他收敛点,也有发散点. 这时必存在一个正数 R,使 $\displaystyle\sum_{n=0}^{\infty}c_n(z-z_0)^n$ 在 $|z-z_0|<R$ 内绝对收敛,而在 $|z-z_0|>R$ 内处处发散,在圆周 $C:|z-z_0|=R$ 上, $\displaystyle\sum_{n=0}^{\infty}c_n(z-z_0)^n$ 可能是收敛的,也可能是发散的. 这时称 $|z-z_0|<R$ 为 $\displaystyle\sum_{n=0}^{\infty}c_n(z-z_0)^n$ 的收敛圆, $|z-z_0|=R$ 为其收敛圆周, R 为其收敛半径.

为统一起见,规定(1)(2)两种情形的收敛半径分别为 $R=+\infty$ 和 $R=0$.

关于收敛半径的求法,常用的有比值法和根值法.

定理 4.2.2 (比值法)设幂级数 $\displaystyle\sum_{n=0}^{\infty}c_n(z-z_0)^n(c_n\neq0)$,若 $\displaystyle\lim_{n\to\infty}\left|\frac{c_{n+1}}{c_n}\right|=\rho$,其中 c_n,c_{n+1} 是 $\displaystyle\sum_{n=0}^{\infty}c_n(z-z_0)^n$ 的相邻两项的系数,则其收敛半径 $R=\begin{cases}\dfrac{1}{\rho},\rho\neq0;\\+\infty,\rho=0;\\0,\rho=+\infty.\end{cases}$

证明 考虑正项级数

$$\sum_{n=0}^{\infty} \left| c_n (z - z_0)^n \right| = \sum_{n=0}^{\infty} \left| c_n \right| \left| z - z_0 \right|^n.$$

由于 $\lim\limits_{n \to \infty} \left| \dfrac{c_{n+1}(z-z_0)^{n+1}}{c_n(z-z_0)^n} \right| = \rho \left| z - z_0 \right|$，若 $0 < \rho < +\infty$，由正项级数的比值判

别法知，当 $\rho \left| z - z_0 \right| < 1$，即当 $\left| z - z_0 \right| < \dfrac{1}{\rho}$ 时，$\sum\limits_{n=0}^{\infty} c_n (z - z_0)^n$ 收敛；当

$\rho \left| z - z_0 \right| > 1$，即 $\left| z - z_0 \right| > \dfrac{1}{\rho}$ 时，级数 $\sum\limits_{n=0}^{\infty} c_n (z - z_0)^n$ 发散. 故收敛半径 $R = \dfrac{1}{\rho}$.

当 $\rho = 0$ 时，对任意 z 有 $\rho \left| z - z_0 \right| < 1$，所以级数在复平面上处处收敛，$R = +\infty$.

当 $\rho = +\infty$ 时，若 $z \neq z_0$，则有 $\rho \left| z - z_0 \right| > 1$，所以级数在复平面上除 $z = z_0$ 外处处发散，$R = 0$.

定理 4.2.3 （根值法）设幂级数 $\sum\limits_{n=0}^{\infty} c_n (z - z_0)^n (c_n \neq 0)$，若 $\lim\limits_{n \to \infty} \sqrt[n]{\left| c_n \right|} = \rho$，

则其收敛半径 $R = \begin{cases} \dfrac{1}{\rho}, \rho \neq 0; \\ +\infty, \rho = 0; \\ 0, \rho = +\infty. \end{cases}$

证明略.

注意 定理 4.2.2 与定理 4.2.3 给出的求幂级数 $\sum\limits_{n=0}^{\infty} c_n (z - z_0)^n$ 的收敛半径

的方法，只适用于 $\sum\limits_{n=0}^{\infty} c_n (z - z_0)^n$ 中 $c_n \neq 0$（从某项开始）的情形，如果幂级数

$\sum\limits_{n=0}^{\infty} c_n (z - z_0)^n$ 中有缺无限项的情况，一般应按定理推导的方法求其收敛半径.

例 1 求下列幂级数的收敛半径.

(1) $\sum\limits_{n=0}^{\infty} e^{in\pi} (z - 2)^n$；　　　　(2) $\sum\limits_{n=0}^{\infty} \dfrac{(n!)^2}{n^n} z^n$；　　　　(3) $\sum\limits_{n=0}^{\infty} \dfrac{1}{n!} z^n$.

解 (1) 因为 $\lim\limits_{n \to \infty} \sqrt[n]{\left| c_n \right|} = \lim\limits_{n \to \infty} \left| e^{in\pi} \right|$，所以 $R = 1$.

(2) 因为 $\lim\limits_{n \to \infty} \left| \dfrac{c_{n+1}}{c_n} \right| = \lim\limits_{n \to \infty} \dfrac{\left[(n+1)! \right]^2}{(n+1)^{n+1}} \dfrac{n^n}{(n!)^2} = \lim\limits_{n \to \infty} \dfrac{n+1}{(1 + \frac{1}{n})^n} = +\infty$，所以

$R = 0$.

(3) 因为 $\lim\limits_{n \to \infty} \left| \dfrac{c_{n+1}}{c_n} \right| = \lim\limits_{n \to \infty} \dfrac{\dfrac{1}{(n+1)!}}{\dfrac{1}{n!}} = \lim\limits_{n \to \infty} \dfrac{1}{n+1} = 0$，所以 $R = +\infty$.

例 2 求幂级数 $\displaystyle\sum_{n=1}^{\infty}\frac{2n-1}{2^n}z^{2n-2}$ 的收敛半径.

解 此幂级数中缺 z 的奇次幂,故不能直接用公式求收敛半径,对幂级数采用比值判别法.

$$\lim_{n\to\infty}\left|\frac{u_{n+1}}{u_n}\right|=\lim_{n\to\infty}\left|\frac{2n+1}{2^{n+1}}z^{2n}\cdot\frac{2^n}{2n-1}\frac{1}{z^{2n-2}}\right|=\lim_{n\to\infty}\frac{1}{2}\cdot\frac{2n+1}{2n-1}\cdot|z|^2=\frac{1}{2}|z|^2.$$

当 $\dfrac{1}{2}|z|^2<1$,即 $|z|<\sqrt{2}$ 时,级数绝对收敛.

当 $\dfrac{1}{2}|z|^2>1$,即 $|z|>\sqrt{2}$ 时,级数发散.

所以原幂级数的收敛半径 $R=\sqrt{2}$.

例 3 求幂级数 $\displaystyle\sum_{n=0}^{\infty}z^n$ 的收敛域及和函数.

解 因为 $\displaystyle\lim_{n\to\infty}\sqrt[n]{|c_n|}=\lim_{n\to\infty}|1|=1$,所以 $R=1$,所以幂级数 $\displaystyle\sum_{n=0}^{\infty}z^n$ 在 $|z|<1$ 内绝对收敛,在 $|z|>1$ 内发散;而当 $|z|=1$ 时,$\displaystyle\lim_{n\to\infty}z^n\neq0$,所以在 $|z|=1$ 上幂级数 $\displaystyle\sum_{n=0}^{\infty}z^n$ 发散.

所以幂级数 $\displaystyle\sum_{n=0}^{\infty}z^n$ 收敛域为 $|z|<1$,且

$$S(z)=\lim_{n\to\infty}S_n(z)=\lim_{n\to\infty}(1+z+z^2+\cdots+z^{n-1})=\lim_{n\to\infty}\frac{1-z^n}{1-z}=\frac{1}{1-z}\ (|z|<1),$$

即幂级数 $\displaystyle\sum_{n=0}^{\infty}z^n$ 在 $|z|<1$ 内的和函数为 $\dfrac{1}{1-z}$,$\displaystyle\sum_{n=0}^{\infty}z^n=\frac{1}{1-z}\ (|z|<1)$.

4.2.4 幂级数的运算性质

复变函数幂级数的运算和性质类似于实变幂级数.

1. 代数运算

(1) 设
$$\sum_{n=0}^{\infty}a_nz^n=f(z)\qquad(|z|<r_1),$$
$$\sum_{n=0}^{\infty}b_nz^n=g(z)\qquad(|z|<r_2).$$

取 $R=\min\{r_1,r_2\}$,则在 $|z|<R$ 内,

① $\displaystyle\sum_{n=0}^{\infty}a_nz^n\pm\sum_{n=0}^{\infty}b_nz^n=\sum_{n=0}^{\infty}(a_n\pm b_n)=f(z)\pm g(z)$;

② $\displaystyle\sum_{n=0}^{\infty}a_nz^n\cdot\sum_{n=0}^{\infty}b_nz^n=\sum_{n=0}^{\infty}c_nz^n=f(z)g(z)$,

其中 $c_n = a_0 b_n + a_1 b_{n-1} + \cdots + a_n b_0$.

(2) 设 $f(z) = \sum\limits_{n=0}^{\infty} a_n z^n (|z| < r)$，在 $|z| < R$ 内，$g(z)$ 解析且 $|g(z)| < r$，则

在 $|z| < R$ 内，$f[g(z)] = \sum\limits_{n=0}^{\infty} a_n [g(z)]^n$.

2. 分析运算

定理 4.2.4 设 $\sum\limits_{n=0}^{\infty} a_n (z - z_0)^n$ 的收敛半径为 R，和函数为 $S(z)$，则

(1) 幂级数的和函数 $S(z)$ 在 $|z - z_0| < R$ 内解析；

(2) 幂级数在 $|z - z_0| < R$ 内可逐项求导，即

$$S'(z) = \left[\sum_{n=0}^{\infty} a_n (z - z_0)^n \right]' = \sum_{n=1}^{\infty} n a_n (z - z_0)^{n-1};$$

(3) 幂级数在 $|z - z_0| < R$ 内可逐项积分，即

$$\int_{z_0}^{z} S(z) \mathrm{d}z = \int_{z_0}^{z} \sum_{n=0}^{\infty} a_n (z - z_0)^n \mathrm{d}z = \sum_{n=0}^{\infty} a_n \int_{z_0}^{z} (z - z_0)^n \mathrm{d}z$$

$$= \sum_{n=0}^{\infty} \frac{a_n}{n+1} (z - z_0)^{n+1},$$

且逐项求导或逐项积分后的新级数与原级数具有相同的收敛半径.

证明略.

例 4 求幂级数 $\sum\limits_{n=0}^{\infty} (n+1) z^n$ 的和函数.

解 易得 $\sum\limits_{n=0}^{\infty} (n+1) z^n$ 收敛域为 $|z| < 1$，设

$$S(z) = \sum_{n=0}^{\infty} (n+1) z^n \qquad (|z| < 1),$$

逐项积分得

$$\int_0^z S(z) \mathrm{d}z = \sum_{n=0}^{\infty} \int_0^z (n+1) z^n \mathrm{d}z = \sum_{n=0}^{\infty} z^{n+1} = \frac{z}{1-z} \qquad (|z| < 1),$$

所以

$$S(z) = \left(\frac{z}{1-z} \right)' = \frac{1}{(1-z)^2} \qquad (|z| < 1).$$

习题 4.2

1. 若幂级数 $\sum\limits_{n=0}^{\infty} c_n z^n$ 在 $z = 1 + 2\mathrm{i}$ 处收敛，试问该级数在 $z = 2$ 处的敛散性

如何？

2. 试求下列幂级数的收敛半径.

(1) $\sum\limits_{n=0}^{\infty}(1+\mathrm{i})^n(z-2)^n$； (2) $\sum\limits_{n=1}^{\infty}\dfrac{z^n}{n^p}$（$p$ 为正整数）； (3) $\sum\limits_{n=0}^{\infty}\dfrac{n!}{n^n}(z-1)^n$.

3. 设幂级数 $\sum\limits_{n=0}^{\infty}c_n z^n$ 的收敛半径为 R，求幂级数 $\sum\limits_{n=0}^{\infty}(2^n+1)c_n z^n$ 的收敛半径.

4. 求幂级数 $\sum\limits_{n=0}^{\infty}\dfrac{(-1)^n z^{n+1}}{n+1}$ 的和函数.

4.3 泰勒级数

在 4.2 节中，我们已经知道，一个幂级数的和函数在它的收敛圆内是一个解析函数.但在许多实际应用中，我们遇到的是与之相反的问题，即在圆域内解析的函数能否用一个幂级数来表示？具体来说，就是对于给定的在某个圆域内解析的函数 $f(z)$，是否能找到一个幂级数在该圆域内收敛，且其和函数恰好是给定的 $f(z)$？如果能找到这样的幂级数，我们就说，函数 $f(z)$ 在该圆域内能展开成幂级数.这一节，首先利用柯西积分公式证明任一在圆域内解析的函数都可以展开成幂级数，然后讨论将解析函数展开成幂级数的方法.

4.3.1 泰勒展开定理

定理 4.3.1 设函数 $f(z)$ 在 $|z-z_0|<R$ 内解析，则在 $|z-z_0|<R$ 内 $f(z)$ 可以展开成幂级数

$$f(z)=\sum_{n=0}^{\infty}c_n(z-z_0)^n, \tag{4.3.1}$$

其中 $c_n=\dfrac{1}{2\pi\mathrm{i}}\oint_C\dfrac{f(z)}{(z-z_0)^{n+1}}\mathrm{d}z=\dfrac{f^{(n)}(z_0)}{n!}$ $(n=0,1,2,\cdots)$, $\tag{4.3.2}$

C 为任意圆周 $|z-z_0|=\delta<R$，并且这个展开式是唯一的.

证明 设 z 是 D 内任意一点，在 D 内作一圆周 $C:|\zeta-z_0|=\delta<R$，使得 $|z-z_0|<\delta$，如图 4-1.

则由柯西积分公式，得

$$f(z)=\dfrac{1}{2\pi\mathrm{i}}\oint_C\dfrac{f(\zeta)}{\zeta-z}\mathrm{d}\zeta. \tag{4.3.3}$$

因为 $|z-z_0|<\delta$，即 $\left|\dfrac{z-z_0}{\zeta-z_0}\right|=q<1$，所以

$$\dfrac{1}{\zeta-z}=\dfrac{1}{(\zeta-z_0)-(z-z_0)}=\dfrac{1}{\zeta-z_0}\cdot\dfrac{1}{1-\dfrac{z-z_0}{\zeta-z_0}}$$

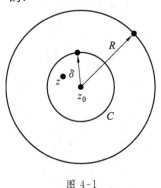

图 4-1

$$= \frac{1}{\zeta - z_0} \sum_{n=0}^{\infty} \left(\frac{z - z_0}{\zeta - z_0} \right)^n = \sum_{n=0}^{\infty} \frac{(z - z_0)^n}{(\zeta - z_0)^{n+1}}.$$

将此式代入式(4.3.3)，由幂级数的性质，得

$$f(z) = \frac{1}{2\pi i} \oint_C \left[f(\zeta) \sum_{n=0}^{\infty} \frac{(z - z_0)^n}{(\zeta - z_0)^{n+1}} \right] d\zeta$$

$$= \sum_{n=0}^{\infty} \left[\frac{1}{2\pi i} \oint_C \frac{f(\zeta)}{(\zeta - z_0)^{n+1}} d\zeta \right] (z - z_0)^n$$

$$= \sum_{n=0}^{\infty} c_n (z - z_0)^n,$$

其中 $c_n = \dfrac{1}{2\pi i} \oint_C \dfrac{f(\zeta)}{(\zeta - z_0)^{n+1}} d\zeta = \dfrac{f^{(n)}(z_0)}{n!}$ $(n = 0, 1, 2, \cdots)$.

设 $f(z)$ 在 D 内又可以展成

$$f(z) = \sum_{n=0}^{\infty} c_n (z - z_0)^n,$$

对上式求各阶导数，得

$$f^{(n)}(z) = n! c_n + (n+1)! c_{n+1} (z - z_0) + \cdots.$$

当 $z = z_0$ 时，$f^{(n)}(z_0) = n! c_n$，即 $c_n = \dfrac{f^{(n)}(z_0)}{n!}$ $(n = 0, 1, 2, \cdots)$.

所以展开式是唯一的.

定义 4.3.1　称式(4.3.1)为 $f(z)$ 在点 z_0 的泰勒展开式，其右端的级数称为 $f(z)$ 在点 z_0 的泰勒级数，其中由式(4.3.2)给出的系数 c_n 称为泰勒系数.

由定理 4.2.4 及定理 4.3.1 可得函数 $f(z)$ 在点 z_0 解析的又一充要条件：

定理 4.3.2　函数 $f(z)$ 在点 z_0 解析的充要条件是 $f(z)$ 在点 z_0 可展开成泰勒级数.

应该指出，如果函数 $f(z)$ 在点 z_0 解析，那么 $f(z)$ 在 z_0 的泰勒级数的收敛半径等于收敛圆的圆心 z_0 到 $f(z)$ 的离 z_0 最近的一个奇点 α 的距离，即 $R = |\alpha - z_0|$. 这是因为 $f(z)$ 在 $|z - z_0| < R$ 内解析，所以奇点 α 不可能在 $|z - z_0| < R$ 内，又因为离 z_0 最近的一个奇点 α 不可能在收敛圆外，否则收敛半径还可以扩大，因此奇点 α 只能在收敛圆周上.

推论　若函数 $f(z)$ 在点 z_0 解析，则当 $|z - z_0| < R$ 时，

$$f(z) = \sum_{n=0}^{\infty} \frac{f^{(n)}(z_0)}{n!} (z - z_0)^n, \tag{4.3.4}$$

其中 $R = |\alpha - z_0|$，α 为 $f(z)$ 的离 z_0 最近的一个奇点.

4.3.2 将解析函数展开成泰勒级数的方法

1. 直接法

通过计算导数求系数 $c_n = \dfrac{f^{(n)}(z_0)}{n!}$，$n = 0, 1, 2, \cdots$，将函数展开成泰勒级数的方法称为直接展开法. 直接法一般适用于简单函数的幂级数展开.

例 1 求 e^z 在 $z = 0$ 处的泰勒展开式.

解 因为 e^z 在 $|z| < +\infty$ 内处处解析，所以在 $|z| < +\infty$ 内 e^z 可展成 z 的幂级数.

又 $\qquad (e^z)^{(n)} = e^z, (e^z)^{(n)}\Big|_{z=0} = 1, c_n = \dfrac{(e^z)^{(n)}\Big|_{z=0}}{n!} = \dfrac{1}{n!},$

所以

$$e^z = 1 + z + \frac{z^2}{2!} + \cdots + \frac{z^n}{n!} + \cdots = \sum_{n=0}^{\infty} \frac{z^n}{n!}. \qquad (4.3.5)$$

同理可得

$$\sin z = z - \frac{z^3}{3!} + \cdots + (-1)^n \frac{z^{2n+1}}{(2n+1)!} + \cdots = \sum_{n=0}^{\infty} (-1)^n \frac{z^{2n+1}}{(2n+1)!} \quad (|z| < +\infty),$$
$$\qquad (4.3.6)$$

$$\cos z = 1 - \frac{z^2}{2!} + \cdots + (-1)^n \frac{z^{2n}}{(2n)!} + \cdots = \sum_{n=0}^{\infty} (-1)^n \frac{z^{2n}}{(2n)!} \quad (|z| < +\infty),$$
$$\qquad (4.3.7)$$

$$\frac{1}{1 \mp z} = 1 \pm z + z^2 \pm z^3 + z^4 \pm \cdots \quad (|z| < 1). \qquad (4.3.8)$$

2. 间接法

所谓间接展开法，是依据展开式的唯一性，利用一些已知的函数的幂级数展开式，通过幂级数的运算（如四则运算、逐项求导、逐项积分等）、分析性质及变量代换等，将所给函数间接地展开成幂级数的方法.

例 2 把 $e^z \sin z$ 展开成 z 的幂级数.

解 因为 $\qquad e^z = 1 + z + \dfrac{1}{2!}z^2 + \dfrac{1}{3!}z^3 + \cdots,$

$$\sin z = z - \frac{1}{3!}z^3 + \frac{1}{5!}z^5 - \cdots,$$

所以

$$e^z \sin z = \left(1 + z + \frac{1}{2!}z^2 + \frac{1}{3!}z^3 + \cdots\right)\left(z - \frac{1}{3!}z^3 + \frac{1}{5!}z^5 - \cdots\right)$$

$$= z + z^2 + \frac{1}{3}z^3 + \cdots \quad (|z| < +\infty).$$

例 3 将函数 $\ln(1+z)$ 展成 z 的幂级数.

解　因为 $\ln(1+z)$ 在 $|z|<1$ 内解析,所以可展成 z 的幂级数.
又因为

$$[\ln(1+z)]' = \frac{1}{1+z} = \sum_{n=0}^{\infty}(-z)^n = \sum_{n=0}^{\infty}(-1)^n z^n \quad (|z|<1),$$

于是

$$\ln(1+z) = \int_0^z \frac{1}{1+z}\mathrm{d}z = \sum_{n=0}^{\infty}(-1)^n \frac{z^{n+1}}{n+1} \text{ 或 } \sum_{n=1}^{\infty}(-1)^{n-1}\frac{z^n}{n} \quad (|z|<1).$$

例 4　把函数 $f(z)=\dfrac{1}{z+2}$ 展开成 $z-1$ 的幂级数,并指出它的收敛半径.

解　因为 $\qquad f(z) = \dfrac{1}{3+(z-1)} = \dfrac{1}{3}\dfrac{1}{1+\frac{z-1}{3}},$

令 $q(z)=\dfrac{z-1}{3}$,那么当 $|q(z)|<1$ 时,即 $|z-1|<3$ 时,即可利用公式 $(4.3.8)$ 将上式右端展开. 以 $q(z)=\dfrac{z-1}{3}$ 代替式 $(4.3.8)$ 中的 z,可得

$$f(z) = \frac{1}{3}\left[1-\left(\frac{z-1}{3}\right)+\left(\frac{z-1}{3}\right)^2-\left(\frac{z-1}{3}\right)^3+\cdots\right] \quad (|z-1|<3).$$

这就是所求的展开式,它右端的幂级数的收敛半径为 3.

例 5　求函数 $\dfrac{1}{(1-z)^2}$ 在 $z=-1$ 处的泰勒展开式,并写出收敛半径.

解　因为 $z=1$ 为函数 $\dfrac{1}{(1-z)^2}$ 的奇点,所以收敛半径为 $R=|1-(-1)|=2$.

又因为 $\qquad\qquad\qquad \dfrac{1}{(1-z)^2} = \left(\dfrac{1}{1-z}\right)',$

且 $\qquad \dfrac{1}{1-z} = \dfrac{1}{2-(z+1)} = \dfrac{1}{2}\dfrac{1}{1-\frac{z+1}{2}} = \dfrac{1}{2}\sum_{n=0}^{\infty}\left(\dfrac{z+1}{2}\right)^n$

$$= \sum_{n=0}^{\infty}\frac{1}{2^{n+1}}(z+1)^n \quad (|z+1|<2),$$

所以

$$\frac{1}{(1-z)^2} = \left[\sum_{n=0}^{\infty}\frac{1}{2^{n+1}}(z+1)^n\right]' = \sum_{n=1}^{\infty}\frac{n}{2^{n+1}}(z+1)^{n-1}$$

或 $\qquad\qquad \sum_{n=0}^{\infty}\dfrac{n+1}{2^{n+2}}(z+1)^n \quad (|z+1|<2).$

习题 4.3

1. 将下列函数展开成 z 的幂级数,并指出它们的收敛半径.

(1) $\dfrac{1}{2-z}$;　　　　　　　　(2) $\mathrm{ch}\, z$;

(3) $\dfrac{1}{(1-z)^2}$;　　　　　　　(4) $\ln(1+z^2)$.

2. 将 $\dfrac{1}{z}$ 展成 $z-a$ 的幂级数,并指出收敛圆和收敛半径,其中 a 为正常数.

3. 将下列函数在指定点展开成泰勒级数,并指出它们的收敛域.

(1) $\dfrac{z-1}{z+1}$,在 $z=1$ 处;　　　　(2) $\dfrac{1}{z^2}$,在 $z=-1$ 处;

(3) $\sin z$,在 $z=\dfrac{\pi}{4}$ 处;　　　　(4) $\displaystyle\int_0^z \mathrm{e}^{z^2}\,\mathrm{d}z$,在 $z=0$ 处.

4.4　罗朗级数

在 4.3 节中,我们已经知道,若函数 $f(z)$ 在点 $z=z_0$ 解析,则 $f(z)$ 在 $z=z_0$ 的解析邻域内可以展开成 $z-z_0$ 的幂级数,如果函数 $f(z)$ 在点 $z=z_0$ 不解析,则 $f(z)$ 在 $z=z_0$ 的邻域内肯定不能展开成 $z-z_0$ 的幂级数.但在实际问题中,常遇到 $f(z)$ 在点 z_0 不解析,但在以点 z_0 为圆心的圆环域 $r<|z-z_0|<R$ $(r\geqslant 0, R<+\infty)$ 内解析,函数 $f(z)$ 在解析圆环域:$r<|z-z_0|<R$ $(r\geqslant 0, R<+\infty)$ 内是否可以用级数表示呢? 在本节我们将看到圆环域:$r<|z-z_0|<R$ $(r\geqslant 0, R<+\infty)$ 内的解析函数可用另外一种级数即罗朗级数表示,因而罗朗级数也是研究解析函数的重要工具.

4.4.1　罗朗级数的概念及性质

定义 4.4.1　称形如

$$\sum_{n=-\infty}^{\infty} c_n(z-z_0)^n = \cdots + c_{-n}(z-z_0)^{-n} +$$
$$\cdots + c_{-1}(z-z_0)^{-1} + c_0 + c_1(z-z_0) +$$
$$\cdots + c_n(z-z_0)^n + \cdots \tag{4.4.1}$$

的级数为罗朗(Laurent)级数,其中 $z_0, c_n(n=0, \pm 1, \pm 2, \cdots)$ 都是常数.

把罗朗级数(4.4.1)分成两部分来考虑,即正幂项(包含常数项)部分:

$$\sum_{n=0}^{\infty} c_n(z-z_0)^n = c_0 + c_1(z-z_0) + \cdots + c_n(z-z_0)^n + \cdots \tag{4.4.2}$$

与负幂项部分:

$$\sum_{n=1}^{\infty} c_{-n}(z-z_0)^{-n} = \cdots + c_{-n}(z-z_0)^{-n} + \cdots + c_{-2}(z-z_0)^{-2} + c_{-1}(z-z_0)^{-1}.$$

$$\tag{4.4.3}$$

若级数(4.4.2)与级数(4.4.3)同时在点 z 收敛,称罗朗级数(4.4.1)在点 z 收敛.否则,称罗朗级数(4.4.1)在点 z 发散.

下面讨论罗朗级数(4.4.1)在 z 平面上的收敛情况及和函数的性质.级数(4.4.2)是一个通常的幂级数,设它的收敛半径为 R,那么当 $|z-z_0|<R$ 时,级数收敛且和函数解析;当 $|z-z_0|>R$ 时,级数发散.

在级数(4.4.3)中,令 $\zeta=(z-z_0)^{-1}$,则 $\sum\limits_{n=1}^{\infty} c_{-n}(z-z_0)^{-n}=\sum\limits_{n=1}^{\infty} c_{-n}\zeta^{-n}$,设它的收敛半径为 $\dfrac{1}{r}$,那么当 $|\zeta|<\dfrac{1}{r}$ 时,级数收敛;当 $|\zeta|>\dfrac{1}{r}$ 时,级数发散.即当 $|z-z_0|>r$ 时,级数(4.4.3)收敛且和函数解析;当 $|z-z_0|<r$ 时,级数(4.4.3)发散.

因此,当 $r<R$ 时,$r<|z-z_0|<R$ 为正幂项部分和负幂项部分的公共收敛区域,此时,罗朗级数(4.4.1)在圆环域 $r<|z-z_0|<R$ 内收敛;当 $r>R$ 时,没有公共收敛区域,级数发散.综上所述,我们有如下定理.

定理 4.4.1　若罗朗级数(4.4.1)在圆环域 $r<|z-z_0|<R$ $(0\leqslant r<R<+\infty)$ 内收敛,则其和函数在收敛圆环域内是解析的,而且可以逐项求导,逐项求积分.

4.4.2　罗朗展开定理

定理 4.4.2　设函数 $f(z)$ 在圆环域 $r<|z-z_0|<R$ $(0\leqslant r<R<+\infty)$ 内解析,则 $f(z)$ 在此圆环域内可以唯一地展开为罗朗级数

$$f(z)=\sum_{n=-\infty}^{\infty} c_n(z-z_0)^n,\tag{4.4.4}$$

其中,
$$c_n=\frac{1}{2\pi i}\oint_C \frac{f(\zeta)}{(\zeta-z_0)^{n+1}}\mathrm{d}\zeta \quad (n=0,\pm 1,\pm 2,\cdots),\tag{4.4.5}$$

C 为在圆环域内绕 z_0 的任意一条光滑或逐段光滑的正向简单闭曲线.

*　**证明**　以点 z_0 为中心,作两个同心圆 C_1:$|\zeta-z_0|=r_1$,C_2:$|\zeta-z_0|=r_2$,使 $r<r_1<r_2<R$,设点 z 是圆环域 $r_1<|z-z_0|<r_2$ 内的任意一点(如图 4-2).

则由柯西积分公式,有

$$f(z)=\frac{1}{2\pi i}\oint_{C_2}\frac{f(\zeta)}{\zeta-z}\mathrm{d}\zeta-\frac{1}{2\pi i}\oint_{C_1}\frac{f(\zeta)}{\zeta-z}\mathrm{d}\zeta.$$

当 $\zeta\in C_2$ 时,$\left|\dfrac{z-z_0}{\zeta-z_0}\right|=q_1<1$,从而有

$$\frac{1}{\zeta-z}=\frac{1}{\zeta-z_0-(z-z_0)}=\frac{1}{\zeta-z_0}\cdot\frac{1}{1-\dfrac{z-z_0}{\zeta-z_0}}$$

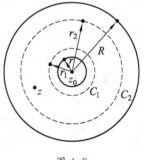

图 4-2

$$= \sum_{n=0}^{\infty} \frac{(z-z_0)^n}{(\zeta-z_0)^{n+1}},$$

则积分

$$\frac{1}{2\pi i}\oint_{C_2}\frac{f(\zeta)}{\zeta-z}d\zeta = \sum_{n=0}^{\infty}\left[\frac{1}{2\pi i}\oint_{C_2}\frac{f(\zeta)}{(\zeta-z_0)^{n+1}}d\zeta\right](z-z_0)^n = \sum_{n=0}^{\infty}c_n(z-z_0)^n,$$

其中

$$c_n = \frac{1}{2\pi i}\oint_{C_2}\frac{f(\zeta)}{(\zeta-z_0)^{n+1}}d\zeta = \frac{1}{2\pi i}\oint_{C}\frac{f(\zeta)}{(\zeta-z_0)^{n+1}}d\zeta.$$

当 $\zeta \in C_1$ 时，$\left|\frac{\zeta-z_0}{z-z_0}\right| = q_2 < 1$，从而有

$$\frac{1}{\zeta-z} = \frac{1}{\zeta-z_0-(z-z_0)} = \frac{-1}{z-z_0}\cdot\frac{1}{1-\frac{\zeta-z_0}{z-z_0}}$$

$$= -\sum_{n=1}^{\infty}\frac{1}{(\zeta-z_0)^{-n+1}}(z-z_0)^{-n},$$

则积分

$$-\frac{1}{2\pi i}\oint_{C_1}\frac{f(\zeta)}{\zeta-z}d\zeta = \sum_{n=1}^{\infty}\left[\frac{1}{2\pi i}\oint_{C_1}\frac{f(\zeta)}{(\zeta-z_0)^{-n+1}}d\zeta\right](z-z_0)^{-n}$$

$$= \sum_{n=1}^{\infty}c_{-n}(z-z_0)^{-n},$$

其中

$$c_{-n} = \frac{1}{2\pi i}\oint_{C_1}\frac{f(\zeta)}{(\zeta-z_0)^{-n+1}}d\zeta = \frac{1}{2\pi i}\oint_{C}\frac{f(\zeta)}{(\zeta-z_0)^{-n+1}}d\zeta.$$

综上，得

$$f(z) = \sum_{n=0}^{\infty}c_n(z-z_0)^n + \sum_{n=1}^{\infty}c_{-n}(z-z_0)^{-n}$$

$$= \sum_{n=-\infty}^{\infty}c_n(z-z_0)^n \quad (r<|z-z_0|<R).$$

其中，$c_n = \frac{1}{2\pi i}\oint_{C}\frac{f(\zeta)}{(\zeta-z_0)^{n+1}}d\zeta \ (n=0,\pm1,\pm2,\cdots)$，$C$ 为圆环域 $r<|z-z_0|<R$ 内绕 z_0 的任意一条正向简单闭曲线.

唯一性证明略，证毕.

注意 （1）称式（4.4.4）为 $f(z)$ 在 $r<|z-z_0|<R$ 内的罗朗展开式，右端级数为罗朗级数.

（2）$f(z)$ 在 $r<|z-z_0|<R$ 内的罗朗展开式唯一，罗朗级数一般项形式由圆环域 $r<|z-z_0|<R$ 确定，系数由 $f(z)$ 确定.

（3）在 $f(z)$ 的罗朗级数中，系数 $c_n = \frac{1}{2\pi i}\oint_{C}\frac{f(\zeta)}{(\zeta-z_0)^{n+1}}d\zeta$ 并不等于泰勒级数中的高阶导数 $\frac{f^{(n)}(z_0)}{n!}$，因为函数 $f(z)$ 在 C 所围的区域内不是处处解析. 在将函

数展开成罗朗级数时,一般不用系数公式计算,而是依据罗朗展开式的唯一性,利用一些已知的泰勒展开式,通过替换法、逐项求导、逐项积分和四则运算等求出其罗朗展开式.

例 1 函数 $f(z)=\dfrac{1}{(z-1)(z-2)}$ 在圆环域:

(1) $0<|z|<1$;　　(2) $0<|z-1|<1$;　　(3) $|z-2|>1$

内是处处解析的,试把它在这些区域内展开成罗朗级数.

解　$f(z)=\dfrac{1}{(z-1)(z-2)}=\dfrac{1}{1-z}-\dfrac{1}{2-z}.$

(1) 在 $0<|z|<1$ 内,

$$\frac{1}{1-z}=\sum_{n=0}^{\infty}z^{n},$$

$$\frac{1}{2-z}=\frac{1}{2}\cdot\frac{1}{1-\dfrac{z}{2}}=\sum_{n=0}^{\infty}\frac{z^{n}}{2^{n+1}},$$

所以　　$f(z)=\displaystyle\sum_{n=0}^{\infty}(1-\frac{1}{2^{n+1}})z^{n}\quad(0<|z|<1).$

(2) 在 $0<|z-1|<1$ 内,

$$\frac{1}{2-z}=\frac{1}{1-(z-1)}=\sum_{n=0}^{\infty}(z-1)^{n},$$

所以

$$f(z)=-\frac{1}{z-1}-\sum_{n=0}^{\infty}(z-1)^{n}\quad(0<|z-1|<1).$$

(3) 在 $|z-2|>1$ 内,

$$\frac{1}{1-z}=-\frac{1}{1+(z-2)}=-\frac{1}{z-2}\cdot\frac{1}{1+\dfrac{1}{z-2}}=-\sum_{n=0}^{\infty}(-1)^{n}\frac{1}{(z-2)^{n+1}},$$

所以

$$f(z)=\frac{1}{z-2}-\sum_{n=0}^{\infty}(-1)^{n}\frac{1}{(z-2)^{n+1}}=-\sum_{n=1}^{\infty}(-1)^{n}\frac{1}{(z-2)^{n+1}}\quad(|z-2|>1).$$

例 2　把函数 $f(z)=z^{3}\mathrm{e}^{\frac{1}{z}}$ 在 $0<|z|<+\infty$ 内展成罗朗级数.

解　因为　　$\mathrm{e}^{z}=1+z+\dfrac{z^{2}}{2!}+\dfrac{z^{3}}{3!}+\cdots+\dfrac{z^{n}}{n!}+\cdots,$

而 $\dfrac{1}{z}$ 在 $0<|z|<+\infty$ 解析,所以把上式中的 z 代换成 $\dfrac{1}{z}$,两边乘以 z^{3},即得所求的罗朗展开式:

$$z^3 e^{\frac{1}{z}} = z^3 \left(1 + \frac{1}{z} + \frac{1}{2!\,z^2} + \frac{1}{3!\,z^3} + \frac{1}{4!\,z^4} + \cdots\right)$$

$$= z^3 + z^2 + \frac{z}{2!} + \frac{1}{3!} + \frac{1}{4!} \cdot \frac{1}{z} + \cdots \quad (0 < |z| < +\infty).$$

例 3　将 $f(z) = \sin\dfrac{1}{z-1}$ 在 $0 < |z-1| < +\infty$ 内展成罗朗级数.

解　因为 $f(z) = \sin\dfrac{1}{z-1}$ 在 $0 < |z-1| < +\infty$ 内解析,所以可展成 $z-1$ 的罗朗级数.

又因为　　　$\sin z = \displaystyle\sum_{n=0}^{\infty} \frac{(-1)^n}{(2n+1)!} z^{2n+1} \quad (0 < |z| < +\infty),$

所以　　　$f(z) = \displaystyle\sum_{n=0}^{\infty} \frac{(-1)^n}{(2n+1)!} (z-1)^{-1-2n} \quad (0 < |z-1| < +\infty).$

例 4　求 $f(z) = \dfrac{1}{(z^2+1)^2}$ 在 $2 < |z-i| < +\infty$ 内的罗朗级数.

解　因为 $f(z)$ 在圆环域 $2 < |z-i| < +\infty$ 内解析,所以可展成 $z-i$ 的罗朗级数.

又　　　$f(z) = \dfrac{1}{(z-i)^2(z+i)^2} = -\dfrac{1}{(z-i)^2}\left(\dfrac{1}{z+i}\right)',$

且 $\dfrac{2}{|z-i|} < 1$,所以

$$\frac{1}{z+i} = \frac{1}{2i+z-i} = \frac{1}{z-i} \cdot \frac{1}{1+\dfrac{2i}{z-i}}$$

$$= \frac{1}{z-i} \sum_{n=0}^{\infty} \left(-\frac{2i}{z-i}\right)^n$$

$$= \sum_{n=0}^{\infty} (-2i)^n (z-i)^{-n-1},$$

所以

$$f(z) = -\frac{1}{(z-i)^2}\left[\sum_{n=0}^{\infty} (-2i)^n (z-i)^{-n-1}\right]'$$

$$= -\frac{1}{(z-i)^2} \sum_{n=0}^{\infty} (-2i)^n (-n-1)(z-i)^{-n-2}$$

$$= \sum_{n=0}^{\infty} \frac{2^n i^{3n}(n+1)}{(z-i)^{n+4}} \quad (2 < |z-i| < +\infty).$$

习题 4.4

1. 函数 $f(z) = \dfrac{1}{(z-1)(z-2)}$ 在圆环域：

(1) $1 < |z| < 2$；　(2) $0 < |z-2| < 1$；　(3) $|z-1| > 1$

内是处处解析的，试把它在这些区域内展开成罗朗级数.

2. 把下列函数在指定圆环域内展开成罗朗级数.

(1) $f(z) = \cos\dfrac{1}{1-z}$，　$0 < |z-1| < +\infty$；

(2) $f(z) = z^2 \sin\dfrac{1}{z}$，　$0 < |z| < +\infty$；

(3) $f(z) = \dfrac{1}{z(1-z)^2}$，　$0 < |z-1| < 1$.

本章小结

1. 复数项级数

(1) 复数列的极限：

① 复数列 $\{\alpha_n\} = \{a_n + ib_n\}(n = 1, 2, \cdots)$ 收敛于复数 $\alpha = a + bi$ 的充要条件为

$$\lim_{n \to \infty} a_n = a,\ \lim_{n \to \infty} b_n = b$$

同时成立.

② 复数列 $\{\alpha_n\} = \{a_n + ib_n\}(n = 1, 2, \cdots)$ 收敛 $\Leftrightarrow$ 实数列 $\{a_n\}$，$\{b_n\}$ 同时收敛.

(2) 复数项级数：

① 复数项级数 $\displaystyle\sum_{n=0}^{\infty} \alpha_n (\alpha_n = a_n + ib_n)$ 收敛的充要条件是级数 $\displaystyle\sum_{n=0}^{\infty} a_n$ 与 $\displaystyle\sum_{n=0}^{\infty} b_n$ 同时收敛；

② 级数 $\displaystyle\sum_{n=0}^{\infty} \alpha_n (\alpha_n = a_n + ib_n)$ 收敛的必要条件是 $\displaystyle\lim_{n \to \infty} \alpha_n = 0$；

③ 复数项级数 $\displaystyle\sum_{n=0}^{\infty} \alpha_n (\alpha_n = a_n + ib_n)$ 绝对收敛的充要条件是级数 $\displaystyle\sum_{n=0}^{\infty} a_n$ 与 $\displaystyle\sum_{n=0}^{\infty} b_n$ 同时绝对收敛.

注意　复数项级数的敛散性可以归纳为两个实数项级数的敛散性问题的讨论.

2. 幂级数的敛散性

（1）幂级数的概念：称表达式 $\sum\limits_{n=0}^{\infty} c_n(z-z_0)^n$ 或 $\sum\limits_{n=0}^{\infty} c_n z^n$ 为幂级数.

（2）幂级数的敛散性：

阿贝尔定理：① 如果级数 $\sum\limits_{n=0}^{\infty} c_n(z-z_0)^n$ 在 $z=z_1\,(z\neq z_0)$ 收敛，那么它在 $|z-z_0|<|z_1-z_0|$ 内处处绝对收敛；

② 如果 $\sum\limits_{n=0}^{\infty} c_n(z-z_0)^n$ 在 $z=z_1$ 发散，那么它在 $|z-z_0|>|z_1-z_0|$ 内处处发散.

（3）收敛半径的求法：

① 比值法：设幂级数 $\sum\limits_{n=0}^{\infty} c_n(z-z_0)^n\,(c_n\neq0)$，若 $\lim\limits_{n\to\infty}\left|\dfrac{c_{n+1}}{c_n}\right|=\rho$，其中 c_n,c_{n+1} 是 $\sum\limits_{n=0}^{\infty} c_n(z-z_0)^n$ 的相邻两项的系数，则其收敛半径 $R=\begin{cases}\dfrac{1}{\rho},\rho\neq0;\\ +\infty,\rho=0;\\ 0,\rho=+\infty.\end{cases}$

② 根值法：设幂级数 $\sum\limits_{n=0}^{\infty} c_n(z-z_0)^n\,(c_n\neq0)$，若 $\lim\limits_{n\to\infty}\sqrt[n]{|c_n|}=\rho$，则其收敛半径 $R=\begin{cases}\dfrac{1}{\rho},\rho\neq0;\\ +\infty,\rho=0;\\ 0,\rho=+\infty.\end{cases}$

注意 若幂级数有缺项时，不能直接套用公式求收敛半径（如 $\sum\limits_{n=0}^{\infty} c_n z^{2n}$）.

（4）幂级数的性质：

① 代数性质：设

$$\sum_{n=0}^{\infty} a_n z^n = f(z) \quad (|z|<r_1),$$

$$\sum_{n=0}^{\infty} b_n z^n = g(z) \quad (|z|<r_2),$$

取 $R=\min\{r_1,r_2\}$，则在 $|z|<R$ 内，

- $\sum\limits_{n=0}^{\infty} a_n z^n \pm \sum\limits_{n=0}^{\infty} b_n z^n = \sum\limits_{n=0}^{\infty}(a_n\pm b_n)z^n = f(z)\pm g(z)$,

- $\sum\limits_{n=0}^{\infty} a_n z^n \cdot \sum\limits_{n=0}^{\infty} b_n z^n = \sum\limits_{n=0}^{\infty} c_n z^n = f(z)g(z)$，其中 $c_n=a_0 b_n+a_1 b_{n-1}+\cdots+a_n b_0$.

② 代换性质：设 $f(z) = \sum\limits_{n=0}^{\infty} a_n z^n (|z| < r)$，若在 $|z| < R$ 内，$g(z)$ 解析且满足

$|g(z)| < r$，则在 $|z| < R$ 内，$f[g(z)] = \sum\limits_{n=0}^{\infty} a_n [g(z)]^n$.

③ 分析运算性质：设 $\sum\limits_{n=0}^{\infty} a_n (z-z_0)^n$ 收敛半径为 R，和函数为 $S(z)$，则

● 幂级数的和函数 $S(z)$ 在 $|z-z_0| < R$ 内解析；

● 幂级数在 $|z-z_0| < R$ 内可逐项求导，即

$$S'(z) = \Big[\sum_{n=0}^{\infty} a_n (z-z_0)^n \Big]' = \sum_{n=0}^{\infty} n a_n (z-z_0)^{n-1} ;$$

● 幂级数在 $|z-z_0| < R$ 内可逐项积分，即

$$\int_{z_0}^{z} S(z) \mathrm{d}z = \int_{z_0}^{z} \sum_{n=0}^{\infty} a_n (z-z_0)^n \mathrm{d}z = \sum_{n=0}^{\infty} \int_{z_0}^{z} a_n (z-z_0)^n \mathrm{d}z$$
$$= \sum_{n=0}^{\infty} \frac{a_n}{n+1} (z-z_0)^{n+1} ,$$

且逐项求导或逐项积分后的新级数与原级数具有相同的收敛半径.

3. 幂函数的泰勒展开

（1）泰勒展开：设函数 $f(z)$ 在圆域 $|z-z_0| < R$ 内解析，则在此圆域内 $f(z)$ 可

以展开成幂级数 $f(z) = \sum\limits_{n=0}^{\infty} \frac{f^{(n)}(z_0)}{n!} (z-z_0)^n$，并且此展开式是唯一的.

注意 若 $f(z)$ 在点 z_0 解析，则 $f(z)$ 在 z_0 的泰勒展开式成立的圆域的收敛半

径 $R = |z_0 - \alpha|$，其中 R 为从 z_0 到 $f(z)$ 的距 z_0 最近一个奇点 α 之间的距离.

（2）常用函数在 $z_0 = 0$ 的泰勒展开式

① $\mathrm{e}^z = \sum\limits_{n=0}^{\infty} \frac{1}{n!} z^n = 1 + z + \frac{z^2}{2!} + \frac{z^3}{3!} + \cdots + \frac{z^n}{n!} + \cdots \quad (|z| < +\infty)$；

② $\dfrac{1}{1-z} = \sum\limits_{n=0}^{\infty} z^n = 1 + z + z^2 + \cdots + z^n + \cdots \quad (|z| < 1)$；

③ $\sin z = \sum\limits_{n=0}^{\infty} \frac{(-1)^n}{(2n+1)!} z^{2n+1} = z - \frac{z^3}{3!} + \frac{z^5}{5!} - \cdots + \frac{(-1)^n}{(2n+1)!} z^{2n+1} + \cdots$
$$(|z| < +\infty)；$$

④ $\cos z = \sum\limits_{n=0}^{\infty} \frac{(-1)^n}{(2n)!} z^{2n} = 1 - \frac{z^2}{2!} + \frac{z^4}{4!} - \cdots + \frac{(-1)^n}{(2n)!} z^{2n} + \cdots \quad (|z| < +\infty)$.

（3）解析函数展开成泰勒级数的方法

① 直接法：直接求出 $c_n = \frac{1}{n!} f^{(n)}(z_0)$，于是 $f(z) = \sum\limits_{n=0}^{\infty} c_n (z-z_0)^n$.

② 间接法：利用已知函数的泰勒展开式及幂级数的代数运算、复合运算和逐

项求导、逐项求积等方法将函数展开.

4. 幂函数的罗朗展开

（1）罗朗级数的概念：$\sum\limits_{n=-\infty}^{\infty} c_n(z-z_0)^n$，含正幂项和负幂项.

（2）罗朗展开定理：设函数 $f(z)$ 在圆环域 $r < |z-z_0| < R$ 内处处解析，C 为圆环域内绕 z_0 的任意一条正向简单闭曲线，则在此圆环域内，有

$$f(z) = \sum_{n=-\infty}^{\infty} c_n(z-z_0)^n,$$

其中，$c_n = \dfrac{1}{2\pi i} \oint_C \dfrac{f(\zeta)}{(\zeta-z_0)^{n+1}} d\zeta \quad (n=0, \pm 1, \pm 2, \cdots)$，且展开式唯一.

（3）解析函数的罗朗展开法：罗朗级数一般用间接法展开.

复习题 4

1. 选择题.

（1）下列级数中绝对收敛的是（   ）

A. $\sum\limits_{n=1}^{\infty} \dfrac{1}{n}\left(1+\dfrac{i}{n}\right)$ 　　　　　　B. $\sum\limits_{n=1}^{\infty}\left[\dfrac{(-1)^n}{n}+\dfrac{i}{2^n}\right]$

C. $\sum\limits_{n=2}^{\infty} \dfrac{i^n}{\ln n}$ 　　　　　　D. $\sum\limits_{n=1}^{\infty} \dfrac{(-1)^n i^n}{2^n}$

（2）若幂级数 $\sum\limits_{n=1}^{\infty} c_n z^n$ 在 $z=2i$ 处收敛，那么该级数在 $z=1$ 处的敛散性为（   ）

A. 绝对收敛 　　　　　　B. 条件收敛

C. 发散 　　　　　　D. 不能确定

（3）设函数 $\dfrac{e^z}{\cos z}$ 的泰勒展开式为 $\sum\limits_{n=0}^{\infty} c_n z^n$，那么幂级数 $\sum\limits_{n=0}^{\infty} c_n z^n$ 的收敛半径 $R=$（   ）

A. $+\infty$ 　　　B. 1 　　　C. $\dfrac{\pi}{2}$ 　　　D. π

（4）设 $f(z) = \sum\limits_{n=0}^{\infty} \dfrac{z^n}{n!}$，则 $f^{(10)}(0)$ 为（   ）

A. 0 　　　　B. $\dfrac{1}{10!}$ 　　　C. 1 　　　D. 10!

（5）$\dfrac{1}{2-z}$ 的幂级数展开式 $\sum\limits_{n=0}^{\infty} a_n z^n$ 在 $z=-4$ 处（   ）

A. 绝对收敛 　　　　　　B. 条件收敛

C. 发散　　　　　　　　　　D. 收敛于 $\dfrac{1}{6}$

2. 将下列函数在指定点展开成幂级数,并指出收敛半径.

(1) $\sin z$ 在 $z=\dfrac{\pi}{2}$ 处;

(2) $\dfrac{1}{3-2z}$ 在 $z=-1$ 处;

(3) $\dfrac{1}{(z+1)^2}$ 在 $z=1$ 处.

3. 把函数 $f(z)=\sin\dfrac{z}{z-1}$ 在圆环内 $0<|z-1|<+\infty$ 展开成罗朗级数.

4. 试求下列幂级数的收敛半径及和函数.

(1) $\displaystyle\sum_{n=1}^{\infty}\dfrac{(-1)^n z^n}{n}$;　　　　　(2) $\displaystyle\sum_{n=1}^{\infty}\dfrac{z^{2n+1}}{n!}$.

第5章 留数理论及其应用

留数理论是第3章柯西积分理论的继续和发展，它是复变函数论的重要内容之一，在其他学科中也有广泛的应用. 本章首先介绍函数的孤立奇点的概念及其分类，然后讨论留数的概念、计算方法及留数定理，最后介绍留数的一些应用.

5.1 孤立奇点

5.1.1 孤立奇点的定义

定义 5.1.1 如果函数 $f(z)$ 虽然在点 z_0 不解析，但是在 z_0 的某个去心邻域 $0<|z-z_0|<R$ 内解析，那么称 z_0 为 $f(z)$ 的孤立奇点；不是孤立奇点的奇点称为非孤立奇点.

例1 试问 $z=0$ 是否为下列函数的孤立奇点？

(1) $f(z)=\dfrac{\sin z}{z}$;   (2) $f(z)=\dfrac{\mathrm{e}^z}{z(z-1)}$;   (3) $f(z)=\dfrac{1}{\sin\dfrac{1}{z}}$.

解 (1) 因为 $f(z)=\dfrac{\sin z}{z}$ 在 $z=0$ 不解析，但在 $0<|z|<+\infty$ 内解析，所以 $z=0$ 是函数 $f(z)$ 的孤立奇点.

(2) 因为 $f(z)=\dfrac{\mathrm{e}^z}{z(z-1)}$ 在 $z=0$ 不解析，但在 $0<|z|<1$ 内解析，所以 $z=0$ 是函数 $f(z)$ 的孤立奇点.

(3) 因为 $f(z)=\dfrac{1}{\sin\dfrac{1}{z}}$ 在 $z=0$ 不解析且 $z=0$ 的任意去心邻域内都存在 $f(z)$ 的奇点，所以 $z=0$ 为 $f(z)$ 的非孤立奇点.

注意 由例1知函数的奇点不一定都是孤立的. 但由定义 5.1.1 易知：若 $f(z)$ 只有有限个奇点，则这些奇点均为 $f(z)$ 的孤立奇点.

5.1.2 孤立奇点的分类

设 z_0 为 $f(z)$ 的孤立奇点，那么 $f(z)$ 必在 z_0 的某一去心邻域 $0<|z-z_0|<R$ 内解析，于是 $f(z)$ 在 $0<|z-z_0|<R$ 内可展开成罗朗级数，设展开式为

$$f(z) = \sum_{n=-\infty}^{\infty} c_n (z-z_0)^n = \sum_{n=0}^{\infty} c_n (z-z_0)^n + \sum_{n=1}^{\infty} c_{-n}(z-z_0)^{-n}. \quad (5.1.1)$$

下面根据罗朗展开式(5.1.1)中含$(z-z_0)$的负幂项的情况,对孤立奇点进行分类.

定义 5.1.2　设点 z_0 为函数 $f(z)$ 的孤立奇点,若 $f(z)$ 在 z_0 的某一去心邻域 $0<|z-z_0|<R$ 内的罗朗展开式(5.1.1)中

(1) 不含$(z-z_0)$的负幂项部分,则称点 z_0 为 $f(z)$ 的可去奇点;

(2) 含有限多项$(z-z_0)$的负幂项,设为

$$\frac{c_{-m}}{(z-z_0)^m} + \frac{c_{-(m-1)}}{(z-z_0)^{m-1}} + \cdots + \frac{c_{-1}}{z-z_0}, c_{-m} \neq 0,$$

则称点 z_0 为 $f(z)$ 的 m 阶(级)极点;

(3) 含有无限多项$(z-z_0)$的负幂项,则称点 z_0 为 $f(z)$ 的本性奇点.

例 2　试判定 $z=0$ 是下列函数的哪一类孤立奇点?

(1) $\dfrac{\sin z}{z}$;　　(2) $\dfrac{1-e^z}{z^2}$;　　(3) $e^{\frac{1}{z}}$.

解　(1) 因为 $\dfrac{\sin z}{z} = \dfrac{1}{z}\sum_{n=0}^{\infty}\dfrac{(-1)^n z^{2n+1}}{(2n+1)!} = 1 - \dfrac{1}{3!}z^2 + \dfrac{1}{5!}z^4 - \cdots \quad (0<|z|+\infty)$,

可见罗朗展开式中不含有 z 的负幂项,所以 $z=0$ 是函数 $\dfrac{\sin z}{z}$ 的可去奇点.

(2) 因为 $\dfrac{e^z-1}{z^2} = \dfrac{1}{z} + \dfrac{1}{2!} + \dfrac{1}{3!}z + \cdots + \dfrac{1}{n!}z^{n-2} + \cdots \quad (0<|z|<+\infty)$,所以 $z=0$ 是 $\dfrac{1-e^z}{z^2}$ 的一阶极点.

(3) 因为 $e^{\frac{1}{z}} = 1 + \dfrac{1}{z} + \dfrac{1}{2!}\dfrac{1}{z^2} + \dfrac{1}{3!}\dfrac{1}{z^3} + \cdots \quad (0<|z|<+\infty)$,所以 $z=0$ 为 $e^{\frac{1}{z}}$ 的本性奇点.

5.1.3　函数在孤立奇点的极限性态

由孤立奇点分类的定义 5.1.2 知,若点 z_0 为 $f(z)$ 的可去奇点,则 $f(z)$ 在 $0<|z-z_0|<R$ 内的罗朗展开式中不含负幂项,即

$$f(z) = c_0 + c_1(z-z_0) + \cdots + c_n(z-z_0)^n + \cdots,$$

显然有 $\qquad\qquad\qquad \lim_{z \to z_0} f(z) = c_0 (\neq \infty).$

若 z_0 为 $f(z)$ 的 m 阶极点,则在 z_0 的某一去心邻域 $0<|z-z_0|<R$ 内的罗朗展开式中有$(z-z_0)$的有限多项负幂项,即

$$f(z) = \frac{c_{-m}}{(z-z_0)^m} + \frac{c_{-(m-1)}}{(z-z_0)^{m-1}} + \cdots + \frac{c_{-1}}{z-z_0} + c_0 + c_1(z-z_0) + \cdots \quad (c_{-m}\neq 0),$$

显然有
$$\lim_{z \to z_0} f(z) = \infty.$$

若 z_0 为 $f(z)$ 的本性奇点,有一个定理(魏尔斯特拉斯定理,参见钟玉泉所编《复变函数论》第五章 §2)指出,当 $z \to z_0$ 时,$f(z)$ 既不趋于有限值,也不趋于 ∞.

由于 $f(z)$ 当 $z \to z_0$ 时的极限只可能是存在,不存在但为 ∞ 或既不趋于有限值,也不趋于 ∞ 中的某一种,孤立奇点也只分为可去奇点、极点与本性奇点三类,所以以上结论反过来也成立,于是有如下定理:

定理 5.1.1 若点 z_0 为 $f(z)$ 的孤立奇点,则

(1) 点 z_0 为 $f(z)$ 的可去奇点 $\Leftrightarrow \lim\limits_{z \to z_0} f(z) = c$(常数);

(2) 点 z_0 为函数 $f(z)$ 的极点 $\Leftrightarrow \lim\limits_{z \to z_0} f(z) = \infty$;

(3) 点 z_0 为函数 $f(z)$ 的本性奇点 $\Leftrightarrow$ 当 $z \to z_0$ 时,$f(z)$ 既不趋于有限值,也不趋于 ∞.

例 3 指出下列函数在复平面上孤立奇点,并判别其类型.

(1) $\dfrac{1-\cos z}{z^2}$; (2) $e^{\frac{1}{z-1}}$.

解 (1) 函数 $\dfrac{1-\cos z}{z^2}$ 在复平面上有一个孤立奇点 $z=0$,且 $\lim\limits_{z \to 0} \dfrac{1-\cos z}{z^2} = \dfrac{1}{2}$,所以 $z=0$ 是 $\dfrac{1-\cos z}{z^2}$ 的可去奇点.

(2) 函数 $e^{\frac{1}{z-1}}$ 在复平面上有一个孤立奇点 $z=1$,且 $\lim\limits_{z \to 1} e^{\frac{1}{z-1}} \neq \begin{cases} 常数 \\ \infty \end{cases}$,所以 $z=1$ 是 $e^{\frac{1}{z-1}}$ 的本性奇点.

5.1.4 函数的极点与零点的关系

定理 5.1.2 点 z_0 为 $f(z)$ 的 m 阶极点的充要条件是 $f(z)$ 在点 z_0 的某个去心邻域 $0 < |z-z_0| < R$ 内可表示为

$$f(z) = \frac{h(z)}{(z-z_0)^m}, \tag{5.1.2}$$

其中 $h(z)$ 在点 z_0 解析,且 $h(z_0) \neq 0$.

证明 (必要性)设点 z_0 为 $f(z)$ 的 m 阶极点,则在点 z_0 的某一去心邻域 $0 < |z-z_0| < R$ 内的罗朗展开式为

$$f(z) = \frac{c_{-m}}{(z-z_0)^m} + \frac{c_{-(m-1)}}{(z-z_0)^{m-1}} + \cdots + \frac{c_{-1}}{z-z_0} + c_0 + c_1(z-z_0) + \cdots$$

$$= \frac{1}{(z-z_0)^m}[c_{-m} + c_{-m+1}(z-z_0) + c_{-m+2}(z-z_0)^2 + \cdots]$$

$$= \frac{h(z)}{(z-z_0)^m} \quad (c_{-m} \neq 0),$$

其中 $h(z)=c_{-m}+c_{-m+1}(z-z_0)+c_{-m+2}(z-z_0)^2+\cdots$ 在点 z_0 的邻域 $|z-z_0|<R$ 内解析,且 $h(z_0)=c_{-m}\neq 0$.

(充分性)设 $h(z)$ 在点 z_0 的邻域 $|z-z_0|<R$ 内解析,则由泰勒展开定理知, $h(z)$ 在点 z_0 的邻域 $|z-z_0|<R$ 内可展开为泰勒级数,不妨设展开式为

$$h(z)=c_{-m}+c_{-m+1}(z-z_0)+c_{-m+2}(z-z_0)^2+\cdots \quad (|z-z_0|<R),$$

则在 $0<|z-z_0|<R$ 内,

$$f(z)=\frac{h(z)}{(z-z_0)^m}=\frac{1}{(z-z_0)^m}[c_{-m}+c_{-m+1}(z-z_0)+c_{-m+2}(z-z_0)^2+\cdots]$$

$$=\frac{c_{-m}}{(z-z_0)^m}+\frac{c_{-(m-1)}}{(z-z_0)^{m-1}}+\cdots+\frac{c_{-1}}{z-z_0}+c_0+c_1(z-z_0)+\cdots (c_{-m}\neq 0),$$

所以 z_0 为 $f(z)$ 的 m 阶极点.

例 4 设 $f(z)=\dfrac{1}{(z-1)(z-2)^2}$,试求 $f(z)$ 在复平面上的奇点,并判定其类型. 若为极点,指出极点阶数.

解 因为 $\dfrac{1}{(z-1)(z-2)^2}=\dfrac{\frac{1}{z-1}}{(z-2)^2}=\dfrac{\varphi(z)}{(z-2)^2}$,

其中 $\varphi(z)=\dfrac{1}{z-1}$ 在 $z=2$ 解析且 $\varphi(2)\neq 0$.

所以 $z=2$ 是 $\dfrac{1}{(z-1)(z-2)^2}$ 的二阶极点.

同理可得,$z=1$ 是 $\dfrac{1}{(z-1)(z-2)^2}$ 的一阶极点.

定义 5.1.3 不恒为零的解析函数 $f(z)$,如果能表示成

$$f(z)=(z-z_0)^m\varphi(z), \tag{5.1.3}$$

其中 $\varphi(z)$ 在点 z_0 解析,$\varphi(z_0)\neq 0$,m 为正整数,称点 z_0 为 $f(z)$ 的 m 阶零点.

定理 5.1.3 z_0 为不恒为零的解析函数 $f(z)$ 的 m 阶零点的充要条件是

$$f(z_0)=f'(z_0)=f''(z_0)=\cdots=f^{(m-1)}(z_0)=0,\text{而 } f^{(m)}(z_0)\neq 0.$$

证明 (必要性)设 z_0 为 $f(z)$ 的 m 阶零点,则

$$f(z)=(z-z_0)^m\varphi(z),$$

其中 $\varphi(z)$ 在点 z_0 解析,$\varphi(z_0)\neq 0$.

所以 $f(z_0)=f'(z_0)=f''(z_0)=\cdots=f^{(m-1)}(z_0)=0,\text{而 } f^{(m)}(z_0)=m!\varphi(z_0)\neq 0.$

(充分性)因为 $f(z)$ 在 z_0 解析,所以由泰勒展开定理得

$$f(z)=\sum_{n=0}^{\infty}\frac{f^{(n)}(z_0)}{n!}(z-z_0)^n \quad (|z-z_0|<R),$$

又 $f(z_0)=f'(z_0)=f''(z_0)=\cdots=f^{(m-1)}(z_0)=0,\text{而 } f^{(m)}(z_0)\neq 0,$

所以
$$f(z) = \sum_{n=m}^{\infty} \frac{f^{(n)}(z_0)}{n!}(z-z_0)^n$$

$$= (z-z_0)^m \left[\frac{f^{(m)}(z_0)}{m!} + \frac{f^{(m+1)}(z_0)}{(m+1)!}(z-z_0) + \cdots \right]$$

$$= (z-z_0)^m \varphi(z) \quad (|z-z_0| < R),$$

其中 $\varphi(z) = \dfrac{f^{(m)}(z_0)}{m!} + \dfrac{f^{(m+1)}(z_0)}{(m+1)!}(z-z_0) + \cdots$ 在 z_0 解析,且 $\varphi(z_0) = \dfrac{f^{(m)}(z_0)}{m!} \neq 0$.

所以点 z_0 为 $f(z)$ 的 m 阶零点.

定理 5.1.4 z_0 为函数 $f(z)$ 的 m 阶极点的充要条件是 z_0 为 $\dfrac{1}{f(z)}$ 的 m 阶零点.

由定理 5.1.2 与定义 5.1.3 易知定理 5.1.4 成立,证明略.

定理 5.1.5 若 $z = z_0$ 分别是 $\varphi(z)$ 与 $\psi(z)$ 的 m 阶与 n 阶零点,则

(1) $z = z_0$ 是 $\varphi(z)\psi(z)$ 的 $m+n$ 阶零点;

(2) 当 $m < n$ 时,$z = z_0$ 是 $\dfrac{\varphi(z)}{\psi(z)}$ 的 $n-m$ 阶极点;当 $m \geqslant n$ 时,$z = z_0$ 是 $\dfrac{\varphi(z)}{\psi(z)}$ 的可去奇点.

证明 (1) 因为 $z = z_0$ 分别是 $\varphi(z)$ 与 $\psi(z)$ 的 m 阶与 n 阶零点,所以由定义 5.1.3 知,可设

$$\varphi(z) = (z-z_0)^m \lambda(z), \quad \psi(z) = (z-z_0)^n h(z),$$

其中 $\lambda(z), h(z)$ 在点 z_0 的某邻域解析,且 $\lambda(z_0) \neq 0, h(z_0) \neq 0$.

所以
$$\varphi(z)\psi(z) = (z-z_0)^{m+n} \lambda(z) h(z),$$

其中 $\lambda(z)h(z)$ 在点 z_0 的某邻域解析,且 $\lambda(z_0)h(z_0) \neq 0$. 所以 $z = z_0$ 是 $\varphi(z)\psi(z)$ 的 $m+n$ 阶零点.

(2) 因为 $z = z_0$ 分别是 $\varphi(z)$ 与 $\psi(z)$ 的 m 阶与 n 阶零点,所以由定义 5.1.3 知

$$\varphi(z) = (z-z_0)^m \lambda(z), \quad \psi(z) = (z-z_0)^n h(z),$$

所以

$$\frac{\varphi(z)}{\psi(z)} = \begin{cases} (z-z_0)^{m-n} \dfrac{\lambda(z)}{h(z)}, & m \geqslant n; \\[3mm] \dfrac{\frac{\lambda(z)}{h(z)}}{(z-z_0)^{n-m}}, & m < n. \end{cases}$$

其中 $\dfrac{\lambda(z)}{h(z)}$ 在点 z_0 的某邻域内解析,且 $\dfrac{\lambda(z_0)}{h(z_0)} \neq 0$.

所以当 $m < n$ 时,$z = z_0$ 是 $\dfrac{\varphi(z)}{\psi(z)}$ 的 $n-m$ 阶极点;当 $m \geqslant n$ 时,$z = z_0$ 是 $\dfrac{\varphi(z)}{\psi(z)}$ 的可去奇点.

例 5　设 $f(z)=5(1+\mathrm{e}^z)^{-1}$,试求 $f(z)$ 在复平面上的奇点,并判定其类型,若为极点,指出极点阶数.

解　解方程 $1+\mathrm{e}^z=0$ 得

$$z=\mathrm{Ln}(-1)=(2k+1)\pi\mathrm{i},\ k=0,\pm1,\pm2,\cdots.$$

若设 $z_k=(2k+1)\pi\mathrm{i}\ (k=0,\pm1,\pm2,\cdots)$,则易知 z_k 为 $f(z)$ 的孤立奇点. 又因为

$$(1+\mathrm{e}^z)\Big|_{z=z_k}=0,\ (1+\mathrm{e}^z)'\Big|_{z=z_k}\neq0,$$

所以,由定理 5.1.3 知 z_k 为 $1+\mathrm{e}^z$ 的一阶零点. 从而由定理 5.1.4 知 $z_k\ (k=0,\pm1,\pm2,\cdots)$ 均为 $f(z)$ 的一阶极点.

例 6　试求 $f(z)=\dfrac{z^2(z-\pi)}{\sin^2 z}$ 在复平面上的奇点,并判定其类型. 若为极点,指出极点阶数.

解　因　$\sin z\Big|_{z=k\pi}=0,\ (\sin z)'\Big|_{z=k\pi}\neq0(k=0,\pm1,\pm2,\cdots),$

故 $z=k\pi\ (k=0,\pm1,\pm2,\cdots)$ 是 $\sin z$ 的一阶零点,从而是 $\sin^2 z$ 的二阶零点. 又 $z=0$ 是 $z^2(z-\pi)$ 的二阶零点,$z=\pi$ 是 $z^2(z-\pi)$ 的一阶零点. 所以由定理 5.1.5 知 $z=0$ 是 $f(z)$ 的可去奇点;$z=\pi$ 是 $f(z)$ 的一阶极点;$z=k\pi\ (k=-1,\pm2,\cdots)$ 是 $f(z)$ 的二阶极点.

*5.1.5　函数在无穷远点的性态

定义 5.1.4　设函数 $f(z)$ 在无穷远点 $z=\infty$ 的(去心)邻域 $R<|z|<+\infty$ 内解析,则称点 $z=\infty$ 为 $f(z)$ 的一个孤立奇点.

作变换 $\zeta=\dfrac{1}{z}$,$f(z)=f\left(\dfrac{1}{\zeta}\right)=g(\zeta)$,并规定这个变换把 z 平面上的无穷远点 $z=\infty$ 映射成 ζ 平面上的原点 $\zeta=0$,将 z 平面上的区域 $R<|z|<+\infty$ 映射成 ζ 平面上的区域 $0<|\zeta|<\dfrac{1}{R}$.

显然,$g(\zeta)$ 在去心邻域 $0<|\zeta|<\dfrac{1}{R}$ 内解析,所以 $\zeta=0$ 是 $g(\zeta)$ 的孤立奇点.

规定:若 $\zeta=0$ 是 $g(\zeta)$ 的可去奇点、m 阶极点或本性奇点,那么点 $z=\infty$ 是 $f(z)$ 的可去奇点、m 阶极点或本性奇点.

由于 $f(z)$ 在 $R<|z|<+\infty$ 内解析,故可以展开成罗朗级数

$$f(z)=\sum_{n=1}^{\infty}c_{-n}z^{-n}+\sum_{n=0}^{\infty}c_n z^n=\sum_{n=1}^{\infty}c_{-n}z^{-n}+c_0+\sum_{n=1}^{\infty}c_n z^n,\qquad(5.1.4)$$

其中　　　　　$c_n=\dfrac{1}{2\pi\mathrm{i}}\oint_C\dfrac{f(\zeta)}{\zeta^{n+1}}\mathrm{d}\zeta\quad(n=0,\pm1,\pm2,\cdots),\qquad(5.1.5)$

C 为在圆环域 $R<|z|<+\infty$ 内绕原点的任意一条光滑正向简单闭曲线. 对应地,

$g(\zeta)$ 在圆环域 $0<|\zeta|<\frac{1}{R}$ 内解析,所以 $g(\zeta)$ 可展开成罗朗级数

$$g(\zeta)=\sum_{n=1}^{\infty}c_{-n}\zeta^n+c_0+\sum_{n=1}^{\infty}c_n\zeta^{-n}. \tag{5.1.6}$$

如果级数(5.1.6)中不含负幂项,含有有限多的负幂项,且 $\zeta^{-m}(m>0)$ 为最低幂和含有无限多的负幂项,那么 $\zeta=0$ 就是 $g(\zeta)$ 的可去奇点、m 阶极点和本性奇点.这样根据上面的规定,可得:

若 $f(z)$ 在 $z=\infty$ 的去心邻域 $R<|z|<+\infty$ 内的罗朗展开式(5.1.4)中

(1) 不含正幂项,则 $z=\infty$ 就是 $f(z)$ 的可去奇点;

(2) 含有有限多项正幂项,且 z^m 为最高正幂,则 $z=\infty$ 就是 $f(z)$ 的 m 阶极点;

(3) 含有无限多项正幂项,则 $z=\infty$ 就是 $f(z)$ 的本性奇点.

例7 函数 $f(z)=\frac{z}{1+z}$ 在圆环域 $1<|z|<+\infty$ 内可以展开成

$$f(z)=\frac{1}{1+\frac{1}{z}}=1-\frac{1}{z}+\frac{1}{z^2}-\frac{1}{z^3}+\cdots+(-1)^n\frac{1}{z^n}+\cdots,$$

由于展开式中不含正幂项,所以 ∞ 为 $f(z)=\frac{z}{1+z}$ 的可去奇点.

函数 $f(z)=z+\frac{1}{z}$ 含有正幂项,且 z 为最高正幂项,所以 ∞ 为它的一阶极点.

由于 $\sin z=z-\frac{z^3}{3!}+\frac{z^5}{5!}+\cdots+(-1)^n\frac{z^{2n+1}}{(2n+1)!}+\cdots$ ($|z|<+\infty$),所以 ∞ 是 $\sin z$ 的本性奇点.

注意到 $\lim_{z\to\infty}f(z)=\lim_{\zeta\to0}g(\zeta)$,由定理 5.1.1 立即得到 $f(z)$ 在 $z=\infty$ 的极限性质如下:

定理 5.1.6 若点 ∞ 为 $f(z)$ 的孤立奇点,则

(1) 点 ∞ 为 $f(z)$ 的可去奇点 $\Leftrightarrow \lim_{z\to\infty}f(z)=c$(常数);

(2) 点 ∞ 为函数 $f(z)$ 的极点 $\Leftrightarrow \lim_{z\to\infty}f(z)=\infty$;

(3) 点 ∞ 为函数 $f(z)$ 的本性奇点 $\Leftrightarrow$ 当 $z\to z_0$ 时,$f(z)$ 既不趋于有限值,也不趋于 ∞.

例8 判定 ∞ 是下列函数的什么奇点.

(1) $\frac{z}{5+z^3}$;　　　　(2) $\cos z$.

解 (1) 因为 $\lim_{z\to\infty}\frac{z}{5+z^3}=0$,所以 ∞ 为 $\frac{z}{5+z^3}$ 的可去奇点.

(2) 因为 $\lim_{z\to\infty}\cos z$ 不存在,所以 ∞ 为 $\cos z$ 的本性奇点.

习题 5.1

1. 求下列各函数的有限孤立奇点,说明其类型.如果是极点,指出它的阶.

(1) $\dfrac{z-1}{z(z^2+1)^2}$;　　(2) $\dfrac{\sin z}{z^3}$;　　(3) $\dfrac{1-e^z}{z}$;　　(4) $\dfrac{1-\cos z}{z}$;

(5) $\cos\dfrac{1}{z-1}$;　　　(6) $z^3\sin\dfrac{1}{z}$;　　(7) $\tan z$;　　(8) $\dfrac{z-2\pi i}{z^2(e^z-1)}$.

*2. $z=0$ 是函数 $(\sin z+\text{sh }z-2z)^{-2}$ 的几阶极点?

*3. 判定 ∞ 是下列函数的什么奇点.

(1) $\dfrac{z^4}{5+z^4}$;　　　　　　　　　(2) $\cos\dfrac{z^2}{z-1}$.

5.2　留　　数

5.2.1　留数的概念

设 z_0 为 $f(z)$ 的孤立奇点,$f(z)$ 在 z_0 的去心邻域 $0<|z-z_0|<R$ 内解析,由罗朗展开定理知,$f(z)$ 在 $0<|z-z_0|<R$ 内可展开为罗朗级数

$$f(z)=\sum_{n=-\infty}^{\infty}c_n(z-z_0)^n=\sum_{n=0}^{\infty}c_n(z-z_0)^n+\frac{c_{-1}}{z-z_0}+\sum_{n=2}^{\infty}c_{-n}(z-z_0)^{-n},$$

设 C 为去心邻域 $0<|z-z_0|<R$ 内绕 z_0 的任一光滑或逐段光滑的正向简单闭曲线,对上式两边在 C 上取积分,右端利用逐项积分性质及重要积分

$$\oint_C\frac{1}{(z-z_0)^{n+1}}dz=\begin{cases}2\pi i,n=0;\\ 0,\quad n\neq 0\end{cases}$$

得 $\displaystyle\oint_C f(z)dz=\sum_{n=0}^{\infty}\oint_C c_n(z-z_0)^n dz+\oint_C\frac{c_{-1}}{z-z_0}dz+\sum_{n=2}^{\infty}\oint_C c_n(z-z_0)^{-n}dz=2\pi i c_{-1},$

即
$$\oint_C f(z)dz=2\pi i c_{-1}.$$

把留下的这个积分值除以 $2\pi i$ 后所得结果称为 $f(z)$ 在 z_0 的留数.

定义 5.2.1　设 z_0 为 $f(z)$ 的孤立奇点,$f(z)$ 在 z_0 的去心邻域 $0<|z-z_0|<R$ 内解析,C 为该去心邻域内绕 z_0 的任一光滑或逐段光滑的正向简单闭曲线,则称积分 $\dfrac{1}{2\pi i}\displaystyle\oint_C f(z)dz$ 为 $f(z)$ 在 z_0 的留数(Residue),记作 $\text{Res}[f(z),z_0]$ 或 $\underset{z=z_0}{\text{Res}}f(z)$.

即
$$\text{Res}[f(z),z_0]=\frac{1}{2\pi i}\oint_C f(z)dz=c_{-1},\qquad(5.2.1)$$

其中 c_{-1} 为 $f(z)$ 在 z_0 的去心邻域 $0<|z-z_0|<R$ 内罗朗展开式中 $\dfrac{1}{z-z_0}$ 项的系数.

5.2.2 留数的计算

由式(5.2.1)知,留数定义本身提供求 $\text{Res}[f(z),z_0]$ 的一个方法是将 $f(z)$ 在 z_0 的去心邻域 $0<|z-z_0|<R$ 内展开成罗朗级数,取展开式中 $\dfrac{1}{z-z_0}$ 项的系数 c_{-1} 即可,即 $\text{Res}[f(z),z_0]=c_{-1}$,这是求留数的一个基本方法,称为定义法.但有些复杂函数要展开成罗朗级数比较困难,所以要寻求留数的其他计算方法,以下从定义法出发,就孤立奇点的三种类型分别进行讨论.

1. 可去奇点的留数

若 z_0 是 $f(z)$ 的可去奇点,那么 $f(z)$ 在 z_0 的某去心邻域 $0<|z-z_0|<R$ 内的罗朗展开式中不含负幂项,即有 $c_{-1}=0$,所以 $\text{Res}[f(z),z_0]=0$.

例 1 求 $\text{Res}\left[\dfrac{1-e^z}{z},0\right]$.

解 因为 $\lim\limits_{z\to 0}\dfrac{1-e^z}{z}=\lim\limits_{z\to 0}\dfrac{-e^z}{1}=-1$,所以 $z=0$ 是 $\dfrac{1-e^z}{z}$ 的可去奇点,从而 $\text{Res}\left[\dfrac{1-e^z}{z},0\right]=0$.

2. 极点的留数

设 z_0 为 $f(z)$ 的 m 阶极点,则在 z_0 的某一去心邻域 $0<|z-z_0|<R$ 内的罗朗展开式为

$$f(z)=\frac{c_{-m}}{(z-z_0)^m}+\frac{c_{-(m-1)}}{(z-z_0)^{m-1}}+\cdots+\frac{c_{-1}}{z-z_0}+c_0+c_1(z-z_0)+\cdots \quad (c_{-m}\neq 0),$$

那么

$$(z-z_0)^m f(z)=c_{-m}+c_{-(m-1)}(z-z_0)+\cdots c_{-1}(z-z_0)^{m-1}+$$
$$c_0(z-z_0)^m+c_1(z-z_0)^{m+1}+\cdots \quad (c_{-m}\neq 0),$$

$$\frac{d^{m-1}}{dz^{m-1}}[(z-z_0)^m f(z)]=(m-1)!\ c_{-1}+m!\ c_0(z-z_0)+\cdots.$$

令 $z\to z_0$ 取极限得

$$\lim_{z\to z_0}\frac{d^{m-1}}{dz^{m-1}}[(z-z_0)^m f(z)]=\lim_{z\to z_0}[(m-1)!\ c_{-1}+m!\ c_0(z-z_0)+\cdots]$$
$$=(m-1)!\ c_{-1},$$

所以

$$\text{Res}[f(z),z_0]=\frac{1}{(m-1)!}\lim_{z\to z_0}\frac{d^{m-1}}{dz^{m-1}}[(z-z_0)^m f(z)].$$

综上所述,可得到下述定理:

定理 5.2.1 若 z_0 为 $f(z)$ 的 m 阶极点,则

$$\text{Res}[f(z),z_0]=\frac{1}{(m-1)!}\lim_{z\to z_0}\frac{d^{m-1}}{dz^{m-1}}[(z-z_0)^m f(z)]. \tag{5.2.2}$$

特别地,(1) 若 z_0 为 $f(z)$ 的一阶极点,则

$$\operatorname{Res}[f(z),z_0]=\lim_{z\to z_0}(z-z_0)f(z). \tag{5.2.3}$$

(2) 若 z_0 为 $f(z)$ 的二阶极点,则

$$\operatorname{Res}[f(z),z_0]=\lim_{z\to z_0}[(z-z_0)^2 f(z)]'. \tag{5.2.4}$$

定理 5.2.2 设 $f(z)=\dfrac{P(z)}{Q(z)}$,其中 $P(z),Q(z)$ 在 z_0 处解析,如果 $P(z_0)\neq 0$,z_0 为 $Q(z)$ 的一阶零点,则 z_0 为 $f(z)$ 的一阶极点,且

$$\operatorname{Res}[f(z),z_0]=\frac{P(z_0)}{Q'(z_0)}. \tag{5.2.5}$$

证明 易知 z_0 是 $f(z)$ 的一阶极点.由式(5.2.3)知

$$\operatorname{Res}[f(z),z_0]=\lim_{z\to z_0}(z-z_0)f(z)=\lim_{z\to z_0}\frac{P(z)}{\dfrac{Q(z)-Q(z_0)}{z-z_0}}=\frac{P(z_0)}{Q'(z_0)}.$$

例 2 求下列函数 $f(z)$ 在复平面上各奇点处的留数.

(1) $f(z)=\dfrac{z+1}{z^2+2z}$;　　(2) $f(z)=\dfrac{\operatorname{ch}z}{\operatorname{sh}z}$;　　(3) $f(z)=\dfrac{\mathrm{e}^z}{z^5}$.

解 (1) 由于 $z=0,z=-2$ 是 $f(z)$ 的一阶极点,所以由式(5.2.3)得

$$\operatorname{Res}[f(z),0]=\lim_{z\to 0}\frac{z+1}{z+2}=\frac{z+1}{z+2}\Big|_{z=0}=\frac{1}{2},$$

$$\operatorname{Res}[f(z),-2]=\lim_{z\to -2}\frac{z+1}{z}=\frac{z+1}{z}\Big|_{z=-2}=\frac{1}{2}.$$

(2) 由 $\operatorname{sh}z=0$ 可得,函数的奇点为

$$z=k\pi\mathrm{i}\ (k=0,\pm1,\pm2,\cdots).$$

且均为一阶极点,所以由式(5.2.5)得

$$\operatorname{Res}[f(z),k\pi\mathrm{i}]=\frac{\operatorname{ch}z}{(\operatorname{sh}z)'}\Big|_{z=k\pi\mathrm{i}}=1.$$

(3) 由于 $z=0$ 是 $f(z)$ 的 5 阶极点,故在式(5.2.2)中取 $m=5$ 得

$$\operatorname{Res}[f(z),0]=\frac{1}{4!}\lim_{z\to 0}[z^5 f(z)]^{(4)}=\frac{1}{4!}\lim_{z\to 0}(\mathrm{e}^z)^{(4)}=\frac{1}{24}.$$

应当指出,由例 2 知,当 z_0 为 $f(z)$ 的极点时,应用定理 5.2.1 和定理 5.2.2 求 $f(z)$ 在 z_0 的留数很方便,但也未必尽然.例如当极点阶数 m 较大或 $f(z)$ 较复杂时,由定理 5.2.1 中式(5.2.2)求留数计算量很大,而函数展开成罗朗级数比较容易,此时按定义法来计算极点的留数会更方便.

例 3 计算 $\operatorname{Res}\left[\dfrac{z-\sin z}{z^{100}},0\right]$.

分析 因为 $z=0$ 分别为 $z-\sin z$ 与 z^{100} 的 3 阶零点与 100 阶零点,所以 $z=0$

为 $f(z)=\dfrac{z-\sin z}{z^{100}}$ 的 97 阶极点,所以由式(5.2.2),得

$$\mathrm{Res}[f(z),0]=\frac{1}{(97-1)!}\lim_{z\to0}\frac{\mathrm{d}^{96}}{\mathrm{d}z^{96}}\left(z^{97}\frac{z-\sin z}{z^{100}}\right)=\frac{1}{(97-1)!}\lim_{z\to0}\frac{\mathrm{d}^{96}}{\mathrm{d}z^{96}}\left(\frac{z-\sin z}{z^{3}}\right).$$

接下来的运算是先对一个分式函数求 97 阶导数,然后再求极限,这样运算量就很大.如果利用罗朗展开式求 c_{-1} 就比较方便.

解 因为

$$f(z)=\frac{z-\sin z}{z^{100}}=\frac{1}{z^{100}}\left\{z-\left[z-\frac{z^3}{3!}+\frac{z^5}{5!}+\cdots+\frac{(-1)^{49}z^{99}}{99!}+\frac{(-1)^{50}z^{101}}{101!}+\cdots\right]\right\}$$

$$=\frac{1}{3!z^{97}}-\frac{1}{5!z^{95}}+\cdots+\frac{1}{99!z}-\frac{z}{101!}+\cdots\quad(0<|z|<+\infty),$$

所以

$$\mathrm{Res}\left[\frac{z-\sin z}{z^{100}},0\right]=c_{-1}=\frac{1}{99!}.$$

还应指出,由式(5.2.2)的推导过程不难发现,若 $f(z)$ 的极点 z_0 的阶数 $k\leqslant m$,公式(5.2.2)仍成立,即有

$$\mathrm{Res}[f(z),z_0]=\frac{1}{(m-1)!}\lim_{z\to z_0}\frac{\mathrm{d}^{m-1}}{\mathrm{d}z^{m-1}}[(z-z_0)^m f(z)]\quad(m\geqslant k).\quad(5.2.6)$$

一般来说,在应用式(5.2.6)时,为了计算方便不要将 m 取得比极点的实际阶数高,但在某些特殊情况,把 m 取得比极点的实际阶数高反而计算方便.

例 4 计算 $\mathrm{Res}\left[\dfrac{1-\mathrm{e}^z}{z^4},0\right]$.

解 因为 $z=0$ 分别为函数 $1-\mathrm{e}^z$ 与 z^4 的 1 阶零点与 4 阶零点,所以 $z=0$ 为 $f(z)=\dfrac{1-\mathrm{e}^z}{z^4}$ 的 3 阶极点,所以由式(5.2.6),取 $m=4$ 得

$$\mathrm{Res}[f(z),0]=\frac{1}{(4-1)!}\lim_{z\to0}\frac{\mathrm{d}^3}{\mathrm{d}z^3}\left(z^4\frac{1-\mathrm{e}^z}{z^4}\right)=\frac{1}{6}\lim_{z\to0}\frac{\mathrm{d}^3}{\mathrm{d}z^3}(1-\mathrm{e}^z)=-\frac{1}{6}.$$

3. **本性奇点的留数**

若 z_0 是 $f(z)$ 的本性奇点,除了按定义法求留数外,几乎没什么更简捷的方法,因此求 $f(z)$ 本性奇点的留数,一般将 $f(z)$ 展开成罗朗级数,按定义法计算留数,即 $\mathrm{Res}[f(z),z_0]=c_{-1}$.

例 5 求 $\mathrm{Res}\left[\cos\dfrac{1}{z-1},1\right]$.

解 令 $f(z)=\cos\dfrac{1}{z-1}$,则 $\lim\limits_{z\to1}f(z)\neq\begin{cases}\text{常数}\\\infty\end{cases}$,所以 $z=1$ 为 $f(z)=\cos\dfrac{1}{z-1}$ 的本性奇点.又

$$f(z)=\cos\frac{1}{z-1}=\sum_{n=0}^{\infty}\frac{(-1)^n}{(2n)!}\left(\frac{1}{z-1}\right)^{2n}\quad(0<|z-1|<+\infty),$$

所以

$$\text{Res}[f(z),1]=c_{-1}=0.$$

5.2.3　留数定理及其应用

定理 5.2.3　（留数定理）设 $f(z)$ 在区域 D 内除有限多个孤立奇点 $z_1,z_2,\cdots,$ z_n 外处处解析，C 是 D 内包围各奇点的任意一条正向光滑或逐段光滑的简单闭曲线，那么

$$\oint_C f(z)\mathrm{d}z = 2\pi\mathrm{i}\sum_{k=1}^{n}\text{Res}[f(z),z_k]. \tag{5.2.7}$$

证明　取充分小的正数 ρ_k 为半径画圆周 $C_k:|z-z_k|=\rho_k(k=1,2,\cdots,n)$，使这些圆周及其内部均含于 C 内部，并且彼此相互隔离（如图 5-1）．

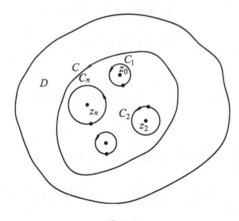

图 5-1

应用复合闭路定理得

$$\oint_C f(z)\mathrm{d}z = \sum_{k=1}^{n}\oint_{C_k} f(z)\mathrm{d}z, \tag{5.2.8}$$

由留数的定义，有

$$\oint_{C_k} f(z)\mathrm{d}z = 2\pi\mathrm{i}\text{Res}[f(z),z_k],$$

代入式(5.2.8)，即得式(5.2.7)成立．

注意　（1）留数定理式(5.2.7)右端包含且仅包含封闭曲线内部所有孤立奇点的留数，不能把曲线外部的奇点留数算进去．

（2）留数定理的一个重要作用是把简单闭曲线上复积分计算转化为计算被积函数在积分曲线内部奇点的留数．

例 6　计算 $\oint_C \dfrac{z^2}{(z-1)^3}\mathrm{d}z$，$C:|z|=5$，取正向．

解 $f(z) = \dfrac{z^3}{(z-1)^3}$ 以 $z=1$ 为 3 阶极点. 由定理 5.2.3 和定理 5.2.1 得

$$\oint_C f(z)\mathrm{d}z = 2\pi\mathrm{i}\,\mathrm{Res}[f(z),1]$$

$$= 2\pi\mathrm{i}\,\frac{1}{(3-1)!}\lim_{z\to1}\frac{\mathrm{d}^2}{\mathrm{d}z^2}\left[(z-1)^3\,\frac{z^2}{(z-1)^3}\right]$$

$$= \pi\mathrm{i}\lim_{z\to1}2 = 2\pi\mathrm{i}.$$

例 7 求 $\displaystyle\oint_C \frac{\sin z}{z(z-1)}\mathrm{d}z$, $C: |z|=2$, 取正向.

解 因为 $f(z) = \dfrac{\sin z}{z(z-1)}$ 在积分曲线 C 内只有可去奇点 $z=0$ 与 1 阶极点 $z=1$, 且

$$\mathrm{Res}[f(z),0] = 0,$$

$$\mathrm{Res}[f(z),1] = \lim_{z\to1}\frac{\sin z}{z} = \sin 1.$$

所以

$$\oint_C \frac{\sin z}{z(z-1)}\mathrm{d}z = 2\pi\mathrm{i}\{\mathrm{Res}[f(z),0] + \mathrm{Res}[f(z),1]\}$$

$$= 2\pi\mathrm{i}(0 + \sin 1) = 2\pi\mathrm{i}\sin 1.$$

例 8 计算 $\displaystyle\oint_C \frac{\mathrm{e}^z}{z(z-1)^2}\mathrm{d}z$, $C: |z|=2$, 取正向.

解 因为 $f(z) = \dfrac{\mathrm{e}^z}{z(z-1)^2}$ 在曲线 C 内只有一阶极点 $z=0$ 与二阶极点 $z=1$, 且

$$\mathrm{Res}[f(z),0] = \lim_{z\to0}\frac{\mathrm{e}^z}{(z-1)^2} = 1,$$

$$\mathrm{Res}[f(z),1] = \lim_{z\to1}\left(\frac{\mathrm{e}^z}{z}\right)' = \left(\frac{\mathrm{e}^z}{z}\right)'\Big|_{z=1} = 0.$$

所以

$$\oint_C \frac{\mathrm{e}^z}{z(z-1)^2}\mathrm{d}z = 2\pi\mathrm{i}\{\mathrm{Res}[f(z),0] + \mathrm{Res}[f(z),1]\} = 2\pi\mathrm{i}(1+0) = 2\pi\mathrm{i}.$$

例 9 计算 $\displaystyle\oint_{|z|=3} \tan \pi z\,\mathrm{d}z$.

解 被积函数 $\tan \pi z$ 在 $|z|=3$ 内部的孤立奇点为: $z_k = k + \dfrac{1}{2}$ $(k=-3,\pm2,$ $\pm1,0)$, 由定理 5.2.2 知, 这些点均为 $\tan \pi z$ 的 1 阶极点, 且

$$\mathrm{Res}[\tan \pi z, z_k] = \frac{\sin \pi z_k}{-\pi\sin \pi z_k} = -\frac{1}{\pi}.$$

由定理 5.2.3 得

$$\oint_{|z|=3} \tan \pi z \mathrm{d}z = 2\pi\mathrm{i} \sum_{k=-3}^{2} \mathrm{Res}[\tan \pi z, z_k] = 2\pi\mathrm{i}\left(-\frac{6}{\pi}\right) = -12\mathrm{i}.$$

例 10　求 $\oint_C z^2 \mathrm{e}^{\frac{1}{z}} \mathrm{d}z$, C: $|z|=2$, 取正向.

解　因为 $f(z) = z^2 \mathrm{e}^{\frac{1}{z}}$ 在曲线 C 内只有本性奇点 $z=0$, 且

$$f(z) = z^2 \mathrm{e}^{\frac{1}{z}} = z^2 \sum_{n=0}^{\infty} \frac{1}{n! z^n} = z^2 + z + \frac{1}{2!} + \frac{1}{3! z} + \cdots \quad (0 < |z| < +\infty),$$

所以
$$\mathrm{Res}[f(z), 0] = c_{-1} = \frac{1}{6},$$

从而
$$\oint_C z^2 \mathrm{e}^{\frac{1}{z}} \mathrm{d}z = 2\pi\mathrm{i} \operatorname*{Res}_{z=0} f(z) = \frac{\pi\mathrm{i}}{3}.$$

*5.2.4　无穷远点的留数及其应用

定义 5.2.2　设函数 $f(z)$ 在圆环域 $R < |z| < +\infty$ 内解析, 即 $z = \infty$ 为函数 $f(z)$ 的孤立奇点, C 为圆环域内绕原点的任意一条光滑或逐段光滑的正向简单闭曲线, 则称

$$\frac{1}{2\pi\mathrm{i}} \oint_{C^-} f(z) \mathrm{d}z$$

为函数 $f(z)$ 在无穷远点的留数, 记作 $\mathrm{Res}[f(z), \infty]$ 或 $\operatorname*{Res}_{z=\infty} f(z)$, 即

$$\mathrm{Res}[f(z), \infty] = \frac{1}{2\pi\mathrm{i}} \oint_{C^-} f(z) \mathrm{d}z = -\frac{1}{2\pi\mathrm{i}} \oint_C f(z) \mathrm{d}z. \tag{5.2.9}$$

如同推导定理 5.2.1 一样, 将函数 $f(z)$ 在圆环域 $R < |z| < +\infty$ 内的罗朗展开式代入式 (5.2.9) 逐项积分, 可得

$$\mathrm{Res}[f(z), \infty] = -\frac{1}{2\pi\mathrm{i}} \sum_{n=-\infty}^{\infty} \oint_C c_n z^n \mathrm{d}z = -c_{-1}. \tag{5.2.10}$$

其中 c_{-1} 为 $f(z)$ 在圆环域 $R < |z| < +\infty$ 内的罗朗展开式中 $\frac{1}{z}$ 项的系数.

定理 5.2.4　$\mathrm{Res}[f(z), \infty] = -\mathrm{Res}\left[\frac{1}{z^2} f\left(\frac{1}{z}\right), 0\right].$ \hfill (5.2.11)

证明　设函数 $f(z)$ 在圆环域 $R < |z| < +\infty$ 内的罗朗展开式为

$$f(z) = \sum_{n=-\infty}^{\infty} c_n z^n,$$

在上式中做变换 $z = \frac{1}{\zeta}$, 得

$$f\left(\frac{1}{\zeta}\right) = \sum_{n=-\infty}^{\infty} c_n \frac{1}{\zeta^n} = \cdots + c_{-n}\zeta^n + \cdots + c_{-1}\zeta + c_0 + c_1 \frac{1}{\zeta} + \cdots + c_n \frac{1}{\zeta^n} + \cdots$$

$$\left(0 < |\zeta| < \frac{1}{R}\right),$$

所以当 $0<|\zeta|<\dfrac{1}{R}$ 时，

$$\zeta^2 f\left(\dfrac{1}{\zeta}\right)=\sum_{n=-\infty}^{\infty} c_n \dfrac{\zeta^2}{\zeta^n}$$

$$=\cdots+c_{-n}\zeta^{n-2}+\cdots+c_{-1}\dfrac{1}{\zeta}+c_0\dfrac{1}{\zeta^2}+c_1\dfrac{1}{\zeta^3}+\cdots+c_n\dfrac{1}{\zeta^{n+2}}+\cdots$$

成立，

所以
$$\operatorname{Res}[f(z),\infty]=-c_{-1}=-\operatorname{Res}\left[\dfrac{1}{z^2}f\left(\dfrac{1}{z}\right),0\right].$$

这个公式把函数 $f(z)$ 在无穷远点的留数转换为函数 $-\dfrac{1}{z^2}f\left(\dfrac{1}{z}\right)$ 在有限奇点 $z=0$ 的留数.

定理 5.2.5 如果函数 $f(z)$ 在扩充的复平面内只有有限个奇点 $z_1,z_2,\cdots,z_n$，∞，那么 $f(z)$ 在所有各奇点（包括 ∞）的留数的总和必等于 0. 即

$$\operatorname{Res}[f(z),\infty]+\sum_{k=1}^{n}\operatorname{Res}[f(z),z_k]=0.$$

证明 设 C 为复平面内含 $f(z)$ 所有有限奇点在其内部的任何一条光滑正向简单闭曲线，则由定义 5.2.2 及定理 5.2.3 知

$$\operatorname{Res}[f(z,),\infty]+\sum_{k=1}^{n}\operatorname{Res}[f(z),z_k]=\dfrac{1}{2\pi\mathrm{i}}\oint_{C^-}f(z)\mathrm{d}z+\dfrac{1}{2\pi\mathrm{i}}\oint_{C}f(z)\mathrm{d}z=0.$$

例 11 设 $f(z)=(1+z^2)\cdot\mathrm{e}^{-z}$，求 $\operatorname{Res}[f(z),\infty]$.

解 取圆周 $C:|z|=2$，由式（5.2.9）得

$$\operatorname{Res}[f(z),\infty]=\dfrac{1}{2\pi\mathrm{i}}\oint_{C^-}\dfrac{1+z^2}{\mathrm{e}^z}\mathrm{d}z$$

$$=-\dfrac{1}{2\pi\mathrm{i}}\oint_{C}\dfrac{1+z^2}{\mathrm{e}^z}\mathrm{d}z=0.$$

例 12 求 $\operatorname{Res}\left[\mathrm{e}^{\frac{1}{z}},\infty\right]$.

解 因为 $\mathrm{e}^{\frac{1}{z}}=1+\dfrac{1}{z}+\cdots+\dfrac{1}{n!z^n}+\cdots\quad(1<|z|<+\infty)$，

所以
$$\operatorname{Res}\left[\mathrm{e}^{\frac{1}{z}},\infty\right]=-c_{-1}=-1.$$

例 13 求积分 $\oint_{C}\dfrac{z}{z^4-1}\mathrm{d}z$，其中 $C:|z|=2$，取正向.

解 被积函数 $f(z)=\dfrac{z}{z^4-1}$ 在扩充复平面内有孤立奇点 $\pm1,\pm\mathrm{i},\infty$，且除 ∞ 外都在 $C:|z|=2$ 内部，所以由定理 5.2.3、定理 5.2.4 和定理 5.2.5 知

$$\oint_{C}\dfrac{z}{z^4-1}\mathrm{d}z=2\pi\mathrm{i}\left\{\operatorname{Res}\left[\dfrac{z}{z^4-1},1\right]+\operatorname{Res}\left[\dfrac{z}{z^4-1},-1\right]\right\}$$

$$+\text{Res}\left[\frac{z}{z^4-1},i\right]+\text{Res}\left[\frac{z}{z^4-1},-i\right]\right\}$$

$$=-2\pi i\text{Res}\left[\frac{z}{z^4-1},\infty\right]=2\pi i\text{Res}\left[\frac{\frac{1}{z}}{\frac{1}{z^4}-1}\frac{1}{z^2},0\right]$$

$$=2\pi i\text{Res}\left[\frac{z}{1-z^4},0\right]=0.$$

习题 5.2

1. 求下列各函数在复平面上各个奇点处的留数.

(1) $f(z)=\dfrac{z+1}{z^2-2z}$;　　　　　(2) $f(z)=\dfrac{1-e^{2z}}{z^4}$;

(3) $f(z)=\dfrac{z}{\cos z}$;　　　　　　(4) $f(z)=z^2\sin\dfrac{1}{z}$.

2. 利用留数计算下列各积分(C 为 $|z|=2$,圆周均取正向)

(1) $\displaystyle\oint_C\frac{\sin z}{z}dz$;　　　　　(2) $\displaystyle\oint_C\frac{2i}{z^2+2az+1}dz$　　$(a>1)$;

(3) $\displaystyle\oint_C\frac{e^{2z}}{(z-1)^2}dz$;　　　　(4) $\displaystyle\oint_C\sin\frac{1}{z-1}dz$;

(5) $\displaystyle\oint_C\frac{5z-2}{z(z-1)^2}dz$.

*3. 求下列函数在 ∞ 的留数.

(1) $z^2\sin\dfrac{1}{z}$;　　　　　　(2) $\dfrac{1}{z(z+1)^4(z-1)}$.

*4. 计算积分 $\displaystyle\oint_C\frac{1}{(z+i)^{10}(z-1)(z-3)}dz$,其中 C 为正向圆周 $|z|=2$.

5.3　留数在实积分中的应用

在 5.2 节中,我们知道了利用留数求复变函数积分是很方便的,这一节讨论留数在实积分中的应用.有些一元函数的定积分或广义积分,如 $\displaystyle\int_0^{2\pi}\frac{dx}{(5-3\sin x)^2}$,

$\displaystyle\int_0^{+\infty}\frac{\sin x}{x}dx,\int_0^{+\infty}\sin x^2dx$ 等,直接用实函数积分方法计算几乎是不可能的,有些即使能计算,也相当复杂.如果能把它们转化为复变函数沿封闭曲线的积分,然后利用留数定理求解,就会比较简单.不过利用留数计算定积分或广义积分没有普遍适用的方法,本节介绍利用留数求几类特殊的实积分.

5.3.1 计算 $\int_0^{2\pi} R(\cos\theta,\sin\theta)\mathrm{d}\theta$ 型积分

这里 $R(\cos\theta,\sin\theta)$ 为 $\cos\theta,\sin\theta$ 的有理函数. 令 $z=\mathrm{e}^{\mathrm{i}\theta}$,则

$$\mathrm{d}z=\mathrm{d}\mathrm{e}^{\mathrm{i}\theta}=\mathrm{i}\mathrm{e}^{\mathrm{i}\theta}\mathrm{d}\theta,\ \mathrm{d}\theta=\frac{1}{\mathrm{i}\mathrm{e}^{\mathrm{i}\theta}}\mathrm{d}z=\frac{1}{\mathrm{i}z}\mathrm{d}z,$$

$$\cos\theta=\frac{\mathrm{e}^{\mathrm{i}\theta}+\mathrm{e}^{-\mathrm{i}\theta}}{2}=\frac{z+z^{-1}}{2}=\frac{z^2+1}{2z},\ \sin\theta=\frac{\mathrm{e}^{\mathrm{i}\theta}-\mathrm{e}^{-\mathrm{i}\theta}}{2\mathrm{i}}=\frac{z^2-1}{2\mathrm{i}z}.$$

同时,由于 $z=\mathrm{e}^{\mathrm{i}\theta}$,所以 $|z|=1$,且当 θ 由 0 变到 2π 时,z 恰好在圆周 $C:|z|=1$ 上正向绕行一周. 从而有

$$\int_0^{2\pi} R(\cos\theta,\sin\theta)\mathrm{d}\theta=\oint_{|z|=1} R\left(\frac{z^2+1}{2z},\frac{z^2-1}{2\mathrm{i}z}\right)\frac{1}{\mathrm{i}z}\mathrm{d}z$$

$$=\oint_{|z|=1} f(z)\mathrm{d}z=2\pi\mathrm{i}\sum_{k=1}^n \mathrm{Res}[f(z),z_k],$$

其中 $f(z)=R\left(\dfrac{z^2+1}{2z},\dfrac{z^2-1}{2\mathrm{i}z}\right)\dfrac{1}{\mathrm{i}z}$,$z_k(k=1,2,\cdots,n)$ 是复函数 $f(z)$ 在单位圆内的有限个孤立奇点.

例 1　计算积分 $I=\displaystyle\int_0^{2\pi}\frac{1}{5+3\sin\theta}\mathrm{d}\theta$.

解　令 $z=\mathrm{e}^{\mathrm{i}\theta}$,则 $\mathrm{d}\theta=\dfrac{\mathrm{d}z}{\mathrm{i}z}$.

$$I=\oint_{|z|=1}\frac{2\mathrm{i}z}{3z^2+10\mathrm{i}z-3}\frac{\mathrm{d}z}{\mathrm{i}z}$$

$$=\oint_{|z|=1}\frac{2}{3(z+3\mathrm{i})(z+\frac{\mathrm{i}}{3})}\mathrm{d}z,$$

显然,被积函数 $f(z)$ 在 $|z|=1$ 内部只有一个一阶极点 $z=-\dfrac{\mathrm{i}}{3}$,且

$$\mathop{\mathrm{Res}}_{z=-\frac{\mathrm{i}}{3}} f(z)=\frac{2}{3(z+3\mathrm{i})}\bigg|_{z=-\frac{\mathrm{i}}{3}}=-\frac{\mathrm{i}}{4},$$

由留数定理得

$$I=\int_0^{2\pi}\frac{1}{5+3\sin\theta}\mathrm{d}\theta=2\pi\mathrm{i}\left(-\frac{\mathrm{i}}{4}\right)=\frac{\pi}{2}.$$

例 2　计算积分 $\displaystyle\int_0^{2\pi}\frac{\mathrm{d}\theta}{(5-3\sin\theta)^2}$ 的值.

解　令 $I=\displaystyle\int_0^{2\pi}\frac{\mathrm{d}\theta}{(5-3\sin\theta)^2}$,因 $\sin\theta=\dfrac{z^2-1}{2\mathrm{i}z}$,$\mathrm{d}\theta=\dfrac{\mathrm{d}z}{\mathrm{i}z}$,所以

$$\int_0^{2\pi} \frac{\mathrm{d}\theta}{(5-3\sin\theta)^2} = \oint_{|z|=1} \frac{\frac{1}{\mathrm{i}z}}{(5-3\frac{z^2-1}{2\mathrm{i}z})^2}\mathrm{d}z$$

$$= -\frac{4}{\mathrm{i}}\oint_{|z|=1}\frac{z\mathrm{d}z}{(3z^2-10\mathrm{i}z-3)^2}$$

$$= -\frac{4}{\mathrm{i}}\oint_{|z|=1}\frac{z\mathrm{d}z}{(3z-\mathrm{i})^2(z-3\mathrm{i})^2}.$$

由于在单位圆内,被积函数有一个 2 阶极点 $z=\frac{\mathrm{i}}{3}$,所以

$$\oint_{|z|=1}\frac{z\mathrm{d}z}{(3z-\mathrm{i})^2(z-3\mathrm{i})^2} = 2\pi\mathrm{i}\cdot\mathrm{Res}\left[\frac{z}{(3z-\mathrm{i})^2(z-3\mathrm{i})^2},\frac{\mathrm{i}}{3}\right]$$

$$= 2\pi\mathrm{i}\cdot\frac{1}{9}\lim_{z\to\frac{\mathrm{i}}{3}}\frac{\mathrm{d}}{\mathrm{d}z}\left[\frac{z}{(z-3\mathrm{i})^2}\right]$$

$$= 2\pi\mathrm{i}\cdot\left(-\frac{5}{256}\right) = -\frac{5}{128}\pi\mathrm{i},$$

于是 $I = -\frac{4}{\mathrm{i}}\cdot\left(-\frac{5}{128}\right)\pi\mathrm{i} = \frac{5}{32}\pi.$

5.3.2 计算 $\int_{-\infty}^{+\infty}\frac{P(x)}{Q(x)}\mathrm{d}x$ 型积分

定理 5.3.1 设 $f(z)=\frac{P(z)}{Q(z)}$ 为有理分式,其中

$$P(z)=c_0 z^m + c_1 z^{m-1}+\cdots+c_m \quad (c_0\neq 0)$$

与 $$Q(z)=b_0 z^n + b_1 z^{n-1}+\cdots+b_n \quad (b_0\neq 0)$$

为互质多项式,且符合条件:

(1) $n-m\geq 2$;

(2) 在实轴上 $Q(z)\neq 0$;

(3) $f(z)$ 在上半平面只有有限个奇点 $z_1,z_2,\cdots,z_n$.

则有

$$\int_{-\infty}^{+\infty}f(x)\mathrm{d}x = 2\pi\mathrm{i}\sum_{k=1}^n\mathrm{Res}[f(z),z_k].$$

* **证明** 作曲线 $C_R:z=R\mathrm{e}^{\mathrm{i}\theta}(0\leq\theta\leq\pi)$,与线段 $[-R,R]$ 一起构成闭曲线 C,取 R 足够大,使 C 的内部包含 $f(z)$ 在上半平面内的一切孤立奇点 z_1, $z_2,\cdots,z_n$(如图 5-2). 由在实轴上 $Q(z)\neq 0$ 知,$f(z)$ 在 C 上没有奇点. 由留数定理得

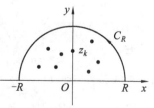

图 5-2

$$\oint_C f(z)\mathrm{d}z = \lim_{R\to+\infty}\left[\int_{-R}^R f(x)\mathrm{d}x + \int_{C_R} f(z)\mathrm{d}z\right]$$

$$= 2\pi\mathrm{i}\sum_{k=1}^n \mathrm{Res}[f(z),z_k],$$

令 $z=R\mathrm{e}^{\mathrm{i}\theta}, 0\leqslant\theta\leqslant\pi, \mathrm{d}z=R\mathrm{e}^{\mathrm{i}\theta}\mathrm{i}\mathrm{d}\theta$, 则

$$\int_{C_R} f(z)\mathrm{d}z = \int_0^\pi f(R\mathrm{e}^{\mathrm{i}\theta})\mathrm{i}R\mathrm{e}^{\mathrm{i}\theta}\mathrm{d}\theta,$$

因为 $n-m\geqslant 2$, 所以

$$\lim_{z\to\infty} zf(z) = \lim_{z\to\infty} z\frac{P(z)}{Q(z)} = 0.$$

因此,对 $\forall\varepsilon>0$, 当 $|z|=R$ 充分大时,有 $|zf(z)| = |R\mathrm{e}^{\mathrm{i}\theta}f(R\mathrm{e}^{\mathrm{i}\theta})|<\varepsilon$, 从而

$$\left|\int_{C_R} f(z)\mathrm{d}z\right| \leqslant \int_0^\pi \left|f(R\mathrm{e}^{\mathrm{i}\theta})R\mathrm{i}\mathrm{e}^{\mathrm{i}\theta}\right|\mathrm{d}\theta < \varepsilon\pi \to 0(\varepsilon\to 0),$$

$$\lim_{|z|=R\to+\infty}\int_{C_R} f(z)\mathrm{d}z = 0.$$

所以
$$\int_C f(z)\mathrm{d}z = \int_{-\infty}^{+\infty} f(x)\mathrm{d}x = 2\pi\mathrm{i}\mathrm{Res}[f(z),z_k].$$

例 3 计算积分 $I = \int_{-\infty}^{+\infty}\dfrac{x^2\mathrm{d}x}{(x^2+a^2)(x^2+b^2)}\mathrm{d}x \ (a>0,b>0)$ 的值.

解 因为分母次数比分子次数高两次,且函数在实轴上无奇点,故积分存在.

$f(z)=\dfrac{z^2}{(z^2+a^2)(z^2+b^2)}$ 有两个极点 $z=a\mathrm{i},z=b\mathrm{i}$ 在上半平面内.因为

$$\mathrm{Res}[f(z),a\mathrm{i}] = \lim_{z\to a\mathrm{i}}\left[(z-a\mathrm{i})\frac{z^2}{(z^2+a^2)(z^2+b^2)}\right] = \lim_{z\to a\mathrm{i}}\left[\frac{z^2}{(z+a\mathrm{i})(z^2+b^2)}\right]$$

$$= \frac{-a^2}{2a\mathrm{i}(b^2-a^2)} = \frac{a}{2\mathrm{i}(a^2-b^2)},$$

$$\mathrm{Res}[f(z),b\mathrm{i}] = \lim_{z\to b\mathrm{i}}\left[(z-b\mathrm{i})\frac{z^2}{(z^2+a^2)(z^2+b^2)}\right] = \lim_{z\to b\mathrm{i}}\left[\frac{z^2}{(z^2+a^2)(z+b\mathrm{i})}\right]$$

$$= \frac{-b^2}{2b\mathrm{i}(a^2-b^2)} = \frac{b}{2\mathrm{i}(b^2-a^2)},$$

所以
$$I = 2\pi\mathrm{i}\left[\frac{a}{2\mathrm{i}(a^2-b^2)} + \frac{b}{2\mathrm{i}(b^2-a^2)}\right] = \pi\frac{a-b}{a^2-b^2} = \frac{\pi}{a+b}.$$

例 4 计算积分

$$I = \int_{-\infty}^{+\infty}\frac{\mathrm{d}x}{x^4+a^4} \ (a>0).$$

解 $f(z)=\dfrac{1}{z^4+a^4}$ 有 4 个一阶极点 $a_k=a\mathrm{e}^{\frac{\pi+2k\pi}{4}\mathrm{i}} \ (k=0,1,2,3)$, 且符合定理

5.3.1 的条件.因为

$$\mathrm{Res}[f(z),a_k] = \frac{1}{4z^3}\bigg|_{z=a_k} = -\frac{a_k}{4a^4} \ (k=0,1,2,3),$$

$f(z)$ 在上半平面只有两个极点 a_0 及 a_1，于是

$$I = \int_{-\infty}^{+\infty} \frac{\mathrm{d}x}{x^4 + a^4} = -2\pi\mathrm{i}\,\frac{1}{4a^4}(a\mathrm{e}^{\frac{\pi}{4}\mathrm{i}} + a\mathrm{e}^{\frac{3\pi}{4}\mathrm{i}}) = \frac{\pi}{\sqrt{2}a^3}.$$

5.3.3　计算 $\int_{-\infty}^{+\infty} f(x)\mathrm{e}^{\mathrm{i}\lambda x}\,\mathrm{d}x\,(a>0)$ 型积分

定理 5.3.2　设 $f(z) = \dfrac{P(z)}{Q(z)}$ 为有理分式，其中

$$P(z) = c_0 z^m + c_1 z^{m-1} + \cdots + c_m \quad (c_0 \neq 0)$$

与

$$Q(z) = b_0 z^n + b_1 z^{n-1} + \cdots + b_n \quad (b_0 \neq 0)$$

为互质多项式，且符合条件：

(1) $Q(z)$ 的次数比 $P(z)$ 的次数高；

(2) 在实轴上 $Q(z) \neq 0$，$f(z)$ 在上半平面只有有限个奇点 $z_1, z_2, \cdots, z_n$；

(3) $\lambda > 0$.

则有

$$\int_{-\infty}^{+\infty} f(x)\mathrm{e}^{\mathrm{i}\lambda x}\,\mathrm{d}x = 2\pi\mathrm{i}\sum_{k=1}^{n}\mathrm{Res}[f(z)\mathrm{e}^{\mathrm{i}\lambda z}, z_k]. \tag{5.3.1}$$

特别地，将式 (5.3.2) 分开实部、虚部，就可以得到

$$\int_{-\infty}^{+\infty} \frac{P(x)}{Q(x)}\cos\lambda x\,\mathrm{d}x = \mathrm{Re}\left(\int_{-\infty}^{+\infty} \frac{P(x)}{Q(x)}\mathrm{e}^{\mathrm{i}\lambda x}\,\mathrm{d}x\right), \tag{5.3.2}$$

$$\int_{-\infty}^{+\infty} \frac{P(x)}{Q(x)}\sin\lambda x\,\mathrm{d}x = \mathrm{Im}\left(\int_{-\infty}^{+\infty} \frac{P(x)}{Q(x)}\mathrm{e}^{\mathrm{i}\lambda x}\,\mathrm{d}x\right). \tag{5.3.3}$$

*证明　作 $C_R: z = R\mathrm{e}^{\mathrm{i}\theta}\,(0 \leqslant \theta \leqslant \pi)$，与线段 $[-R, R]$ 一起构成闭曲线 C，取 R 足够大，使 C 的内部包含 $f(z)$ 在上半平面内的一切孤立奇点 $z_1, z_2, \cdots, z_n$（如图 5-3）。由在实轴上 $Q(z) \neq 0$ 知，$f(z)$ 在 C 上没有奇点。由留数定理得

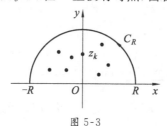

图 5-3

$$\oint_C f(z)\mathrm{e}^{\mathrm{i}\lambda z}\,\mathrm{d}z = \lim_{|z|=R\to+\infty}\left[\int_{-R}^{R} f(x)\mathrm{e}^{\mathrm{i}\lambda x}\,\mathrm{d}x + \int_{C_R} f(z)\mathrm{e}^{\mathrm{i}\lambda z}\,\mathrm{d}z\right]$$

$$= 2\pi\mathrm{i}\sum_{k=1}^{n}\mathrm{Res}[f(z)\mathrm{e}^{\mathrm{i}\lambda z}, z_k].$$

当 z 在 C_R 上时，令 $z = R\mathrm{e}^{\mathrm{i}\theta}\,(0 \leqslant \theta \leqslant \pi)$，因 $Q(z)$ 的次数比 $P(z)$ 的次数高，所以

$\lim\limits_{z \to \infty} f(z) = 0$. 因此 $\forall \varepsilon > 0$，当 R 充分大时有 $|f(z)| < \varepsilon$，从而

$$\left| \int_{C_R} f(z) e^{i\lambda z} dz \right| \leqslant \left| \int_0^\pi f(Re^{i\theta}) e^{R\lambda i (\cos\theta + i\sin\theta)} Rie^{i\theta} d\theta \right| \leqslant R\varepsilon \int_0^\pi e^{-R\lambda \sin\theta} d\theta$$

$$= 2R\varepsilon \int_0^{\frac{\pi}{2}} e^{-R\lambda \sin\theta} d\theta \leqslant 2R\varepsilon \int_0^{\frac{\pi}{2}} e^{-\frac{2\theta}{\pi} R\lambda} d\theta \ (\text{因为 } e^{-R\lambda \sin\theta} \leqslant e^{-\frac{2\theta}{\pi} R\lambda})$$

$$= \frac{\pi}{\lambda} (1 - e^{-R\lambda}) \varepsilon \to 0 \ (R \to +\infty, \varepsilon \to 0),$$

其中 $e^{-R\lambda \sin\theta} \leqslant e^{-\frac{2\theta}{\pi} R\lambda}$ 成立，是因为当 $0 \leqslant \theta \leqslant \frac{\pi}{2}$ 时，$\sin\theta \geqslant \frac{2\theta}{\pi}$，如图 5-4.

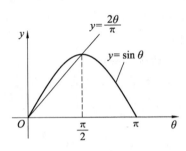

图 5-4

所以
$$\lim_{|z|=R \to +\infty} \int_{C_R} f(z) e^{i\lambda z} dz = 0,$$

所以

$$\int_{-\infty}^{+\infty} f(x) e^{i\lambda x} dx$$

$$= \lim_{R \to +\infty} \int_{-R}^{R} f(x) e^{i\lambda x} dx$$

$$= \lim_{|z|=R \to +\infty} \left[\int_{-R}^{R} f(x) e^{i\lambda x} dx + \int_{C_R} f(z) e^{i\lambda z} dz \right]$$

$$= \oint_C f(z) dz$$

$$= 2\pi i \sum_{k=1}^{n} \text{Res}[f(z) e^{i\lambda z}, z_k],$$

即 $\int_{-\infty}^{+\infty} f(x) e^{i\lambda x} dx = 2\pi i \text{Res}[f(z) e^{i\lambda z}, z_k]$，$z_k$ 是 $f(z)$ 在上半平面内的奇点.

因为
$$\int_{-\infty}^{+\infty} f(x) e^{i\lambda x} dx = \int_{-\infty}^{+\infty} f(x) \cos \lambda x \, dx + i \int_{-\infty}^{+\infty} f(x) \sin \lambda x \, dx,$$

所以
$$\int_{-\infty}^{+\infty} \frac{P(x)}{Q(x)} \cos \lambda x \, dx = \text{Re} \left(\int_{-\infty}^{+\infty} \frac{P(x)}{Q(x)} e^{i\lambda x} dx \right),$$

$$\int_{-\infty}^{+\infty} \frac{P(x)}{Q(x)} \sin \lambda x \, dx = \text{Im} \left(\int_{-\infty}^{+\infty} \frac{P(x)}{Q(x)} e^{i\lambda x} dx \right).$$

例 5　计算积分

$$I = \int_0^{+\infty} \frac{\cos mx}{1 + x^2} dx \ (m > 0).$$

解　被积函数 $f(x) = \dfrac{\cos mx}{1 + x^2}$ 为偶函数，所以

$$I = \int_0^{+\infty} \frac{\cos mx}{1 + x^2} dx = \frac{1}{2} \int_{-\infty}^{+\infty} \frac{\cos mx}{1 + x^2} dx.$$

根据定理 5.3.2 得

$$\int_{-\infty}^{+\infty} \frac{\cos mx}{1 + x^2} dx = \text{Re}\left\{ 2\pi i \text{Res}\left[\frac{e^{imz}}{1 + z^2}, i \right] \right\} = \text{Re}\left(2\pi i \frac{e^{-m}}{2i} \right) = \pi e^{-m}.$$

于是

$$I = \int_0^{+\infty} \frac{\cos mx}{1 + x^2} dx = \frac{\pi}{2} e^{-m} \ (m > 0).$$

*5.3.4　计算被积函数在实轴上有孤立奇点的积分

在定理 5.3.1 和定理 5.3.2 中，都要求被积函数的分母在实轴上无零点，即被积函数在实轴上无奇点. 如果被积函数在实轴上有孤立奇点，则可适当改变上面的方法来求积分，下面举例说明.

例 6　计算积分 $\displaystyle\int_0^{+\infty} \frac{\sin x}{x} dx$ 的值.

解　因为 $\dfrac{\sin x}{x}$ 是偶函数，所以 $\displaystyle\int_0^{+\infty} \frac{\sin x}{x} dx = \frac{1}{2} \int_{-\infty}^{+\infty} \frac{\sin x}{x} dx$ ，由于这个积分中的被积函数在实轴上有零点，故不能直接利用上面的结论计算积分. 适当地添加路线，组成复合闭路，再利用柯西定理计算积分（如图 5-5）.

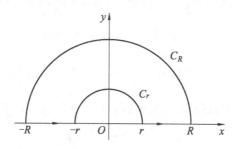

图 5-5

由 $\displaystyle\int_C \frac{e^{iz}}{z} dz + \int_{-R}^{-r} \frac{e^{ix}}{x} dx + \int_{C_r} \frac{e^{iz}}{z} dz + \int_r^R \frac{e^{ix}}{x} dx = 0.$ 令 $x = -t$，则有

$$\int_{-R}^{-r} \frac{e^{ix}}{x} dx = \int_R^r \frac{e^{-it}}{t} dt = -\int_r^R \frac{e^{-ix}}{x} dx,$$

所以
$$\int_r^R \frac{e^{ix} - e^{-ix}}{x} dx + \int_{C_R} \frac{e^{iz}}{z} dz + \int_{C_r} \frac{e^{iz}}{z} dz = 0,$$

即
$$2i\int_r^R \frac{\sin x}{x} dx + \int_{C_R} \frac{e^{iz}}{z} dz + \int_{C_r} \frac{e^{iz}}{z} dz = 0.$$

由于
$$\left| \int_{C_R} \frac{e^{iz}}{z} dz \right| \leqslant \int_{C_R} \frac{|e^{iz}|}{|z|} ds = \frac{1}{R} \int_{C_R} e^{-y} ds = \int_0^\pi e^{-R\sin\theta} d\theta = 2\int_0^{\frac{\pi}{2}} e^{-R\sin\theta} d\theta$$

$$\leqslant 2\int_0^{\frac{\pi}{2}} e^{-R\frac{2\theta}{\pi}} d\theta = \frac{\pi}{R}(1 - e^{-R}) \to 0 (R \to +\infty),$$

所以
$$\lim_{R\to+\infty} \int_{C_R} \frac{e^{iz}}{z} dz = 0.$$

考虑积分 $\int_{C_r} \frac{e^{iz}}{z} dz$. 因为

$$\frac{e^{iz}}{z} = \frac{1}{z} + i - \frac{z}{2!} + \cdots + \frac{i^n z^{n-1}}{n!} + \cdots = \frac{1}{z} + \varphi(z),$$

其中函数 $\varphi(z) = i - \frac{z}{2!} + \cdots + \frac{i^n z^{n-1}}{n!} + \cdots$ 在 $z=0$ 处解析,且 $\varphi(0)=i$,当 $|z|$ 充分小时,可使 $|\varphi(z)| \leqslant 2$.

所以
$$\int_{C_r} \frac{e^{iz}}{z} dz = \int_{C_r} \frac{dz}{z} + \int_{C_r} \varphi(z) dz,$$

又因为
$$\int_{C_r} \frac{dz}{z} = \int_\pi^0 \frac{ire^{i\theta}}{re^{i\theta}} d\theta = -\pi i,$$

且在 r 充分小时,$\left| \int_{C_r} \varphi(z) dz \right| \leqslant \int_{C_r} |\varphi(z)| ds \leqslant 2\int_{C_r} ds = 2\pi r \to 0 (r \to 0).$

所以
$$\lim_{r\to0} \int_{C_r} \varphi(z) dz = 0,$$

因此
$$\lim_{r\to0} \int_{C_r} \frac{e^{iz}}{z} dz = -\pi i.$$

综上可得,$2i\int_0^{+\infty} \frac{\sin x}{x} dx = \pi i$,因而有 $\int_0^{+\infty} \frac{\sin x}{x} dx = \frac{\pi}{2}$.

习题 5.3

1. 计算下列积分.

(1) $\int_0^{2\pi} \frac{d\theta}{5 + 3\cos\theta}$;

(2) $\int_0^{+\infty} \frac{dx}{(x^2+4)^2(x^2+1)}$;

(3) $\displaystyle\int_{-\infty}^{+\infty}\frac{x\mathrm{e}^{\mathrm{i}x}}{1+x^{2}}\mathrm{d}x$;　　　　(4) $\displaystyle\int_{0}^{+\infty}\frac{\cos 2x}{x^{2}+4}\mathrm{d}x$.

*2. 已知泊松积分公式 $\displaystyle\int_{0}^{+\infty}\mathrm{e}^{-t^{2}}\mathrm{d}t=\frac{\sqrt{\pi}}{2}$, 试计算菲涅耳积分 $I_{1}=\displaystyle\int_{0}^{+\infty}\sin t^{2}\mathrm{d}t$ 与

$I_{2}=\displaystyle\int_{0}^{+\infty}\cos t^{2}\mathrm{d}t$.

*5.4　对数留数与幅角原理

5.4.1　对数留数

定义 5.4.1　称积分 $\displaystyle\frac{1}{2\pi\mathrm{i}}\oint_{C}\ln f(z)\mathrm{d}z=\frac{1}{2\pi\mathrm{i}}\oint_{C}\frac{f'(z)}{f(z)}\mathrm{d}z$ 为 $f(z)$ 关于曲线 C 的对数留数.

引理 5.4.1　设 a 为 $f(z)$ 的 n 阶零点, 则 a 必是 $\dfrac{f'(z)}{f(z)}$ 的一阶极点, 且

$$\mathrm{Res}\left[\frac{f'(z)}{f(z)},a\right]=n.$$

证明　由假设, 在 a 的某个邻域内, 有 $f(z)=(z-a)^{n}g(z)$, 其中 $g(z)$ 在 a 的邻域内解析, 且 $g(a)\neq0$. 所以

$$f'(z)=n(z-a)^{n-1}g(z)+(z-a)^{n}g'(z),$$

即　　　　　　　　　$$\frac{f'(z)}{f(z)}=\frac{n}{z-a}+\frac{g'(z)}{g(z)}.$$

由 $\dfrac{g'(z)}{g(z)}$ 在点 a 解析知: a 必是 $\dfrac{f'(z)}{f(z)}$ 的一阶极点, 且

$$\mathrm{Res}\left[\frac{f'(z)}{f(z)},a\right]=n.$$

引理 5.4.2　设 b 是 $f(z)$ 的 m 阶极点, 则 b 必是 $\dfrac{f'(z)}{f(z)}$ 的一阶极点, 且

$$\mathrm{Res}\left[\frac{f'(z)}{f(z)},b\right]=-m.$$

证明　由假设, 在 b 的某去心邻域内, 有 $f(z)=\dfrac{h(z)}{(z-b)^{m}}$, 其中 $h(z)$ 在 b 的某邻域内解析, 且 $h(b)\neq0$, 于是

$$\frac{f'(z)}{f(z)}=\frac{-m}{z-b}+\frac{h'(z)}{h(z)}.$$

由于 $\dfrac{h'(z)}{h(z)}$ 在点 b 解析, 故 b 必是 $\dfrac{f'(z)}{f(z)}$ 的一阶极点, 且

$$\mathrm{Res}\left[\frac{f'(z)}{f(z)},b\right]=-m.$$

定理 5.4.1 （对数留数定理）设 C 为任一简单闭曲线，$f(z)$ 满足

(1) $f(z)$ 在 C 所围区域内除有限个极点外处处解析；

(2) $f(z)$ 在 C 上解析，且不为 0，则

$$\frac{1}{2\pi i}\oint_C \frac{f'(z)}{f(z)}dz = N(f,C) - P(f,C), \qquad (5.4.1)$$

其中 $N(f,C)$ 与 $P(f,C)$ 分别表示 $f(z)$ 在 C 内部的零点个数与极点个数（一个 m 阶零点或极点算 m 个零点或极点）.

证明 由已知条件知，$f(z)$ 在 C 内至多只能有有限个零点与有限个极点，设 $a_k(k=1,2,\cdots,p)$ 为 $f(z)$ 在 C 内部不同的零点，其阶数分别为 $n_k(k=1,2,\cdots,p)$，$b_j(j=1,2,\cdots,q)$ 为 $f(z)$ 在 C 内部不同的极点，其阶数分别为 $m_j(j=1,2,\cdots,q)$. 由引理知，$\frac{f'(z)}{f(z)}$ 在 C 上解析，在 C 内部除了一阶极点 $a_k(k=1,2,\cdots,p)$ 与 $b_j(j=1,2,\cdots,q)$ 外均解析. 由留数定理，得

$$\frac{1}{2\pi i}\oint_C \frac{f'(z)}{f(z)}dz = \sum_{k=1}^{p}\mathrm{Res}\left[\frac{f'(z)}{f(z)},a_k\right] + \sum_{j=1}^{q}\mathrm{Res}\left[\frac{f'(z)}{f(z)},b_j\right]$$

$$= \sum_{k=1}^{p}n_k + \sum_{j=1}^{q}(-m_j) = N(f,C) - P(f,C).$$

本定理揭示了函数 $f(z)$ 关于曲线 C 的对数留数与 $f(z)$ 在 C 内部零点个数与极点个数的关系. 同时，也为计算对数留数提供了一种简便方法.

例 1 设 $f(z)=\dfrac{z^2(z-i)^3 e^z}{3(z+2)^4(3z-18)^5}$，求 $\dfrac{1}{2\pi i}\oint_C \dfrac{f'(z)}{f(z)}dz$，$C$ 为正向圆周：$|z|=9$.

解 $f(z)$ 在 $|z|=9$ 内的零点个数 $N(f,C)=2+3=5$，极点个数 $P(f,C)=9$，

故
$$\frac{1}{2\pi i}\oint_C \frac{f'(z)}{f(z)}dz = 5 - 9 = -4.$$

5.4.2 幅角原理

我们现在来讨论式(5.4.1)左端的几何意义. 为此，将对数留数写成

$$\frac{1}{2\pi i}\oint_C \frac{f'(z)}{f(z)}dz = \frac{1}{2\pi i}\oint_C d\ln f(z) = \frac{1}{2\pi i}\Delta_C[\ln f(z)]$$

$$= \frac{1}{2\pi i}\Delta_C[\ln|f(z)| + i\arg f(z)],$$

其中 $\Delta_C[\ln f(z)]$ 表示当 z 沿 C 绕行一周时函数 $\ln f(z)$ 的增量，这里 $\ln|f(z)|$ 可从 $\ln f(z)$ 中取任一单值分支开始，$\arg f(z)$ 表示该相应分支的幅角值，不作幅角主值解释. 如图 5-6 所示，假设简单闭曲线 C 在函数 $w=f(z)$ 映射下变为闭曲线 Γ，当 z 从 C 上某点 z_0 出发沿 C 正向绕行一周回到 z_0 时，因 $\ln|f(z)|$ 为单值函数，$\ln|f(z)|$ 回到它原来的值，故 $\Delta_C\ln|f(z)|=0$，但 C 的像 Γ 可能绕原点旋转，所以 $\arg f(z)$ 可能改变，从而

$$\frac{1}{2\pi i}\oint_C \frac{f'(z)}{f(z)}\mathrm{d}z = \frac{1}{2\pi}\Delta_C \arg f(z).$$

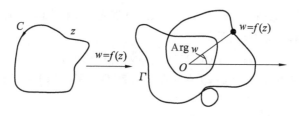

图 5-6

根据上述讨论并结合对数留数定理,可得如下结论.

定理 5.4.2　(幅角原理)设 C 为任一简单闭曲线,$f(z)$ 满足:

(1) $f(z)$ 在 C 所围区域内除有限个极点外处处解析;

(2) $f(z)$ 在 C 上解析,且不为 0,则

$$N(f,C)-P(f,C)=\frac{\Delta_C \arg f(z)}{2\pi},$$

其中 $N(f,C)$ 与 $P(f,C)$ 分别表示 $f(z)$ 在 C 内部零点个数与极点个数(一个 m 阶零点或极点算 m 个零点或极点).

特别地,如果 $f(z)$ 在闭曲线 C 上及 C 内部均解析,且 $f(z)$ 在 C 上不为 0,则

$$N(f,C)=\frac{\Delta_C \arg f(z)}{2\pi},$$

其中 $\Delta_C \arg f(z)$ 表示当 z 沿 C 正向绕行一周时函数幅角的改变量.

例 2　设 $f(z)=(z-1)(z-3)^3(z-2)^2$,C 为正向圆周:$|z|=9$,试验证辐角原理.

解　$f(z)$ 在闭曲线 C 上及内部均解析,且 $f(z)$ 在 C 上不为 0,又

$$N(f,C)=1+3+2=6,$$

$$\Delta_C \arg f(z)=\Delta_C \arg(z-1)+3\Delta_C \arg(z-3)+2\Delta_C \arg(z-2)=12\pi,$$

所以

$$N(f,C)=\frac{\Delta_C \arg f(z)}{2\pi}.$$

5.4.3　儒歇定理

儒歇定理是辐角原理的一个推论,在考察函数的零点分布时,使用起来较为方便.

定理 5.4.3　(儒歇定理)设 C 是任意一条简单闭曲线,函数 $f(z)$ 及 $\varphi(z)$ 满足:

(1) 它们在 C 的内部均解析,且连续到 C;

(2) 在 C 上,$|f(z)|>|\varphi(z)|$,

则函数 $f(z)$ 与 $f(z)+\varphi(z)$ 在 C 的内部有同样多(几阶算作几个)的零点,即

$$N(f+\varphi,C)=N(f,C).$$

证明 由已知条件,$f(z)$ 与 $f(z)+\varphi(z)$ 都在 C 内部解析,且连续到 C,在 C 上,$|f(z)|>|\varphi(z)|\geqslant 0$,从而

$$|f(z)+\varphi(z)|\geqslant|f(z)|-|\varphi(z)|>0,$$

即在 C 上,$f(z)\neq 0$,$f(z)+\varphi(z)\neq 0$,所以函数 $f(z)$ 和 $f(z)+\varphi(z)$ 均满足幅角原理的条件.

故在 C 所围区域内的零点个数分别为

$$\frac{\Delta_C\arg f(z)}{2\pi}\text{与}\frac{\Delta_C\arg[f(z)+\varphi(z)]}{2\pi},$$

只需证明 $\dfrac{\Delta_C\arg f(z)}{2\pi}=\dfrac{\Delta_C\arg[f(z)+\varphi(z)]}{2\pi}$ 即可.

因为在 C 上,$f(z)\neq 0$,所以

$$f(z)+\varphi(z)=f(z)\left[1+\frac{\varphi(z)}{f(z)}\right],$$

从而

$$\Delta_C\arg[f(z)+\varphi(z)]=\Delta_C\arg f(z)+\Delta_C\arg\left[1+\frac{\varphi(z)}{f(z)}\right],$$

记 $w=1+\dfrac{\varphi(z)}{f(z)}$,则

$$|w-1|=\left|\frac{\varphi(z)}{f(z)}\right|<1,$$

故当 z 沿 C 变动时,w 不会绕平面原点 $w=0$ 变动.所以 $\Delta_C\arg\left[1+\dfrac{\varphi(z)}{f(z)}\right]=0$,从而

$$\frac{\Delta_C\arg f(z)}{2\pi}=\frac{\Delta_C\arg[f(z)+\varphi(z)]}{2\pi}.$$

例 3 求 $z^8-5z^5-2z+1=0$ 在 $|z|=1$ 内根的个数.

解 设 $f(z)=-5z^5$,$\varphi(z)=z^8-2z+1$,则它们在 $|z|<1$ 内解析,并连续到 $C:|z|=1$,在 C 上,$|f(z)|=5$,$|\varphi(z)|\leqslant 4$,所以 $|f(z)|>|\varphi(z)|$.

由儒歇定理,$N(f(z)+\varphi(z),C)=N(f(z),C)=5$.

例 4 证明 n 次方程 $a_nz^n+a_{n-1}z^{n-1}+\cdots+a_1z+a_0=0$ $(a_0\neq 0)$ 在复数域内有且仅有 n 个根(几重根就算几个根).

证明 设 $p(z)=a_nz^n+a_{n-1}z^{n-1}+\cdots+a_1z+a_0$,

$$f(z)=a_nz^n,$$

$$\varphi(z)=a_{n-1}z^{n-1}+\cdots+a_1z+a_0.$$

当在充分大的圆周 $|z|=R$ 上时(不妨取 $R>\max\left\{1,\dfrac{|a_{n-1}|+\cdots+|a_1|+|a_0|}{|a_n|}\right\}$),

$$|\varphi(z)| \leqslant |a_{n-1}z^{n-1}| + \cdots + |a_1 z| + |a_0| = |a_{n-1}|R^{n-1} + \cdots + |a_1|R + |a_0|$$
$$\leqslant (|a_{n-1}| + |a_{n-2}| + \cdots + |a_0|)R^{n-1} < |f(z)|.$$

由儒歇定理：$p(z) = f(z) + \varphi(z)$ 与 $f(z)$ 在 C 内部有相同个数的零点，即有 n 个零点，所以原方程在复平面内有且仅有 n 个根.

习题 5.4

1. 利用对数留数计算以下各题.

(1) $\oint_{|z|=3} \dfrac{z}{z^2-1} \mathrm{d}z$；　　　　　(2) $\oint_{|z|=3} \tan z \mathrm{d}z$.

2. 证明 $z^7 + 5z^5 - z^2 + z + 1 = 0$ 在单位圆内有 5 个零点.

3. 设 $f(z)$ 在 $|z| \leqslant 1$ 内解析，且 $|f(z)| < 1$，证明 $f(z) = z$ 在 $|z| < 1$ 内有唯一根.

4. 证明：若 $a > \mathrm{e}$，则方程 $\mathrm{e}^z = az^n$ 在 $|z| < 1$ 内有 n 个根.

本章小结

1. 孤立奇点的概念与分类

(1) 孤立奇点的定义：

若 $f(z)$ 在点 z_0 不解析，但在 z_0 的某个去心邻域 $0 < |z-z_0| < R$ 内解析，则称 z_0 为 $f(z)$ 的孤立奇点.

(2) 孤立奇点的类型：

① 可去奇点：若 $f(z)$ 在 $0 < |z-z_0| < R$ 内的罗朗展开式中不含 $z-z_0$ 的负幂项，即

$$f(z) = c_0 + c_1(z-z_0) + c_2(z-z_0)^2 + \cdots \quad (0 < |z-z_0| < R),$$

则称 z_0 为 $f(z)$ 的可去奇点.

② 极点：若 $f(z)$ 在 $0 < |z-z_0| < R$ 内的罗朗展开式中含有限项 $z-z_0$ 的负幂项，即

$$f(z) = \frac{c_{-m}}{(z-z_0)^m} + \frac{c_{-(m-1)}}{(z-z_0)^{m-1}} + \cdots + \frac{c_{-1}}{z-z_0} + c_0 + c_1(z-z_0) + \cdots \quad (c_{-m} \neq 0)$$

$$(0 < |z-z_0| < R),$$

则称 z_0 为 $f(z)$ 的 m 阶极点.

③ 本性奇点：若 $f(z)$ 在 $0 < |z-z_0| < R$ 内罗朗展开式中含无穷多项 $z-z_0$ 的负幂项，即在 $0 < |z-z_0| < R$ 内

$$f(z) = \cdots + \frac{c_{-m}}{(z-z_0)^m} + \cdots + \frac{c_{-1}}{z-z_0} + c_0 + c_1(z-z_0) + \cdots + c_m(z-z_0)^m + \cdots$$

成立,则称 z_0 为 $f(z)$ 的本性奇点.

2. 孤立奇点的判别方法

(1) 定义法

(2) 极限法

① z_0 为 $f(z)$ 的可去奇点 $\Leftrightarrow \lim\limits_{z \to z_0} f(z) = c_0$(常数);

② z_0 为 $f(z)$ 的极点 $\Leftrightarrow \lim\limits_{z \to z_0} f(z) = \infty$;

③ z_0 为 $f(z)$ 的本性奇点 $\Leftrightarrow \lim\limits_{z \to z_0} f(z)$ 不存在且不为 ∞.

(3) z_0 为 $f(z)$ 的 m 阶极点判定定理:

若 $$f(z) = \frac{h(z)}{(z-z_0)^m} \quad (0 < |z-z_0| < R),$$

其中 $h(z) = c_{-m} + c_{-(m-1)}(z-z_0) + \cdots + c_{-1}(z-z_0)^{m-1} + c_0(z-z_0)^m + \cdots$ 在 z_0 解析,且 $h(z_0) \neq 0, m \geq 1, c_{-m} \neq 0$,则 z_0 为 $f(z)$ 的 m 阶极点.

(4) 零点与极点的关系

① 零点的概念:若不恒为 0 的解析函数 $f(z)$ 能表示成 $f(z) = (z-z_0)^m \varphi(z)$,其中 $\varphi(z)$ 在 z_0 解析,$\varphi(z_0) \neq 0, m$ 为正整数,则称 z_0 为 $f(z)$ 的 m 阶零点.

② 零点阶数判别的充要条件:

z_0 是 $f(z)$ 的 m 阶零点 $\Leftrightarrow \begin{cases} f^{(n)}(z_0) = 0, \\ f^{(m)}(z_0) \neq 0 \end{cases} \quad (n = 1, 2, \cdots, m-1).$

③ 零点与极点的关系:z_0 是 $f(z)$ 的 m 阶零点 $\Leftrightarrow z_0$ 是 $\dfrac{1}{f(z)}$ 的 m 阶极点.

④ 重要结论:

若 $z=a$ 分别是 $\varphi(z)$ 与 $\psi(z)$ 的 m 阶与 n 阶零点,则

● $z=a$ 是 $\varphi(z)\psi(z)$ 的 $m+n$ 阶零点;

● 当 $m \geq n$ 时,$z=a$ 是 $\dfrac{\varphi(z)}{\psi(z)}$ 的可去奇点;

当 $m < n$ 时,$z=a$ 是 $\dfrac{\varphi(z)}{\psi(z)}$ 的 $n-m$ 阶极点;

● 当 $m \neq n$ 时,$z=a$ 是 $\varphi(z)+\psi(z)$ 的 l 阶零点,$l = \min\{m,n\}$;

当 $m=n$ 时,$z=a$ 是 $\varphi(z)+\psi(z)$ 的 l 阶零点,其中 $l \geq m(n)$.

3. 留数的概念

(1) 留数的定义

① 设 z_0 为 $f(z)$ 的孤立奇点,$f(z)$ 在 z_0 的去心邻域 $0 < |z-z_0| < R$ 内解析,C 为该去心邻域内包含 z_0 的任一正向简单闭曲线,则称积分 $\dfrac{1}{2\pi i} \oint_C f(z) \mathrm{d}z$ 为 $f(z)$ 在 z_0 的留数,记作 $\mathrm{Res}[f(z), z_0]$ 或 $\mathop{\mathrm{Res}}\limits_{z=z_0} f(z)$.

② 设函数 $f(z)$ 在圆环域 $R < |z| < \infty$ 内解析，即 $z = \infty$ 为函数 $f(z)$ 的孤立奇点，C 为圆环内绕原点的任何一条正向简单闭曲线，则称

$$\frac{1}{2\pi i} \int_{C^-} f(z)\mathrm{d}z$$

为函数 $f(z)$ 在无穷远点的留数，记作 $\mathrm{Res}[f(z), \infty]$ 或 $\underset{z=\infty}{\mathrm{Res}} f(z)$，即

$$\mathrm{Res}[f(z), \infty] = \frac{1}{2\pi i} \oint_{C^-} f(z)\mathrm{d}z = -\frac{1}{2\pi i} \oint_{C} f(z)\mathrm{d}z.$$

（2）有限奇点留数的计算方法

① 定义法：若 z_0 是 $f(z)$ 的孤立奇点，则 $\mathrm{Res}[f(z), z_0] = c_{-1}$，其中 c_{-1} 为 $f(z)$ 在 z_0 的去心邻域内罗朗展开式中 $(z - z_0)^{-1}$ 的系数.

注意　本性奇点留数通常都按定义法求.

② 可去奇点处的留数：若 z_0 是 $f(z)$ 的可去奇点，则 $\mathrm{Res}[f(z), z_0] = 0$.

③ m 阶极点处的留数，除了可按定义求解外，还有如下公式可用：

● 若 z_0 是 $f(z)$ 的一阶极点，则 $\mathrm{Res}[f(z), z_0] = \lim_{z \to z_0} (z - z_0) f(z)$.

● 若 z_0 是 $f(z)$ 的 m 阶极点，则

$$\mathrm{Res}[f(z), z_0] = \frac{1}{(m-1)!} \lim_{z \to z_0} \frac{\mathrm{d}^{m-1}}{\mathrm{d}z^{m-1}} [(z - z_0)^m f(z)].$$

注意　如果极点的实际阶数比 m 低，上式仍然有效.

● 设 $f(z) = \dfrac{P(z)}{Q(z)}$，$P(z), Q(z)$ 在 z_0 解析，$P(z_0) \neq 0$，z_0 为 $Q(z)$ 的一阶零点，则 z_0 为 $f(z)$ 的一阶极点，且

$$\mathrm{Res}\left[\frac{P(z)}{Q(z)}, z_0\right] = \frac{P(z_0)}{Q'(z_0)}.$$

*（3）无穷远点留数的计算方法

① 定义法：

$$\mathrm{Res}[f(z), \infty] = -\frac{1}{2\pi i} \sum_{n=-\infty}^{\infty} \oint_{C} c_n z^n \mathrm{d}z = -c_{-1},$$

其中 c_{-1} 为 $f(z)$ 在圆环域 $R < |z| < +\infty$ 内的罗朗展开式中 $\dfrac{1}{z}$ 的系数.

② 公式法：

$$\mathrm{Res}[f(z), \infty] = -\mathrm{Res}\left[\frac{1}{z^2} f\left(\frac{1}{z}\right), 0\right].$$

4. 留数基本定理

（1）设 $f(z)$ 在区域 D 内除有限个孤立奇点 $z_1, z_2, \cdots, z_n$ 外处处解析，C 为 D 内包围诸奇点的任意一条正向简单闭曲线，则 $\oint_{C} f(z)\mathrm{d}z = 2\pi i \sum_{k=1}^{n} \mathrm{Res}[f(z), z_k]$.

说明：留数定理把求沿简单闭曲线积分的整体问题转化为求被积函数 $f(z)$ 在 C 内各孤立奇点处留数的局部问题.

*(2) 如果函数 $f(z)$ 在扩充的复平面内只有有限个奇点 $z_1, z_2, \cdots, z_n, \infty$，那么 $f(z)$ 在所有各奇点(包括 ∞)的留数的总和必等于 0. 即

$$\text{Res}[f(z), \infty] + \sum_{k=1}^{n} \text{Res}[f(z), z_k] = 0.$$

说明：① 由上式求无穷远点的留数又多了一种方法，即

$$\text{Res}[f(z), \infty] = -\sum_{k=1}^{n} \text{Res}[f(z), z_k].$$

② 若无穷远点的留数易求，也可利用它求总有限奇点留数和或有限奇点留数，即

$$\sum_{k=1}^{n} \text{Res}[f(z), z_k] = -\text{Res}[f(z), \infty]$$

或 $\quad \text{Res}[f(z), z_k] = -\text{Res}[f(z), z_1] - \cdots - \text{Res}[f(z), z_{k-1}] -$
$$\text{Res}[f(z), z_{k+1}] - \cdots \text{Res}[f(z), z_n] - \text{Res}[f(z), \infty].$$

5. 留数定理的应用

(1) 计算复积分 $\oint_C f(z) \mathrm{d}z$.

(2) 计算几种类型的实积分：

① $\int_0^{2\pi} R(\cos\theta, \sin\theta) \mathrm{d}\theta$ 型积分；

② $\int_{-\infty}^{+\infty} \dfrac{P(x)}{Q(x)} \mathrm{d}x$ 型积分；

③ $\int_{-\infty}^{+\infty} f(x) \mathrm{e}^{\mathrm{i}\lambda x} \mathrm{d}x \ (\lambda > 0)$ 型积分.

*6. 对数留数与幅角原理

(1) 对数留数定义：称积分 $\dfrac{1}{2\pi\mathrm{i}} \oint_C \ln f(z) \mathrm{d}z = \dfrac{1}{2\pi\mathrm{i}} \oint_C \dfrac{f'(z)}{f(z)} \mathrm{d}z$ 为 $f(z)$ 关于曲线 C 的对数留数.

(2) 对数留数定理：设 C 为任一简单闭曲线，$f(z)$ 满足：

① $f(z)$ 在 C 所围绕区域内除有限个极点外处处解析；

② $f(z)$ 在 C 上解析，且不为 0，则

$$\frac{1}{2\pi\mathrm{i}} \oint_C \frac{f'(z)}{f(z)} \mathrm{d}z = N(f, C) - P(f, C),$$

其中 $N(f, C)$ 与 $P(f, C)$ 分别表示 $f(z)$ 在 C 内部零点个数与极点个数(一个 m 阶零点或极点算 m 个零点或极点).

注意　本定理揭示了函数 $f(z)$ 关于曲线 C 的对数留数与 $f(z)$ 在 C 内部零点

个数与极点个数的关系. 同时, 也为计算对数留数提供了一种简便方法.

（3）幅角原理: 设 C 为任一简单闭曲线, $f(z)$ 满足

① $f(z)$ 在 C 所围区域内除有限个极点外处处解析;

② $f(z)$ 在 C 上解析, 且不为 0, 则

$$N(f,C)-P(f,C)=\frac{\Delta_c \arg f(z)}{2\pi}.$$

其中 $N(f,C)$ 与 $P(f,C)$ 分别表示 $f(z)$ 在 C 内部零点个数与极点个数(一个 m 阶零点或极点算 m 个零点或极点).

特别地, 如 $f(z)$ 在闭曲线 C 上及 C 内部均解析, 且 $f(z)$ 在 C 上不为 0, 则

$$N(f,C)=\frac{\Delta_c \arg f(z)}{2\pi}.$$

其中 $\Delta_c \arg f(z)$ 表示当 z 沿 C 正向绕行一周时函数幅角的改变量.

（4）儒歇定理: 设 C 是任一简单闭曲线, 函数 $f(z)$ 及 $\varphi(z)$ 满足条件:

① 它们在 C 的内部均解析, 且连续到 C;

② 在 C 上, $|f(z)|>|\varphi(z)|$,

则函数 $f(z)$ 与 $f(z)+\varphi(z)$ 在 C 的内部有同样多(几阶算作几个)的零点, 即

$$N(f+\varphi,C)=N(f,C).$$

注意　儒歇定理是辐角原理的一个推论, 在考察函数的零点分布时, 使用起来较为方便.

复习题 5

1. 求下列函数的有限孤立奇点, 并指出其类型.

（1）$\dfrac{z}{(1+z^2)(1+e^{\pi z})}$;　　　（2）$\dfrac{z(z-\pi)^3}{(\sin z)^3}$;　　　（3）$e^{\frac{z}{1-z}}$.

2. 求下列留数.

（1）$\text{Res}\left[z\cos\dfrac{1}{z},0\right]$;　　　　　（2）$\text{Res}\left[\dfrac{1-\cos z}{z-\sin z},0\right]$;

（3）$\text{Res}\left[\dfrac{\sin z}{1-e^z},0\right]$;　　　　　（4）$\text{Res}\left[\dfrac{z^2-1}{z(z+i)^3},-i\right]$.

*3. 函数 $\cos z-\sin z$ 在 $z=\infty$ 的奇点类型是什么? 计算留数.

*4. 求函数 $\dfrac{e^z}{z^2-1}$ 在点 ∞ 的留数.

5. 利用留数求下列积分.

（1）$\displaystyle\oint_c \dfrac{z}{(z-1)(z-2)^2}dz$　　（C 为正向圆周: $|z-2|=\dfrac{1}{2}$）;

(2) $\oint_C \dfrac{\tan \pi z}{z^3} dz$　（C 为正向圆周：$|z|=1$）；

(3) $\oint_{|z|=2} \dfrac{z^{2n}}{1+z^n} dz$　（C 为正向圆周：$|z|=2$）；

(4) $\displaystyle\int_0^{2\pi} \dfrac{\cos 2\theta}{1-2p\cos\theta+p^2} d\theta$　（$0<p<1$）；

(5) $\displaystyle\int_{-\infty}^{+\infty} \dfrac{\cos x}{x^2+4x+5} dx$.

*6. 证明：方程 $z^6-5z^2+10=0$ 的所有根都在圆环 $1<|z|<2$ 内.

第 6 章　Fourier 变换

本章将要介绍的 Fourier 变换是一种对函数的积分变换,即通过某种积分运算将一个函数化为另一个函数,同时还具有对称形式的逆变换.它能够将微分和积分运算转化为较简单的代数运算.正是这一特性,使得它不仅在数学的诸多分支,如微分方程和积分方程的求解中成为重要的方法之一,而且在许多科学技术领域,如物理学、力学、现代光学、无线电技术及系统工程、信号分析、信号处理等方面都发挥着非常重要的作用.本章在讨论 Fourier 积分的基础上,引入 Fourier 变换的概念,并讨论 Fourier 变换的性质及某些应用.

6.1　Fourier 积分

本节将从以 T 为周期的周期函数的 Fourier 级数出发,讨论当 $T \to +\infty$ 时的极限形式,从而得出 Fourier 积分.

6.1.1　周期函数的 Fourier 级数

在高等数学中,我们曾学习过把一个周期函数展开成 Fourier 级数.设 $f_T(t)$ 是以 T 为周期的实函数,且在一个周期区间 $\left[-\frac{T}{2}, \frac{T}{2}\right]$ 上满足狄利克雷(Dirichlet)条件:

(1) 连续或只有有限个第一类间断点;

(2) 只有有限个极值点.

则在连续点处,有

$$f_T(t) = \frac{a_0}{2} + \sum_{n=1}^{\infty} (a_n \cos n\omega t + b_n \sin n\omega t). \tag{6.1.1}$$

其中

$$\omega = \frac{2\pi}{T},\ a_0 = \frac{2}{T} \int_{-\frac{T}{2}}^{\frac{T}{2}} f_T(t)\,dt,$$

$$a_n = \frac{2}{T} \int_{-\frac{T}{2}}^{\frac{T}{2}} f_T(t) \cos n\omega t\,dt,$$

$$b_n = \frac{2}{T} \int_{-\frac{T}{2}}^{\frac{T}{2}} f_T(t) \sin n\omega t\,dt.$$

在间断点 t_0 处,式(6.1.1)右端收敛于 $\frac{1}{2}[f_T(t_0+0)+f_T(t_0-0)]$.

式(6.1.1)是 $f_T(t)$ 的 Fourier 级数的三角形式,在工程技术中为了方便起见,常利用欧拉公式 $\cos\varphi=\dfrac{e^{i\varphi}+e^{-i\varphi}}{2}$,$\sin\varphi=\dfrac{e^{i\varphi}-e^{-i\varphi}}{2i}$,把 $f_T(t)$ 的 Fourier 级数改写成复数形式,即

$$f_T(t)=\frac{a_0}{2}+\sum_{n=1}^{\infty}(a_n\frac{e^{in\omega t}+e^{-in\omega t}}{2}+b_n\frac{e^{in\omega t}-e^{-in\omega t}}{2i})$$
$$=\frac{a_0}{2}+\sum_{n=1}^{\infty}(\frac{a_n-ib_n}{2}e^{in\omega t}+\frac{a_n+ib_n}{2}e^{-in\omega t}).$$

令 $c_0=\dfrac{a_0}{2}=\dfrac{1}{T}\displaystyle\int_{-\frac{T}{2}}^{\frac{T}{2}}f_T(t)dt$,

$$c_n=\frac{a_n-ib_n}{2}$$
$$=\frac{1}{T}\left[\int_{-\frac{T}{2}}^{\frac{T}{2}}f_T(t)\cos n\omega t\,dt-i\int_{-\frac{T}{2}}^{\frac{T}{2}}f_T(t)\sin n\omega t\,dt\right]$$
$$=\frac{1}{T}\int_{-\frac{T}{2}}^{\frac{T}{2}}f_T(t)(\cos n\omega t-i\sin n\omega t)dt$$
$$=\frac{1}{T}\int_{-\frac{T}{2}}^{\frac{T}{2}}f_T(t)e^{-in\omega t}dt\ (n=1,2,\cdots),$$
$$c_{-n}=\frac{a_n+ib_n}{2}=\frac{1}{T}\int_{-\frac{T}{2}}^{\frac{T}{2}}f_T(t)e^{in\omega t}dt\ (n=1,2,\cdots),$$

则
$$f_T(t)=c_0+\sum_{n=1}^{\infty}(c_ne^{in\omega t}+c_{-n}e^{-in\omega t})=\sum_{n=-\infty}^{\infty}c_ne^{in\omega t},$$

即
$$f_T(t)=\frac{1}{T}\sum_{n=-\infty}^{\infty}\left[\int_{-\frac{T}{2}}^{\frac{T}{2}}f_T(t)e^{-in\omega t}dt\right]e^{in\omega t}. \tag{6.1.2}$$

式(6.1.2)就是 $f_T(t)$ 的 Fourier 级数的指数形式.

6.1.2 非周期函数的 Fourier 积分

任何一个非周期函数 $f(t)$,都可看成是由某个周期函数 $f_T(t)$ 当周期 $T\to+\infty$ 时转化而来的.

下面作周期为 T 的函数 $f_T(t)$,使其在 $[-\frac{T}{2},\frac{T}{2}]$ 内等于 $f(t)$,而在 $[-\frac{T}{2},\frac{T}{2}]$ 外按周期 T 延拓到整个数轴上.如图 6-1 所示,很明显,T 越大,则 $f_T(t)$ 与 $f(t)$ 相等的范围也越大,这表明当 $T\to+\infty$ 时,周期函数 $f_T(t)$ 便可以转化为 $f(t)$,即

$$\lim_{T\to+\infty}f_T(t)=f(t).$$

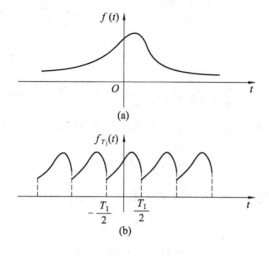

图 6-1

在 $f_T(t) = \dfrac{1}{T}\displaystyle\sum_{n=-\infty}^{\infty}\Big[\int_{-\frac{T}{2}}^{\frac{T}{2}}f_T(t)\mathrm{e}^{-\mathrm{i}n\omega t}\,\mathrm{d}t\Big]\mathrm{e}^{\mathrm{i}n\omega t}$ 中令 $T\to+\infty$ 时，结果就可以看成是 $f(t)$ 的展开式，即

$$f(t) = \lim_{T\to+\infty}\frac{1}{T}\sum_{n=-\infty}^{\infty}\Big[\int_{-\frac{T}{2}}^{\frac{T}{2}}f_T(t)\mathrm{e}^{-\mathrm{i}n\omega t}\,\mathrm{d}t\Big]\mathrm{e}^{\mathrm{i}n\omega t}.$$

令 $\omega_n = n\omega$，当 n 取一切整数时，ω_n 所对应的点便均匀地分布在整个数轴上，如图 6-2 所示.

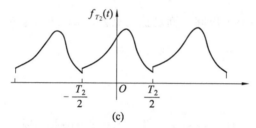

图 6-2

若两个相邻点的距离以 $\Delta\omega_n$ 表示，即

$$\Delta\omega_n = \omega_n - \omega_{n-1} = n\omega - (n-1)\omega = \omega = \frac{2\pi}{T}, \text{ 或 } T = \frac{2\pi}{\Delta\omega_n},$$

则当 $T \to +\infty$ 时,有 $\Delta\omega_n \to 0$,所以 $f(t) = \lim\limits_{T \to +\infty} \dfrac{1}{T} \sum\limits_{n=-\infty}^{\infty} \left[\int_{-\frac{T}{2}}^{\frac{T}{2}} f_T(t) \mathrm{e}^{-\mathrm{i}n\omega t} \mathrm{d}t\right] \mathrm{e}^{\mathrm{i}n\omega t}$ 又可以写为

$$f(t) = \lim\limits_{\Delta\omega_n \to 0} \frac{1}{2\pi} \sum\limits_{n=-\infty}^{\infty} \left[\int_{-\frac{T}{2}}^{\frac{T}{2}} f_T(t) \mathrm{e}^{-\mathrm{i}n\omega t} \mathrm{d}t\right] \mathrm{e}^{\mathrm{i}n\omega t} \Delta\omega_n .$$

这是一个和式的极限,当 $f(t)$ 满足一定条件时可以写成积分的形式:

$$f(t) = \frac{1}{2\pi} \int_{-\infty}^{+\infty} \left[\int_{-\infty}^{+\infty} f(\tau) \mathrm{e}^{-\mathrm{i}\omega\tau} \mathrm{d}\tau\right] \mathrm{e}^{\mathrm{i}\omega t} \mathrm{d}\omega , \qquad (6.1.3)$$

式(6.1.3)称为函数 $f(t)$ 的 **Fourier 积分公式**. 那么 $f(t)$ 满足什么条件才会写成积分的形式呢? 下面给出 Fourier 积分定理.

定理 6.1.1 若 $f(t)$ 在 $(-\infty, +\infty)$ 上满足下列条件:

(1) $f(t)$ 在任一有限区间上满足狄利克雷(Dirichlet)条件;

(2) $f(t)$ 在无限区间 $(-\infty, +\infty)$ 上绝对可积(即积分 $\int_{-\infty}^{+\infty} |f(t)| \mathrm{d}t$ 收敛).

则有

$$f(t) = \frac{1}{2\pi} \int_{-\infty}^{+\infty} \left[\int_{-\infty}^{+\infty} f(\tau) \mathrm{e}^{-\mathrm{i}\omega\tau} \mathrm{d}\tau\right] \mathrm{e}^{\mathrm{i}\omega t} \mathrm{d}\omega$$

成立,而左端的 $f(t)$ 在它的间断点 t 处,应以 $\dfrac{f(t+0) + f(t-0)}{2}$ 来代替.

证明略.

称式(6.1.3)是 $f(t)$ 的 **Fourier 积分公式的指数形式**,利用欧拉公式,可以将它转化为三角形式. 因为

$$f(t) = \frac{1}{2\pi} \int_{-\infty}^{+\infty} \left[\int_{-\infty}^{+\infty} f(\tau) \mathrm{e}^{-\mathrm{i}\omega\tau} \mathrm{d}\tau\right] \mathrm{e}^{\mathrm{i}\omega t} \mathrm{d}\omega$$

$$= \frac{1}{2\pi} \int_{-\infty}^{+\infty} \left[\int_{-\infty}^{+\infty} f(\tau) \mathrm{e}^{\mathrm{i}\omega(t-\tau)} \mathrm{d}\tau\right] \mathrm{d}\omega$$

$$= \frac{1}{2\pi} \int_{-\infty}^{+\infty} \left[\int_{-\infty}^{+\infty} f(\tau) \cos \omega(t-\tau) \mathrm{d}\tau + \mathrm{i} \int_{-\infty}^{+\infty} f(\tau) \sin \omega(t-\tau) \mathrm{d}\tau\right] \mathrm{d}\omega ,$$

考虑积分 $\int_{-\infty}^{+\infty} f(\tau) \sin \omega(t-\tau) \mathrm{d}\tau$ 是 ω 的奇函数,就有

$$\int_{-\infty}^{+\infty} \left[\int_{-\infty}^{+\infty} f(\tau) \sin \omega(t-\tau) \mathrm{d}\tau\right] \mathrm{d}\omega = 0,$$

从而

$$f(t) = \frac{1}{2\pi}\int_{-\infty}^{+\infty}\Big[\int_{-\infty}^{+\infty}f(\tau)\cos\omega(t-\tau)\mathrm{d}\tau\Big]\mathrm{d}\omega.$$

又考虑到积分 $\int_{-\infty}^{+\infty}f(\tau)\cos\omega(t-\tau)\mathrm{d}\tau$ 是关于 ω 的偶函数,所以有

$$f(t) = \frac{1}{\pi}\int_{0}^{+\infty}\Big[\int_{-\infty}^{+\infty}f(\tau)\cos\omega(t-\tau)\mathrm{d}\tau\Big]\mathrm{d}\omega. \tag{6.1.4}$$

式(6.1.4)为 $f(t)$ 的 Fourier 积分公式的三角形式.

注意到,式(6.1.4)中积分变量 τ 的变化区间为对称区间,若 $f(t)$ 具有奇偶性,则式(6.1.4)可进一步简化.实际上,当 $f(t)$ 为奇函数时,$f(\tau)\cos\omega\tau$,$f(\tau)\sin\omega\tau$ 分别为关于 τ 的奇函数和偶函数,此时 $f(t)$ 的 Fourier 积分可化为

$$f(t) = \frac{2}{\pi}\int_{0}^{+\infty}\Big[\int_{0}^{+\infty}f(\tau)\sin\omega\tau\mathrm{d}\tau\Big]\sin\omega t\mathrm{d}\omega. \tag{6.1.5}$$

当 $f(t)$ 为偶函数时,$f(\tau)\cos\omega\tau$,$f(\tau)\sin\omega\tau$ 分别为关于 τ 的偶函数和奇函数,此时 $f(t)$ 的 Fourier 积分可化为

$$f(t) = \frac{2}{\pi}\int_{0}^{+\infty}\Big[\int_{0}^{+\infty}f(\tau)\cos\omega\tau\mathrm{d}\tau\Big]\cos\omega t\mathrm{d}\omega. \tag{6.1.6}$$

分别称式(6.1.5)、式(6.1.6)为 $f(t)$ 的 **Fourier 正弦积分公式**和 **Fourier 余弦积分公式**.

注意 （1）公式(6.1.3)和(6.1.4)等价；

（2）当 $f(t)$ 为奇函数时,公式(6.1.5)和(6.1.3)等价；

（3）当 $f(t)$ 为偶函数时,公式(6.1.6)和(6.1.3)等价.

例 1 求函数 $f(t)=\begin{cases}1,0\leqslant t\leqslant 1;\\0,其他\end{cases}$ 的 Fourier 积分.

解 由公式 $f(t) = \frac{1}{2\pi}\int_{-\infty}^{+\infty}\Big[\int_{-\infty}^{+\infty}f(\tau)\mathrm{e}^{-\mathrm{i}\omega\tau}\mathrm{d}\tau\Big]\mathrm{e}^{\mathrm{i}\omega t}\mathrm{d}\omega$ 得

$$f(t) = \frac{1}{2\pi}\int_{-\infty}^{+\infty}\Big[\int_{0}^{1}\mathrm{e}^{-\mathrm{i}\omega\tau}\mathrm{d}\tau\Big]\mathrm{e}^{\mathrm{i}\omega t}\mathrm{d}\omega$$

$$= \frac{1}{2\pi}\int_{-\infty}^{+\infty}\frac{1-\mathrm{e}^{-\mathrm{i}\omega}}{\mathrm{i}\omega}\mathrm{e}^{\mathrm{i}\omega t}\mathrm{d}\omega$$

$$= \frac{1}{2\pi} \int_{-\infty}^{+\infty} \frac{\cos \omega t + \mathrm{i} \sin \omega t - \cos \omega (t-1) - \mathrm{i} \sin \omega (t-1)}{\mathrm{i} \omega} \mathrm{d}\omega$$

$$= \frac{1}{\pi} \int_{0}^{+\infty} \frac{\sin \omega t - \sin \omega (t-1)}{\omega} \mathrm{d}\omega .$$

例 2 求函数 $f(t) = \begin{cases} 1, & |t| \leqslant 1; \\ 0, & |t| > 1 \end{cases}$ 的 Fourier 积分,并推证

$$\int_{0}^{+\infty} \frac{\sin \omega \cos \omega t}{\omega} \mathrm{d}\omega = \begin{cases} \dfrac{\pi}{2}, & |t| < 1; \\[2mm] \dfrac{\pi}{4}, & |t| = 1; \\[2mm] 0, & |t| > 1. \end{cases}$$

解 因为 $f(t)$ 为偶函数,所以由式(6.1.6)可得,在 $f(t)$ 的连续点处(即 $|t| < 1$ 及 $|t| > 1$ 时),有

$$f(t) = \frac{2}{\pi} \int_{0}^{+\infty} \left[\int_{0}^{+\infty} f(\tau) \cos \omega \tau \mathrm{d}\tau \right] \cos \omega t \, \mathrm{d}\omega$$

$$= \frac{2}{\pi} \int_{0}^{+\infty} \left(\int_{0}^{1} \cos \omega \tau \mathrm{d}\tau \right) \cos \omega t \, \mathrm{d}\omega$$

$$= \frac{2}{\pi} \int_{0}^{+\infty} \frac{\sin \omega \cos \omega t}{\omega} \mathrm{d}\omega .$$

在间断点处(即 $|t| = 1$ 时),有

$$\frac{2}{\pi} \int_{0}^{+\infty} \frac{\sin \omega \cos \omega t}{\omega} \mathrm{d}\omega = \frac{f(t+0) + f(t-0)}{2} = \frac{1}{2} ,$$

从而得到含参变量广义积分的结果

$$\int_{0}^{+\infty} \frac{\sin \omega \cos \omega t}{\omega} \mathrm{d}\omega = \begin{cases} \dfrac{\pi}{2}, & |t| < 1; \\[2mm] \dfrac{\pi}{4}, & |t| = 1; \\[2mm] 0, & |t| > 1. \end{cases}$$

并且由它可以推得 $t = 0$ 时,$\int_{0}^{+\infty} \frac{\sin \omega}{\omega} \mathrm{d}\omega = \frac{\pi}{2}$,这就是著名的狄利克雷积分公式.

习题 6.1

1. 求下列函数的 Fourier 积分.

(1) $f(t) = \begin{cases} -1, & -1<t<0; \\ 1, & 0<t<1; \\ 0, & 其他; \end{cases}$　　(2) $f(t) = \begin{cases} 0, & t<0; \\ A, & 0<t<\tau; \\ 0, & \tau<t; \end{cases}$

(3) $f(t) = \begin{cases} A, & |t| \leqslant k; \\ 0, & |t| > k. \end{cases}$

2. 求函数 $f(t) = e^{-\beta|t|}$ $(\beta>0)$ 的 Fourier 积分,并证明:

$$\int_0^{+\infty} \frac{\cos \omega t}{\beta^2 + \omega^2} d\omega = \frac{\pi}{2\beta} e^{-\beta|t|} .$$

3. 设 $f(t)$ 满足 Fourier 积分定理的条件,证明:

(1) 当 $f(t)$ 为奇函数时,

$$f(t) = \int_0^{+\infty} b(\omega) \sin \omega t \, d\omega ,$$

其中 $b(\omega) = \dfrac{2}{\pi} \displaystyle\int_0^{+\infty} f(t) \sin \omega t \, dt$;

(2) 当 $f(t)$ 为偶函数时,

$$f(t) = \int_0^{+\infty} a(\omega) \cos \omega t \, d\omega ,$$

其中 $a(\omega) = \dfrac{2}{\pi} \displaystyle\int_0^{+\infty} f(t) \cos \omega t \, dt$.

6.2　Fourier 变换

6.2.1　Fourier 变换及正弦与余弦变换

定义 6.2.1　若函数 $f(t)$ 满足 Fourier 积分定理中的条件,则称由积分

$$F(\omega) = \int_{-\infty}^{+\infty} f(t) e^{-i\omega t}\, dt \tag{6.2.1}$$

所得出的函数 $F(\omega)$ 为 $f(t)$ 的 Fourier 变换,记作 $F(\omega) = \mathscr{F}[f(t)]$.

将 $F(\omega) = \int_{-\infty}^{+\infty} f(t) e^{-i\omega t}\, dt$ 代入 $f(t)$ 的 Fourier 积分表达式(6.1.3),可以得到

$$f(t) = \frac{1}{2\pi}\int_{-\infty}^{+\infty} F(\omega) e^{i\omega t}\, d\omega, \tag{6.2.2}$$

$f(t)$ 称为 $F(\omega)$ 的 Fourier 逆变换,记作 $f(t) = \mathscr{F}^{-1}[F(\omega)]$. 也称 $F(\omega)$ 为 $f(t)$ 的像函数,$f(t)$ 为 $F(\omega)$ 的像原函数. 并称 $f(t)$ 与 $F(\omega)$ 构成了一个 Fourier 变换对.

当 $f(t)$ 为奇函数时,根据 Fourier 正弦积分公式(6.1.5),定义 $f(t)$ 的 Fourier 正弦变换为

$$F_s(\omega) = \int_0^{+\infty} f(t)\sin \omega t\, dt, \tag{6.2.3}$$

$F_s(\omega)$ 的 Fourier 正弦逆变换为

$$f(t) = \frac{2}{\pi}\int_0^{+\infty} F_s(\omega)\sin \omega t\, d\omega. \tag{6.2.4}$$

当 $f(t)$ 为偶函数时,根据 Fourier 余弦积分公式(6.1.6),定义 $f(t)$ 的 Fourier 余弦变换为

$$F_c(\omega) = \int_0^{+\infty} f(t)\cos \omega t\, dt, \tag{6.2.5}$$

$F_c(\omega)$ 的 Fourier 余弦逆变换为

$$f(t) = \frac{2}{\pi}\int_0^{+\infty} F_c(\omega)\cos \omega t\, d\omega. \tag{6.2.6}$$

思考:

(1) 当 $f(t)$ 为奇函数时,其 Fourier 变换和 Fourier 正弦变换是什么关系?

(2) 当 $f(t)$ 为偶函数时,其 Fourier 变换和 Fourier 余弦变换是什么关系?

例1 求函数 $f(t) = \begin{cases} 0, & t<0; \\ e^{-\beta t}, & t\geq 0 \end{cases}$ 的 Fourier 变换及其积分表达式,其中 $\beta > 0$.

这个 $f(t)$ 叫作指数衰减函数,是工程技术中常遇到的一个函数.

解 根据式(6.2.1),有

$$F(\omega) = \int_{-\infty}^{+\infty} f(t)\mathrm{e}^{-\mathrm{i}\omega t}\,\mathrm{d}t$$

$$= \int_{0}^{+\infty} \mathrm{e}^{-\beta t}\mathrm{e}^{-\mathrm{i}\omega t}\,\mathrm{d}t = \int_{0}^{+\infty} \mathrm{e}^{-(\beta+\mathrm{i}\omega)t}\,\mathrm{d}t$$

$$= \frac{1}{\beta + \mathrm{i}\omega} = \frac{\beta - \mathrm{i}\omega}{\beta^2 + \omega^2}.$$

根据式(6.2.2)，并利用奇偶函数的积分性质，可得在 $f(t)$ 的连续点处（即 $t \neq 0$ 时），有

$$f(t) = \mathscr{F}^{-1}[F(\omega)] = \frac{1}{2\pi}\int_{-\infty}^{+\infty} F(\omega)\mathrm{e}^{\mathrm{i}\omega t}\,\mathrm{d}\omega$$

$$= \frac{1}{2\pi}\int_{-\infty}^{+\infty} \frac{\beta - \mathrm{i}\omega}{\beta^2 + \omega^2}\mathrm{e}^{\mathrm{i}\omega t}\,\mathrm{d}\omega$$

$$= \frac{1}{\pi}\int_{0}^{+\infty} \frac{\beta\cos \omega t + \omega\sin \omega t}{\beta^2 + \omega^2}\,\mathrm{d}\omega.$$

在间断点处（即 $t=0$ 时），有

$$\frac{1}{\pi}\int_{0}^{+\infty} \frac{\beta\cos \omega t + \omega\sin \omega t}{\beta^2 + \omega^2}\,\mathrm{d}\omega = \frac{f(0+0) + f(0-0)}{2} = \frac{1}{2}.$$

从而得到含参变量广义积分的结果：

$$\int_{0}^{+\infty} \frac{\beta\cos \omega t + \omega\sin \omega t}{\beta^2 + \omega^2}\,\mathrm{d}\omega = \begin{cases} 0, & t < 0; \\ \dfrac{\pi}{2}, & t = 0; \\ \pi\mathrm{e}^{-\beta t}, & t > 0. \end{cases}$$

例 2　求函数 $f(t) = \begin{cases} 1, 0 \leqslant t < 1; \\ 0, t \geqslant 1 \end{cases}$ 的 Fourier 变换及其正弦变换和余弦变换.

解　$f(t)$ 的 Fourier 变换为

$$F(\omega) = \int_{-\infty}^{+\infty} f(t)\mathrm{e}^{-\mathrm{i}\omega t}\,\mathrm{d}t = \int_{0}^{1} \mathrm{e}^{-\mathrm{i}\omega t}\,\mathrm{d}t = \frac{1 - \mathrm{e}^{-\mathrm{i}\omega}}{\mathrm{i}\omega},$$

$f(t)$ 的 Fourier 正弦变换为

$$F_s(\omega) = \int_{0}^{+\infty} f(t)\sin \omega t\,\mathrm{d}t = \int_{0}^{1} \sin \omega t\,\mathrm{d}t = \frac{1 - \cos \omega}{\omega},$$

$f(t)$ 的 Fourier 余弦变换为

$$F_c(\omega)=\int_0^{+\infty} f(t)\cos\omega t\,\mathrm{d}t=\int_0^1 \cos\omega t\,\mathrm{d}t=\frac{\sin\omega}{\omega}.$$

例3 求函数 $f(t)=\mathrm{e}^{-|t|}\cos t$ 的 Fourier 变换，并证明

$$\int_0^{+\infty}\frac{\omega^2+2}{\omega^4+4}\cos\omega t\,\mathrm{d}\omega=\frac{\pi}{2}\mathrm{e}^{-|t|}\cos t.$$

解 $F(\omega)=\mathscr{F}[f(t)]=\int_{-\infty}^{+\infty} f(t)\mathrm{e}^{-\mathrm{i}\omega t}\,\mathrm{d}t$

$$=\int_{-\infty}^0 \mathrm{e}^t(\cos t)\mathrm{e}^{-\mathrm{i}\omega t}\,\mathrm{d}t+\int_0^{+\infty}\mathrm{e}^{-t}(\cos t)\mathrm{e}^{-\mathrm{i}\omega t}\,\mathrm{d}t$$

$$=\int_{-\infty}^0 \mathrm{e}^t\frac{\mathrm{e}^{\mathrm{i}t}+\mathrm{e}^{-\mathrm{i}t}}{2}\mathrm{e}^{-\mathrm{i}\omega t}\,\mathrm{d}t+\int_0^{+\infty}\mathrm{e}^{-t}\frac{\mathrm{e}^{\mathrm{i}t}+\mathrm{e}^{-\mathrm{i}t}}{2}\mathrm{e}^{-\mathrm{i}\omega t}\,\mathrm{d}t$$

$$=\frac{1}{2}\left[\frac{1}{1+\mathrm{i}(1-\omega)}+\frac{1}{1-\mathrm{i}(1+\omega)}+\frac{-1}{-1+\mathrm{i}(1-\omega)}+\frac{-1}{-1-\mathrm{i}(1+\omega)}\right]$$

$$=\frac{1}{2}\left[\frac{2}{1+(1-\omega)^2}+\frac{2}{1+(1+\omega)^2}\right]=\frac{2(\omega^2+2)}{\omega^4+4},$$

由 Fourier 积分公式

$$f(t)=\mathscr{F}^{-1}[F(\omega)]=\frac{1}{2\pi}\int_{-\infty}^{+\infty}F(\omega)\mathrm{e}^{\mathrm{i}\omega t}\,\mathrm{d}\omega$$

$$=\frac{1}{2\pi}\int_{-\infty}^{+\infty}\frac{2(\omega^2+2)}{\omega^4+4}\mathrm{e}^{\mathrm{i}\omega t}\,\mathrm{d}\omega$$

$$=\frac{1}{2\pi}\int_{-\infty}^{+\infty}\frac{2(\omega^2+2)}{\omega^4+4}(\cos\omega t+\mathrm{i}\sin\omega t)\,\mathrm{d}\omega$$

$$=\frac{2}{\pi}\int_0^{+\infty}\frac{\omega^2+2}{\omega^4+4}\cos\omega t\,\mathrm{d}\omega,$$

所以

$$\int_0^{+\infty}\frac{\omega^2+2}{\omega^4+4}\cos\omega t\,\mathrm{d}\omega=\frac{\pi}{2}\mathrm{e}^{-|t|}\cos t.$$

例4 设 $F(\omega)=\dfrac{3+2\mathrm{i}\omega}{(1+\mathrm{i}\omega)(2+\mathrm{i}\omega)}$，求其 Fourier 逆变换 $f(t)$.

解 因为 $F(\omega)=\dfrac{3+2\mathrm{i}\omega}{(1+\mathrm{i}\omega)(2+\mathrm{i}\omega)}=\dfrac{1}{1+\mathrm{i}\omega}+\dfrac{1}{2+\mathrm{i}\omega}$，由本节例1可知

$$\mathscr{F}^{-1}\left[\frac{1}{1+i\omega}\right]=\begin{cases}0, & t<0;\\ e^{-t}, & t\geqslant0;\end{cases}$$

$$\mathscr{F}^{-1}\left[\frac{1}{2+i\omega}\right]=\begin{cases}0, & t<0;\\ e^{-2t}, & t\geqslant0.\end{cases}$$

所以
$$f(t)=\begin{cases}0, & t<0;\\ e^{-t}+e^{-2t}, & t\geqslant0.\end{cases}$$

6.2.2 Fourier 变换的物理意义

在物理学上 $f(t)$ 通常表示一个时间信号，$f(t)$ 的 Fourier 变换 $F(\omega)$ 称为 $f(t)$ 的频谱函数. 所以 Fourier 变换就是将一个时间信号 $f(t)$ 变换为频谱函数 $F(\omega)$，它可以确定信号 $f(t)$ 的频率结构. 其模 $|F(\omega)|$ 称为 $f(t)$ 的频谱，它是关于频率 ω 的连续函数，谱线（$|F(\omega)|$ 的图像）是连续变化的，所以称之为连续谱.

例 5 求指数衰减函数 $f(t)=\begin{cases}0, & t<0;\\ e^{-\beta t}, & t\geqslant0\end{cases}$ 的连续谱.

解 由本节例 1 可知 $F(\omega)=\mathscr{F}[f(t)]=\dfrac{1}{\beta+i\omega}$,

所以
$$|F(\omega)|=\frac{1}{\sqrt{\beta^2+\omega^2}},$$

频谱图如图 6-3 所示.

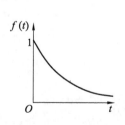 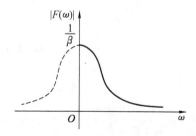

图 6-3

例 6 求三角形脉冲函数 $f(t)=\begin{cases} 2(t+\frac{1}{2}),\quad -\frac{1}{2}<t<0; \\ -2(t-\frac{1}{2}),0\leqslant t<\frac{1}{2}; \\ 0,\qquad\qquad |t|\geqslant\frac{1}{2} \end{cases}$ 的连续谱.

解 由函数表达式可以看出 $f(t)$ 为偶函数,所以有

$$F(\omega)=\mathscr{F}[f(t)]=\int_{-\infty}^{+\infty}f(t)e^{-i\omega t}\,dt$$

$$=2\int_0^{\frac{1}{2}}[-2(t-\frac{1}{2})\cos\omega t]\,dt$$

$$=-4\int_0^{\frac{1}{2}}t\cos\omega t\,dt+2\int_0^{\frac{1}{2}}\cos\omega t\,dt$$

$$=\frac{4}{\omega^2}(1-\cos\frac{\omega}{2})$$

$$=\frac{8}{\omega^2}\sin^2\frac{\omega}{4},$$

从而

$$|F(\omega)|=\frac{8}{\omega^2}\sin^2\frac{\omega}{4},$$

频谱图如图 6-4 所示.

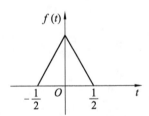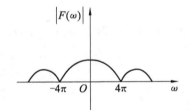

图 6-4

习题 6.2

1. 求下列函数的 Fourier 变换.

(1) $f(t)=\begin{cases}1,0\leqslant t<1;\\0,其他;\end{cases}$ (2) $f(t)=\begin{cases}1-t^2,|t|<1;\\0,\quad |t|>1;\end{cases}$

(3) $f(t)=\begin{cases}1,0<t<1;\\2,1<t<2;\\0,其他.\end{cases}$

2. 证明:$f(t)$ 与它的 Fourier 变换 $F(\omega)$ 有相同的奇偶性.

3. 求函数 $f(t) = \begin{cases} \cos t, & |t| \leqslant \pi; \\ 0, & |t| > \pi \end{cases}$ 的 Fourier 变换,并证明

$$\int_0^{+\infty} \frac{\omega \sin \omega \pi \cos \omega t}{1-\omega^2} d\omega = \begin{cases} \dfrac{\pi}{2} \cos t, & |t| < \pi; \\ 0, & |t| > \pi. \end{cases}$$

4. 设 $F(\omega) = \dfrac{\sin \omega}{\omega}$,求其 Fourier 逆变换 $f(t)$.

5. 求 $f(t) = \begin{cases} A, 0 \leqslant t < 1; \\ 0, t \geqslant 1 \end{cases}$ 的 Fourier 正弦变换与 Fourier 余弦变换.

6. 求图 6-5 所示的单个矩形脉冲函数的频谱,并画出频谱图.

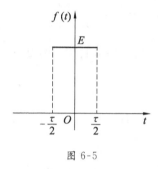

图 6-5

6.3 单位脉冲函数

在 6.2 节中定义的 Fourier 变换,要求函数绝对可积,这是一个非常强的条件.一些很简单而又很常用的初等函数,例如 $\sin t, \cos t, t$ 等由于不满足绝对可积,所以都无法确定其 Fourier 变换,这无疑限制了 Fourier 变换的应用.而 Fourier 变换之所以能在现代物理学及工程技术等领域中得到广泛应用,很大程度上取决于引入了一个特殊的函数,即单位脉冲函数,也称为 δ-函数.单位脉冲函数是用来描述质量或能量在时间或空间上集中于一点或一瞬时的现象,如力学中瞬间的冲击力、电学中的瞬时脉冲电压、雷击电闪……

6.3.1　引例

例 1　在原来电流为 0 的电路中,某一瞬时(设 $t=0$)进入一单位电量的脉冲,求电路上的电流强度 $i(t)$.

解　用 $q(t)$ 表示电路中的电荷函数,则

$$q(t) = \begin{cases} 0, t \neq 0; \\ 1, t = 0, \end{cases}$$

而电流强度 $i(t)$ 是电荷函数 $q(t)$ 关于时间 t 的导数,即

$$i(t) = q'(t) = \lim_{\Delta t \to 0} \frac{q(t + \Delta t) - q(t)}{\Delta t}.$$

于是当 $t \neq 0$ 时,有

$$i(t) = q'(t) = \lim_{\Delta t \to 0} \frac{q(t + \Delta t) - q(t)}{\Delta t} = \lim_{\Delta t \to 0} \frac{0}{\Delta t} = 0.$$

当 $t = 0$ 时,由于 $q(t)$ 不连续,从而在普通导数的意义下,导数是不存在的. 如果从形式上计算这个导数,则有

$$i(t) = q'(t) = \lim_{\Delta t \to 0} \frac{q(0 + \Delta t) - q(0)}{\Delta t} = \lim_{\Delta t \to 0} \left(-\frac{1}{\Delta t} \right) = \infty.$$

从而得到

$$i(t) = \begin{cases} 0, & t \neq 0; \\ \infty, & t = 0. \end{cases}$$

此外可以看到,在 $t = 0$ 以后的任意时刻 τ 的总电量均为 $\int_0^\tau i(t)\mathrm{d}t = 1$,而且可以得出 $\int_{-\infty}^{+\infty} i(t)\mathrm{d}t = \int_I i(t)\mathrm{d}t = 1$($I$ 为包含 0 点的任意区间).

例 2 对某静止的单位质量的物体施以瞬时外力 $F(t)$,使其速度 $v(t)$ 突然增加一个单位. 求外力 $F(t)$.

解 由牛顿第二定律知

$$F(t) = ma(t) = m\frac{\mathrm{d}v}{\mathrm{d}t} = m \lim_{\Delta t \to 0} \frac{v(t + \Delta t) - v(t)}{\Delta t},$$

故

$$F(t) = \begin{cases} 0, & t \neq 0; \\ \infty, & t = 0. \end{cases}$$

此外可以得到 $\int_{-\infty}^{+\infty} F(t)\mathrm{d}t = \int_I F(t)\mathrm{d}t = 1$($I$ 为包含 0 点的任意区间).

上述两例中,$i(t)$,$F(t)$ 具有共同的特征,可从中抽象出来,引入 δ-函数的概念.

6.3.2 δ-函数的定义

定义 6.3.1 如果函数 $\delta(t)$ 满足以下两个条件:

(1) $\delta(t) = \begin{cases} 0, & t \neq 0; \\ \infty, & t = 0; \end{cases}$

(2) $\int_{-\infty}^{+\infty} \delta(t)\mathrm{d}t = \int_I \delta(t)\mathrm{d}t = 1$($I$ 为包含 0 点的任意区间),

则称 $\delta(t)$ 为 δ-函数或 Dirac 函数.

上述定义是 Dirac 给出的一种直观定义,属于工程定义方式. 需要指出的是,此定义方式在理论上是不严格的,它只是对 δ-函数的某种描述. 事实上 δ-函数是

一个广义的函数,它没用通常意义下"值的对应关系"来定义. δ-函数定义所包含的数学思想是指:对函数在自变量的某个值的非常小的邻域内,取得非常大的函数值. 为了便于理解和应用,δ-函数也可看成是普通函数序列的极限,即设

$$\delta_\varepsilon(t) = \begin{cases} 0, & t < 0; \\ \dfrac{1}{\varepsilon}, & 0 < t < \varepsilon; \\ 0, & t > \varepsilon, \end{cases}$$

则

$$\lim_{\varepsilon \to 0} \delta_\varepsilon(t) = \delta(t).$$

对任何 $\varepsilon > 0$,显然有 $\displaystyle\int_{-\infty}^{+\infty} \delta_\varepsilon(t) \mathrm{d}t = \int_0^\varepsilon \delta_\varepsilon(t) \mathrm{d}t = 1$.

在一些工程书上,将 δ-函数用长度等于 1 的有向线段来表示(如图 6-6),线段的长度表示 δ-函数的积分值,称为 δ-函数的强度.

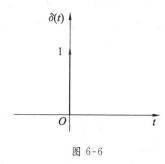

图 6-6

若瞬时脉冲发生在 $t = t_0$ 时刻,仿照定义 6.3.1,可有如下定义:

定义 6.3.2　称满足以下两个条件

(1) $\delta(t - t_0) = \begin{cases} 0, & t \neq t_0; \\ \infty, & t = t_0, \end{cases}$

(2) $\displaystyle\int_{-\infty}^{+\infty} \delta(t - t_0) \mathrm{d}t = \int_I \delta(t - t_0) \mathrm{d}t = 1$ (I 为包含 t_0 点的任意区间)的函数为 $\delta(t - t_0)$ 函数.

6.3.3 δ-函数的性质

性质 1　(筛选性质)设 $f(t)$ 为无穷次可微函数,则有

$$\int_{-\infty}^{+\infty} \delta(t) f(t) \mathrm{d}t = f(0), \quad \int_{-\infty}^{+\infty} \delta(t - t_0) f(t) \mathrm{d}t = f(t_0).$$

证明　由 $\delta(t)$ 的定义可得,$\delta(t) f(t) = \delta(t) f(0)$,

所以　　$\displaystyle\int_{-\infty}^{+\infty} \delta(t) f(t) \mathrm{d}t = \int_{-\infty}^{+\infty} \delta(t) f(0) \mathrm{d}t = f(0) \int_{-\infty}^{+\infty} \delta(t) \mathrm{d}t = f(0)$,

同理可证　　　　$\displaystyle\int_{-\infty}^{+\infty} \delta(t - t_0) f(t) \mathrm{d}t = f(t_0)$.

性质 2　δ-函数为偶函数,即 $\delta(-t)=\delta(t)$.

性质 3　δ-函数是单位阶跃函数的导数,单位阶跃函数为 $u(t)=\begin{cases}0,t<0;\\1,t>0.\end{cases}$

证明　因为 $\displaystyle\int_{-\infty}^{t}\delta(t)\mathrm{d}t=\begin{cases}0,t<0;\\1,t>0\end{cases}$,所以 $\delta(t)=u'(t)$.

6.3.4　δ-函数的 Fourier 变换

由 δ-函数的筛选性质,得

$$F(\omega)=\mathscr{F}[\delta(t)]=\int_{-\infty}^{+\infty}\delta(t)\mathrm{e}^{-\mathrm{i}\omega t}\mathrm{d}t=\mathrm{e}^{-\mathrm{i}\omega t}\big|_{t=0}=1.$$

同理可得

$$\mathscr{F}[\delta(t-t_0)]=\int_{-\infty}^{+\infty}\delta(t-t_0)\mathrm{e}^{-\mathrm{i}\omega t}\mathrm{d}t=\mathrm{e}^{-\mathrm{i}\omega t}\big|_{t=t_0}=\mathrm{e}^{\mathrm{i}\omega t_0}.$$

需要指出,δ-函数的 Fourier 变换是一种广义的 Fourier 变换,它是根据 δ-函数的定义和筛选性质得出的.

例 3　证明 1 的 Fourier 变换为 $2\pi\delta(\omega)$.

证明　因为

$$\mathscr{F}^{-1}[2\pi\delta(\omega)]=\frac{1}{2\pi}\int_{-\infty}^{+\infty}2\pi\delta(\omega)\mathrm{e}^{\mathrm{i}\omega t}\mathrm{d}\omega=1,$$

所以 1 的 Fourier 变换为 $2\pi\delta(\omega)$.

由此我们得到两个 Fourier 变换对,即 $\mathscr{F}[\delta(t)]=1$,$\mathscr{F}[1]=2\pi\delta(\omega)$.

例 4　证明单位阶跃函数 $u(t)=\begin{cases}0,t<0\\1,t>0\end{cases}$ 的 Fourier 变换是 $\dfrac{1}{\mathrm{i}\omega}+\pi\delta(\omega)$.

证明　若证 $\mathscr{F}[u(t)]=\dfrac{1}{\mathrm{i}\omega}+\pi\delta(\omega)$,则两边取 Fourier 逆变换,只需证

$\mathscr{F}^{-1}\left[\dfrac{1}{\mathrm{i}\omega}+\pi\delta(\omega)\right]=\mathscr{F}^{-1}\left[\dfrac{1}{\mathrm{i}\omega}\right]+\mathscr{F}^{-1}[\pi\delta(\omega)]=u(t)$ 即可.

事实上,

$$\mathscr{F}^{-1}\left[\frac{1}{\mathrm{i}\omega}+\pi\delta(\omega)\right]=\frac{1}{2\pi}\int_{-\infty}^{+\infty}\left[\frac{1}{\mathrm{i}\omega}+\pi\delta(\omega)\right]\mathrm{e}^{\mathrm{i}\omega t}\mathrm{d}\omega$$

$$=\frac{1}{\pi}\int_{0}^{+\infty}\frac{\sin\omega t}{\omega}\mathrm{d}\omega+\frac{1}{2},$$

由 6.1 节例 2 的结论知道狄利克雷积分 $\displaystyle\int_{0}^{+\infty}\frac{\sin\omega}{\omega}\mathrm{d}\omega=\frac{\pi}{2}$,因此有

$$\int_{0}^{+\infty}\frac{\sin\omega t}{\omega}\mathrm{d}\omega=\begin{cases}-\dfrac{\pi}{2},t<0;\\[2mm]\dfrac{\pi}{2},\quad t>0.\end{cases}$$

所以
$$\mathscr{F}^{-1}\left[\frac{1}{\mathrm{i}\omega}+\pi\delta(\omega)\right]=\begin{cases}\dfrac{1}{\pi}\left(-\dfrac{\pi}{2}\right)+\dfrac{1}{2}=0,t<0;\\[2mm]\dfrac{1}{\pi}\dfrac{\pi}{2}+\dfrac{1}{2}=1,\quad t>0.\end{cases}$$

从而有
$$\mathscr{F}^{-1}\left[\frac{1}{\mathrm{i}\omega}+\pi\delta(\omega)\right]=u(t)=\begin{cases}0,t<0;\\1,t>0.\end{cases}$$

例 5　证明 $f(t)=\mathrm{e}^{\mathrm{i}kt}$ 的 Fourier 变换为 $2\pi\delta(\omega-k)$.

证明　因为
$$\mathscr{F}^{-1}\left[2\pi\delta(\omega-k)\right]=\frac{1}{2\pi}\int_{-\infty}^{+\infty}2\pi\delta(\omega-k)\mathrm{e}^{\mathrm{i}\omega t}\mathrm{d}\omega$$
$$=\mathrm{e}^{\mathrm{i}\omega t}\big|_{\omega=k}=\mathrm{e}^{\mathrm{i}kt},$$

所以 $f(t)=\mathrm{e}^{\mathrm{i}kt}$ 的 Fourier 变换为 $2\pi\delta(\omega-k)$.

例 6　求 $\sin kt$ 和 $\cos kt$ 的 Fourier 变换.

解　由 $\sin kt=\dfrac{\mathrm{e}^{\mathrm{i}kt}-\mathrm{e}^{\mathrm{i}kt}}{2\mathrm{i}}$ 可得

$$\mathscr{F}\left[\sin kt\right]=\int_{-\infty}^{+\infty}(\sin kt)\mathrm{e}^{-\mathrm{i}\omega t}\mathrm{d}t=\int_{-\infty}^{+\infty}\frac{\mathrm{e}^{\mathrm{i}kt}-\mathrm{e}^{-\mathrm{i}kt}}{2\mathrm{i}}\mathrm{e}^{-\mathrm{i}\omega t}\mathrm{d}t$$
$$=\frac{1}{2\mathrm{i}}\left[2\pi\delta(\omega-k)-2\pi\delta(\omega+k)\right]=\mathrm{i}\pi\left[\delta(\omega+k)-\delta(\omega-k)\right].$$

同理可求得 $\cos kt$ 的 Fourier 变换为 $\pi\left[\delta(\omega+k)+\delta(\omega-k)\right]$.

通过上述几个例题可以看出引入 δ-函数的重要性,它使得在通常意义下不存在 Fourier 变换的函数,都可以求出其 Fourier 变换,使许多推导变得简单.

习题 6.3

1. 证明:对任意有连续导数的函数 $f(t)$,都有 $\displaystyle\int_{-\infty}^{+\infty}\delta'(t)f(t)\mathrm{d}t=-f'(0)$,并求 $\delta'(t)$ 的 Fourier 变换.

2. 证明符号函数 $\mathrm{sgn}\,t=\begin{cases}-1,t<0;\\1,\quad t>0\end{cases}$ 的 Fourier 变换为 $\dfrac{2}{\mathrm{i}\omega}$.

3. 求下列函数的 Fourier 变换.

(1) $f(t)=\sin t\cos t$;

(2) $f(t)=\dfrac{1}{2}\left[\delta(t+a)+\delta(t-a)+\delta\left(t+\dfrac{a}{2}\right)+\delta\left(t-\dfrac{a}{2}\right)\right]$.

4. 求函数 $F(\omega)=\dfrac{1}{\mathrm{i}\omega}\mathrm{e}^{\mathrm{i}\omega}+\pi\delta(\omega)$ 的 Fourier 逆变换.

6.4 Fourier 变换的性质

Fourier 变换有许多重要的性质,掌握这些性质可以大大简化计算.为叙述简便,假定下面要求 Fourier 变换的函数都满足 Fourier 积分定理中的条件,在证明时将不再重述.

性质 1 (线性性质)设 $F_1(\omega)=\mathscr{F}[f_1(t)]$,$F_2(\omega)=\mathscr{F}[f_2(t)]$,$c_1$,$c_2$ 为任意常数,则有

$$\mathscr{F}[c_1f_1(t)+c_2f_2(t)]=c_1F_1(\omega)+c_2F_2(\omega),\qquad(6.4.1)$$

即相加信号的频谱函数等于各个单独信号的频谱函数的叠加.

同样对 Fourier 逆变换也有相同性质

$$\mathscr{F}^{-1}[c_1F_1(\omega)+c_2F_2(\omega)]=c_1f_1(t)+c_2f_2(t).\qquad(6.4.2)$$

例 1 求 $\mathscr{F}[\sin^2 t]$.

解 $\mathscr{F}[\sin^2 t]=\mathscr{F}\left[\dfrac{1-\cos 2t}{2}\right]=\dfrac{1}{2}\mathscr{F}[1]-\dfrac{1}{2}\mathscr{F}[\cos 2t]$

$$=\pi\delta(\omega)-\dfrac{1}{2}\pi[\delta(\omega-2)+\delta(\omega+2)].$$

性质 2 (相似性质)设 $F(w)=\mathscr{F}[f(t)]$,则对任意非零实数 a 有

$$\mathscr{F}[f(at)]=\dfrac{1}{|a|}F\left(\dfrac{\omega}{a}\right).\qquad(6.4.3)$$

特别地,当 $a=-1$ 时,$\mathscr{F}[f(-t)]=F(-\omega)$,在有些参考书中,把此性质称为翻转性质.

证明 假设 $a>0$,则 $\mathscr{F}[f(at)]=\displaystyle\int_{-\infty}^{+\infty}f(at)\mathrm{e}^{-\mathrm{i}\omega t}\,\mathrm{d}t$

$$=\dfrac{1}{a}\int_{-\infty}^{+\infty}f(at)\mathrm{e}^{-\mathrm{i}\frac{\omega}{a}at}\,\mathrm{d}(at)=\dfrac{1}{a}F\left(\dfrac{\omega}{a}\right),$$

当 $a<0$ 时,同理可证得 $\mathscr{F}[f(at)]=-\dfrac{1}{a}F\left(\dfrac{\omega}{a}\right)$.

所以 $\mathscr{F}[f(at)]=\dfrac{1}{|a|}F\left(\dfrac{\omega}{a}\right)$.

此性质说明,当信号 $f(t)$ 沿时间轴压缩为原来的 $\dfrac{1}{a}$ ($a>1$)时,其频谱函数沿频率轴扩展 a 倍,同时其幅度为原来的 $\dfrac{1}{a}$.

性质 3 (位移性质)设 $F(w)=\mathscr{F}[f(t)]$,则对任意实数 a,有

$$\mathscr{F}[f(t\pm a)]=\mathrm{e}^{\pm\mathrm{i}\omega a}F(\omega),\qquad(6.4.4)$$

$$\mathscr{F}[\mathrm{e}^{\pm\mathrm{i}\omega a}f(t)]=F(\omega\mp a).\qquad(6.4.5)$$

证明　由 Fourier 变换的定义可知

$$\mathscr{F}\left[f(t\pm a)\right]=\int_{-\infty}^{+\infty}f(t\pm a)\mathrm{e}^{-\mathrm{i}\omega t}\,\mathrm{d}t$$

$$\xrightarrow{\ \diamondsuit\, u=t\pm a\ }\int_{-\infty}^{+\infty}f(u)\mathrm{e}^{-\mathrm{i}\omega(u\mp a)}\,\mathrm{d}u$$

$$=\mathrm{e}^{\pm\mathrm{i}\omega a}\int_{-\infty}^{+\infty}f(u)\mathrm{e}^{-\mathrm{i}\omega u}\,\mathrm{d}u$$

$$=\mathrm{e}^{\pm\mathrm{i}\omega a}F(\omega).$$

式(6.4.5)的证明略.

式(6.4.4)又称为时域上的位移性质,它表明当时域信号函数 $f(t)$ 沿 t 轴向左或向右平移 a 时,其 Fourier 变换等于 $f(t)$ 的 Fourier 变换乘以因子 $\mathrm{e}^{\mathrm{i}\omega a}$ 或 $\mathrm{e}^{-\mathrm{i}\omega a}$;式(6.4.5)又称为频域上的位移性质,它表明当频谱函数 $F(\omega)$ 沿频率轴向左或向右平移 a 时,其 Fourier 逆变换等于 $F(\omega)$ 的 Fourier 逆变换乘以因子 $\mathrm{e}^{-\mathrm{i}at}$ 或 $\mathrm{e}^{\mathrm{i}at}$.

由欧拉公式 $\mathrm{e}^{\mathrm{i}at}=\cos at+\mathrm{i}\sin at$ 和式(6.4.5)还可得到一个推论:

$$\mathscr{F}\left[f(t)\cos at\right]=\frac{1}{2}\left[F(\omega+a)+F(\omega-a)\right],$$

$$\mathscr{F}\left[f(t)\sin at\right]=\frac{1}{2}\mathrm{i}\left[F(\omega+a)-F(\omega-a)\right].$$

例 2　求 $\mathscr{F}\left[u(3t+6)\right]$.

解　由 6.3 节例 4 知

$$\mathscr{F}\left[u(t)\right]=\frac{1}{\mathrm{i}\omega}+\pi\delta(\omega),$$

再根据相似性质可得

$$\mathscr{F}\left[u(3t)\right]=\frac{1}{3}\left[\frac{3}{\mathrm{i}\omega}+\pi\delta\left(\frac{\omega}{3}\right)\right],$$

最后由位移性质可得

$$\mathscr{F}\left[u(3t+6)\right]=\mathscr{F}\left[u(3(t+2))\right]=\frac{1}{3}\mathrm{e}^{2\mathrm{i}\omega}\left[\frac{3}{\mathrm{i}\omega}+\pi\delta\left(\frac{\omega}{3}\right)\right].$$

性质 4　(微分性质)已知 $F(w)=\mathscr{F}\left[f(t)\right]$,若 $f(t)$ 在 $(-\infty,+\infty)$ 上连续或只有有限个可去间断点,且当 $t\rightarrow\pm\infty$ 时,$f(t)\rightarrow 0$,则

$$\mathscr{F}\left[f'(t)\right]=\mathrm{i}\omega F(\omega). \tag{6.4.6}$$

证明　由 Fourier 变换的定义可知

$$\mathscr{F}\left[f'(t)\right]=\int_{-\infty}^{+\infty}f'(t)\mathrm{e}^{-\mathrm{i}\omega t}\,\mathrm{d}t$$

$$=\left.f(t)\mathrm{e}^{-\mathrm{i}\omega t}\right|_{-\infty}^{+\infty}+\mathrm{i}\omega\int_{-\infty}^{+\infty}f(t)\mathrm{e}^{-\mathrm{i}\omega t}\,\mathrm{d}t$$

$$=\mathrm{i}\omega F(\omega).$$

推论 若 $f^{(n)}(t)$ 在 $(-\infty,+\infty)$ 上连续或只有有限个可去间断点,且当 $t\to\pm\infty$ 时,$f^{(k)}(t)\to 0(k=0,1,2,\cdots,n-1)$,则

$$\mathscr{F}[f^{(n)}(t)]=(\mathrm{i}\omega)^n F(\omega). \tag{6.4.7}$$

同理,可以得到像函数的微分性质:已知 $F(\omega)=\mathscr{F}[f(t)]$,则若 $F^{(n)}(\omega)$ 连续或只有有限个可去间断点,且当 $\omega\to\pm\infty$ 时,$F^{(k)}(\omega)\to 0(k=0,1,2,\cdots,n-1)$,则

$$\frac{\mathrm{d}}{\mathrm{d}\omega}F(\omega)=\mathscr{F}[-\mathrm{i}tf(t)], \tag{6.4.8}$$

即

$$\mathscr{F}[tf(t)]=\mathrm{i}F'(\omega).$$

一般地,有

$$\frac{\mathrm{d}^n}{\mathrm{d}\omega^n}F(\omega)=\mathscr{F}[(-\mathrm{i}t)^n f(t)]. \tag{6.4.9}$$

在实际应用中经常利用像函数的微分性质来求 $\mathscr{F}[t^n f(t)]$。

例 3 设指数衰减函数 $f(t)=\begin{cases}Ae^{-\beta t},t>0;\\0,\quad\ t<0\end{cases}$ $(A>0,\beta>0)$,求 $\mathscr{F}[tf(t)]$ 和 $\mathscr{F}[t^2 f(t)]$。

解 因为 $\mathscr{F}[f(t)]=\dfrac{A}{\beta+\mathrm{i}\omega}$,由像函数的微分性质知

$$\mathscr{F}[tf(t)]=\mathrm{i}(\frac{A}{\beta+\mathrm{i}\omega})'=\frac{A}{(\beta+\mathrm{i}\omega)^2},$$

$$\mathscr{F}[t^2 f(t)]=\mathrm{i}^2(\frac{A}{\beta+\mathrm{i}\omega})''=\frac{2A}{(\beta+\mathrm{i}\omega)^3}.$$

性质 5 (积分性质)已知 $F(\omega)=\mathscr{F}[f(t)]$,若 $t\to+\infty$ 时有

$$g(t)=\int_{-\infty}^{t}f(t)\mathrm{d}t\to 0,$$

则

$$\mathscr{F}\left[\int_{-\infty}^{t}f(t)\mathrm{d}t\right]=\frac{1}{\mathrm{i}\omega}F(\omega). \tag{6.4.10}$$

证明 由微分性质有

$$\mathscr{F}\left[\frac{\mathrm{d}}{\mathrm{d}t}\int_{-\infty}^{t}f(t)\mathrm{d}t\right]=\mathrm{i}\omega\mathscr{F}\left[\int_{-\infty}^{t}f(t)\mathrm{d}t\right],$$

而

$$\frac{\mathrm{d}}{\mathrm{d}t}\int_{-\infty}^{t}f(t)\mathrm{d}t=f(t),$$

所以

$$\mathscr{F}[f(t)]=\mathrm{i}\omega\mathscr{F}\left[\int_{-\infty}^{t}f(t)\mathrm{d}t\right],$$

即

$$\mathscr{F}\left[\int_{-\infty}^{t}f(t)\mathrm{d}t\right]=\frac{1}{\mathrm{i}\omega}F(\omega).$$

例 4 求微积分方程 $af'(t)+bf(t)+c\int_{-\infty}^{t}f(\tau)\mathrm{d}\tau=h(t)$ 的解,其中 a,b,c 均为常数,$-\infty<t<+\infty$,$h(t)$ 为已知函数,其 Fourier 变换为 $H(\omega)$。

第 6 章 Fourier 变换

解 设 $\mathscr{F}[f(t)]=F(\omega)$，对方程两端取 Fourier 变换得

$$ai\omega F(\omega)+bF(\omega)+\frac{c}{i\omega}F(\omega)=H(\omega),$$

则有

$$F(\omega)=\frac{H(\omega)}{b+i(a\omega-\frac{c}{\omega})},$$

根据 Fourier 逆变换得

$$f(t)=\frac{1}{2\pi}\int_{-\infty}^{+\infty}F(\omega)e^{i\omega t}\,d\omega$$

$$=\frac{1}{2\pi}\int_{-\infty}^{+\infty}\frac{H(\omega)}{b+i(a\omega-\frac{c}{\omega})}e^{i\omega t}\,d\omega.$$

由例 4 可以看出，运用 Fourier 变换可以把关于 $f(t)$ 的微积分方程变成关于其 Fourier 变换 $F(\omega)$ 的代数方程，使运算大大简化. 其求解过程是先根据 Fourier 变换的线性性质、微分性质、积分性质，对原方程两端取 Fourier 变换，将其转化为关于未知函数的 Fourier 变换的代数方程，由这个代数方程把未知函数的 Fourier 变换求解出来，再利用 Fourier 逆变换得出原方程的解.

例 5 求积分方程 $\int_0^{+\infty}f(t)\cos\omega t\,dt=h(\omega)=\begin{cases}1-\omega,0\leqslant\omega\leqslant1;\\0,\quad\omega>1\end{cases}$ 的解.

解 由 Fourier 余弦变换可知，$h(\omega)$ 为 $f(t)$ 的 Fourier 余弦变换，故由 Fourier 余弦逆变换可得

$$f(t)=\frac{2}{\pi}\int_0^{+\infty}h(\omega)\cos\omega t\,d\omega=\frac{2}{\pi}\int_0^1(1-\omega)\cos\omega t\,d\omega$$

$$=\frac{2}{\pi}\left[\frac{1}{t}(1-\omega)\sin\omega t\Big|_0^1+\frac{1}{t}\int_0^1\sin\omega t\,d\omega\right]$$

$$=\frac{2}{\pi t^2}(1-\cos t).$$

习题 6.4

1. 求下列函数的 Fourier 变换.

(1) $f(t)=2\cos 3t$;　　　　　　(2) $f(t)=\sin(2t+\frac{\pi}{4})$;

(3) $f(t)=te^{-t^2}$;　　　　　　(4) $f(t)=tu(t)$.

2. 设 $\mathscr{F}[f(t)]=F(\omega)$，利用 Fourier 变换的性质求下列函数的 Fourier 变换.

(1) $tf(3t)$;　　　　　　(2) $(t+1)f(t)$;

(3) $(t+1)f(3t)$;　　　　　　(4) $t^2f(3t)$;

151

(5) $tf'(t)$；

(6) $f(3+t)$.

6.5 卷积与相关函数及能量谱密度

本节介绍 Fourier 变换的另一类重要性质，它也是分析线性系统的极有用的工具.

6.5.1 卷积

1. 卷积的概念

定义 6.5.1 若已知函数 $f_1(t),f_2(t)$，则积分 $\int_{-\infty}^{+\infty}f_1(\tau)f_2(t-\tau)\mathrm{d}\tau$ 称为函数 $f_1(t)$ 和 $f_2(t)$ 的卷积，记为 $f_1(t)*f_2(t)$，即

$$f_1(t)*f_2(t)=\int_{-\infty}^{+\infty}f_1(\tau)f_2(t-\tau)\mathrm{d}\tau. \tag{6.5.1}$$

从卷积的定义可以看出，求两个函数的卷积，虽然积分区间是 $(-\infty,+\infty)$，但因为被积函数是两个函数相乘，所以只需先确定每个函数不为 0 的区间，然后在共同不为 0 的区间积分即可.

例1 若 $f_1(t)=\begin{cases}0,t<0;\\1,t\geqslant0,\end{cases}$ $f_2(t)=\begin{cases}0, & t<0;\\\mathrm{e}^{-t}, & t\geqslant0,\end{cases}$ 求 $f_1(t)*f_2(t)$.

解 由已知得，$f_1(\tau)$ 的非零区间为 $\tau\in[0,+\infty)$，$f_2(t-\tau)$ 的非零区间为 $\tau\in(-\infty,t]$，所以 $f_1(\tau)f_2(t-\tau)$ 的非零区间是上面两个区间的公共部分，即 $\tau\in[0,t]$ $(t>0)$. 故当 $t>0$ 时，

$$\begin{aligned}f_1(t)*f_2(t)&=\int_{-\infty}^{+\infty}f_1(\tau)f_2(t-\tau)\mathrm{d}\tau\\&=\int_0^t f_1(\tau)f_2(t-\tau)\mathrm{d}\tau\\&=\int_0^t 1\cdot\mathrm{e}^{-(t-\tau)}\mathrm{d}\tau\\&=\mathrm{e}^{-t}\int_0^t\mathrm{e}^\tau\mathrm{d}\tau=1-\mathrm{e}^{-t}.\end{aligned}$$

例2 证明 $f(t)*\delta(t)=f(t)$.

证明 由卷积定义知

$$\begin{aligned}f(t)*\delta(t)&=\int_{-\infty}^{+\infty}f(\tau)\delta(t-\tau)\mathrm{d}\tau\\&=\int_{-\infty}^{+\infty}f(t-\tau)\delta(\tau)\mathrm{d}\tau\\&=f(t)\quad(\text{由 }\delta(t)\text{ 函数的筛选性质可得}).\end{aligned}$$

由卷积的定义容易得到下列运算规律：

(1) 交换律:$f_1(t) * f_2(t) = f_2(t) * f_1(t)$;

(2) 结合律:$[f_1(t) * f_2(t)] * f_3(t) = f_1(t) * [f_2(t) * f_3(t)]$;

(3) 加法分配律:$f_1(t) * [f_2(t) + f_3(t)] = f_1(t) * f_2(t) + f_1(t) * f_3(t)$;

(4) 卷积不等式:$|f_1(t) * f_2(t)| \leqslant |f_1(t)| * |f_2(t)|$.

2. 卷积定理

定理 6.5.1 (卷积定理)已知函数 $f_1(t)$,$f_2(t)$ 都满足 Fourier 积分定理条件,且 $\mathscr{F}[f_1(t)] = F_1(\omega)$,$\mathscr{F}[f_2(t)] = F_2(\omega)$,则

(1) $\mathscr{F}[f_1(t) * f_2(t)] = F_1(\omega) \cdot F_2(\omega)$,

$\mathscr{F}^{-1}[F_1(\omega) \cdot F_2(\omega)] = f_1(t) * f_2(t)$; $\qquad\qquad$ (6.5.2)

(2) $\mathscr{F}[f_1(t) \cdot f_2(t)] = \dfrac{1}{2\pi} F_1(\omega) * F_2(\omega)$,

$\mathscr{F}^{-1}\left[\dfrac{1}{2\pi} F_1(\omega) * F_2(\omega)\right] = f_1(t) \cdot f_2(t)$. $\qquad\qquad$ (6.5.3)

证明 由 Fourier 变换的定义可得

$$
\begin{aligned}
\mathscr{F}[f_1(t) * f_2(t)] &= \int_{-\infty}^{+\infty} [f_1(t) * f_2(t)] e^{-i\omega t} \, dt \\
&= \int_{-\infty}^{+\infty} \left[\int_{-\infty}^{+\infty} f_1(\tau) f_2(t-\tau) \, d\tau \right] e^{-i\omega t} \, dt \\
&= \int_{-\infty}^{+\infty} f_1(\tau) e^{-i\omega\tau} \, d\tau \int_{-\infty}^{+\infty} f_2(t-\tau) e^{-i\omega(t-\tau)} \, dt \\
&= F_1(\omega) \cdot F_2(\omega),
\end{aligned}
$$

在式(6.5.2)两边取 Fourier 逆变换得

$$\mathscr{F}^{-1}[F_1(\omega) \cdot F_2(\omega)] = f_1(t) * f_2(t).$$

同理可证 $\qquad\qquad \mathscr{F}[f_1(t) \cdot f_2(t)] = \dfrac{1}{2\pi} F_1(\omega) * F_2(\omega)$,

$$\mathscr{F}^{-1}\left[\dfrac{1}{2\pi} F_1(\omega) * F_2(\omega)\right] = f_1(t) \cdot f_2(t).$$

卷积定理表明:两个函数卷积的 Fourier 变换等于这两个函数 Fourier 变换的乘积;两个函数乘积的 Fourier 变换等于这两个函数 Fourier 变换的卷积乘以 $\dfrac{1}{2\pi}$.

不难证明,卷积定理可以推广到 n 个函数的情形,即:

若 $\qquad\qquad \mathscr{F}[f_k(t)] = F_k(\omega) \quad (k=1,2,\cdots,n)$,

则有 $\qquad \mathscr{F}[f_1(t) * f_2(t) * \cdots * f_n(t)] = F_1(\omega) \cdot F_2(\omega) \cdot \cdots \cdot F_n(\omega)$.

例 3 求解积分方程 $x(t) = a(t) + \int_{-\infty}^{+\infty} b(\tau) \cdot x(t-\tau) \, d\tau$,其中 $a(t)$,$b(t)$ 为已知函数,其 Fourier 变换分别为 $A(\omega)$,$B(\omega)$.

解 设 $\mathscr{F}[x(t)] = X(\omega)$,由卷积定义可知,原方程可化为

$$x(t) = a(t) + b(t) * x(t).$$

对此方程两端取 Fourier 变换,由卷积定理得

$$X(\omega) = A(\omega) + B(\omega) X(\omega),$$

所以

$$X(\omega) = \frac{A(\omega)}{1 - B(\omega)},$$

再根据 Fourier 逆变换得

$$x(t) = \frac{1}{2\pi} \int_{-\infty}^{+\infty} \frac{A(\omega)}{1 - B(\omega)} e^{i\omega t} d\omega.$$

*6.5.2 相关函数

与卷积一样,相关函数也是频谱分析中一个重要概念.下面就给出相关函数的概念,然后建立相关函数与能量谱密度之间的关系.

1. 相关函数的概念

定义 6.5.2 设 $f_1(t), f_2(t)$ 为两个不同的函数,称由积分

$$\int_{-\infty}^{+\infty} f_1(t) \cdot f_2(t + \tau) dt$$

所得出的函数为 $f_1(t)$ 和 $f_2(t)$ 的互相关函数,记作 $R_{12}(\tau)$,即

$$R_{12}(\tau) = \int_{-\infty}^{+\infty} f_1(t) \cdot f_2(t + \tau) dt. \tag{6.5.4}$$

当 $f_1(t) = f_2(t) = f(t)$ 时,称 $\int_{-\infty}^{+\infty} f(t) \cdot f(t + \tau) dt$ 为 $f(t)$ 的自相关函数,记作 $R(\tau)$,即

$$R(\tau) = \int_{-\infty}^{+\infty} f(t) \cdot f(t + \tau) dt. \tag{6.5.5}$$

例 4 设 $f_1(t) = \begin{cases} \dfrac{\beta}{\alpha} t, & 0 \leqslant t \leqslant \alpha; \\ 0, & \text{其他}, \end{cases}$ $f_2(t) = \begin{cases} 1, & 0 \leqslant t \leqslant \alpha; \\ 0, & \text{其他}, \end{cases}$ 求 $f_1(t)$ 和 $f_2(t)$ 的互相关函数 $R_{12}(\tau)$.

解 由定义有 $R_{12}(\tau) = \int_{-\infty}^{+\infty} f_1(t) \cdot f_2(t + \tau) dt.$

当 $\tau < -\alpha$ 和 $\tau > \alpha$ 时,有 $t + \tau < 0, t + \tau > \alpha$,故 $f_2(t + \tau) = 0$,从而

$$R_{12}(\tau) = \int_{-\infty}^{+\infty} f_1(t) \cdot f_2(t + \tau) dt = 0;$$

当 $-\alpha \leqslant \tau \leqslant 0$ 时,

$$R_{12}(\tau) = \int_{-\infty}^{+\infty} f_1(t) \cdot f_2(t + \tau) dt$$

$$= \int_{-\tau}^{\alpha} \frac{\beta}{\alpha} t \, dt = \frac{\beta}{2\alpha}(\alpha^2 - \tau^2);$$

当 $0 < \tau \leqslant \alpha$ 时,

$$R_{12}(\tau) = \int_{-\infty}^{+\infty} f_1(t) \cdot f_2(t+\tau) \, dt$$

$$= \int_0^{\alpha-\tau} \frac{\beta}{\alpha} t \, dt = \frac{\beta}{2\alpha}(\alpha-\tau)^2.$$

综上可得

$$R_{12}(\tau) = \begin{cases} 0, & |\tau| > \alpha; \\ \dfrac{\beta}{2\alpha}(\alpha^2-\tau^2), & -\alpha \leqslant \tau \leqslant 0; \\ \dfrac{\beta}{2\alpha}(\alpha-\tau)^2, & 0 < \tau \leqslant \alpha. \end{cases}$$

2. 相关函数的性质

(1) $R_{12}(\tau) = R_{21}(-\tau), R(\tau) = R(-\tau)$（即相关函数是偶函数）；

(2) $|R_{12}(\tau)|^2 \leqslant R_{11}(0) R_{22}(0)$.

证明 （1）由定义可知

$$R_{12}(\tau) = \int_{-\infty}^{+\infty} f_1(t) \cdot f_2(t+\tau) \, dt$$

$$\xrightarrow{\ 令\ u=t+\tau\ } \int_{-\infty}^{+\infty} f_1(u-\tau) \cdot f_2(u) \, du$$

$$= \int_{-\infty}^{+\infty} f_2(u) f_1[u+(-\tau)] \, du$$

$$= R_{21}(-\tau).$$

同理可证 $R(\tau) = R(-\tau)$.

（2）由于
$$R_{11}(0) = \int_{-\infty}^{+\infty} [f_1(t)]^2 \, dt,$$

$$R_{22}(0) = \int_{-\infty}^{+\infty} [f_2(t)]^2 \, dt = \int_{-\infty}^{+\infty} [f_2(t+\tau)]^2 \, dt,$$

根据施瓦茨不等式有

$$\left| \int_{-\infty}^{+\infty} f_1(t) \cdot f_2(t+\tau) \, dt \right|^2 \leqslant \left[\int_{-\infty}^{+\infty} |f_1(t)^2| \, dt \right] \left[\int_{-\infty}^{+\infty} |f_2(t+\tau)^2| \, dt \right],$$

故
$$|R_{12}(\tau)|^2 \leqslant R_{11}(0) R_{22}(0).$$

*6.5.3 能量谱密度函数

1. 定义

定义 6.5.3 设 $F_1(\omega) = \mathscr{F}[f_1(t)]$，$F_2(\omega) = \mathscr{F}[f_2(t)]$，称函数 $\overline{F_1(\omega)} F_2(\omega)$ 为互能量谱密度，记作

$$S_{12}(\omega) = \overline{F_1(\omega)} F_2(\omega). \tag{6.5.6}$$

设 $F(\omega) = \mathscr{F}[f(t)]$，称 $|F(\omega)|^2$ 为 $f(t)$ 的能量谱密度，记作

$$S(\omega) = |F(\omega)|^2. \tag{6.5.7}$$

例 5 求指数衰减函数 $f(t) = \begin{cases} 0, & t<0; \\ \mathrm{e}^{-\beta t}, & t \geqslant 0 \end{cases}$ 的能量谱密度函数.

解 由 6.2 节例 1 可知 $\mathscr{F}[f(t)] = \dfrac{1}{\beta + \mathrm{i}\omega}$，所以

$$S(\omega) = \left| \frac{1}{\beta + \mathrm{i}\omega} \right|^2 = \frac{1}{\beta^2 + \omega^2}.$$

2. 性质

(1) $S_{12}(\omega) = \overline{S_{21}(\omega)}$；

(2) $S(\omega) = S(-\omega)$，即能量谱密度是偶函数.

证明 (1) 因为由定义有 $S_{12}(\omega) = \overline{F_1(\omega)} F_2(\omega)$，$S_{21}(\omega) = \overline{F_2(\omega)} F_1(\omega)$，所以 $S_{12}(\omega) = \overline{S_{21}(\omega)}$.

(2) 由 $F(\omega) = \displaystyle\int_{-\infty}^{+\infty} f(t) \mathrm{e}^{-\mathrm{i}\omega t}\, \mathrm{d}t$ 可得

$$F(-\omega) = \int_{-\infty}^{+\infty} f(t) \mathrm{e}^{\mathrm{i}\omega t}\, \mathrm{d}t = \overline{F(\omega)},$$

从而 $\qquad S(-\omega) = F(-\omega)\overline{F(-\omega)} = F(\omega)\overline{F(\omega)} = S(\omega).$

*6.5.4 相关函数与能量谱密度函数的关系

$$\mathscr{F}[R_{12}(\tau)] = S_{12}(\omega) = \int_{-\infty}^{+\infty} R_{12}(\tau) \mathrm{e}^{-\mathrm{i}\omega\tau}\, \mathrm{d}\tau, \qquad (6.5.8)$$

$$\mathscr{F}^{-1}[S_{12}(\omega)] = R_{12}(\tau) = \frac{1}{2\pi} \int_{-\infty}^{+\infty} S_{12}(\omega) \mathrm{e}^{\mathrm{i}\omega\tau}\, \mathrm{d}\omega,$$

即互能量谱密度与互相关函数构成了一个 Fourier 变换对.

$$\mathscr{F}[R(\tau)] = S(\omega) = \int_{-\infty}^{+\infty} R(\tau) \mathrm{e}^{-\mathrm{i}\omega\tau}\, \mathrm{d}\tau, \qquad (6.5.9)$$

$$\mathscr{F}^{-1}[S(\omega)] = R(\tau) = \frac{1}{2\pi} \int_{-\infty}^{+\infty} S(\omega) \mathrm{e}^{\mathrm{i}\omega\tau}\, \mathrm{d}\omega,$$

即能量谱密度与自相关函数构成了一个 Fourier 变换对.

证明 由 Fourier 变换的定义有

$$\begin{aligned}
\mathscr{F}[R_{12}(\tau)] &= \int_{-\infty}^{+\infty} R_{12}(\tau) \mathrm{e}^{-\mathrm{i}\omega\tau}\, \mathrm{d}\tau \\
&= \int_{-\infty}^{+\infty} \left[\int_{-\infty}^{+\infty} f_1(t) f_2(t+\tau)\, \mathrm{d}t \right] \mathrm{e}^{-\mathrm{i}\omega\tau}\, \mathrm{d}\tau \\
&= \int_{-\infty}^{+\infty} \left[\int_{-\infty}^{+\infty} f_2(t+\tau) \mathrm{e}^{-\mathrm{i}\omega(t+\tau)}\, \mathrm{d}\tau \right] f_1(t) \mathrm{e}^{\mathrm{i}\omega t}\, \mathrm{d}t \\
&= \overline{F_1(\omega)} F_2(\omega) \\
&= S_{12}(\omega).
\end{aligned}$$

同理可证 $\mathscr{F}[R(\tau)] = S(\omega).$

利用相关函数及能量密度函数的偶函数性质,可以得到

$$S(\omega) = \int_{-\infty}^{+\infty} R(\tau) \cos \omega \tau \, d\tau,$$

$$R(\tau) = \frac{1}{2\pi} \int_{-\infty}^{+\infty} S(\omega) \cos \omega \tau \, d\tau.$$

习题 6.5

1. 求下列函数的卷积.

(1) $f_1(t) = \begin{cases} 0, t<0; \\ 1, t\geq 0, \end{cases}$ $f_2(t) = \begin{cases} 0, & t<0; \\ \sin t, & t\geq 0. \end{cases}$

(2) $f_1(t) = \begin{cases} \sin t, 0 \leq t \leq \dfrac{\pi}{2}; \\ 0, \quad 其他, \end{cases}$ $f_2(t) = \begin{cases} 0, & t<0; \\ e^{-t}, & t\geq 0. \end{cases}$

(3) $f_1(t) = u(t), f_2(t) = e^{-t} u(t)$.

2. 证明下列等式.

(1) $f(t) * \delta(t) = f(t)$;

(2) $f(t) * \delta(t-t_0) = f(t-t_0)$;

(3) $f(t) * \delta'(t) = f'(t)$.

*3. 求指数衰减函数 $f(t) = \begin{cases} 0, & t<0; \\ e^{-\beta t}, & t\geq 0 \end{cases}$ 的自相关函数.

*4. 已知某信号函数的自相关函数 $R(\tau) = \dfrac{1}{4} e^{-2a|\tau|}$,求它的能量谱密度 $S(\omega)$.

本章小结

1. Fourier 积分

若 $f(t)$ 满足狄利克雷条件,则在 $f(t)$ 的连续点处有

$$f(t) = \frac{1}{2\pi} \int_{-\infty}^{+\infty} \left[\int_{-\infty}^{+\infty} f(\tau) e^{-i\omega\tau} \, d\tau \right] e^{i\omega t} \, d\omega,$$

在 $f(t)$ 的间断点处有

$$\frac{1}{2\pi} \int_{-\infty}^{+\infty} \left[\int_{-\infty}^{+\infty} f(\tau) e^{-i\omega\tau} \, d\tau \right] e^{i\omega t} \, d\omega = \frac{f(t+0) + f(t-0)}{2}.$$

Fourier 正弦积分:$f(t) = \dfrac{2}{\pi} \int_0^{+\infty} \left[\int_0^{+\infty} f(\tau) \sin \omega \tau \, d\tau \right] \sin \omega t \, d\omega.$

Fourier 余弦积分:$f(t) = \dfrac{2}{\pi} \int_0^{+\infty} \left[\int_0^{+\infty} f(\tau) \cos \omega \tau \, d\tau \right] \cos \omega t \, d\omega.$

当 $f(t)$ 为奇函数时,Fourier 积分与 Fourier 正弦积分相等;当 $f(t)$ 为偶函数时,Fourier 积分与 Fourier 余弦积分相等.

2. Fourier 变换

Fourier 变换: $F(\omega) = \int_{-\infty}^{+\infty} f(t) e^{-i\omega t} dt$.

Fourier 正弦变换: $F_s(\omega) = \int_0^{+\infty} f(t) \sin \omega t dt$.

Fourier 余弦变换: $F_c(\omega) = \int_0^{+\infty} f(t) \cos \omega t dt$.

与 Fourier 积分不同,当 $f(t)$ 为奇函数时,Fourier 变换与 Fourier 正弦变换不相等,而是 $F(\omega) = -2iF_s(\omega)$;当 $f(t)$ 为偶函数时,Fourier 变换与 Fourier 余弦变换不相等,而是 $F(\omega) = 2F_c(\omega)$.

3. Fourier 变换的性质

(1) 线性性质: $\mathscr{F}[c_1 f_1(t) + c_2 f_2(t)] = c_1 F_1(\omega) + c_2 F_2(\omega)$;

(2) 相似性质: $\mathscr{F}[f(at)] = \dfrac{1}{|a|} F(\dfrac{\omega}{a})$ $(a \neq 0)$;

(3) 位移性质: $\mathscr{F}[f(t \pm a)] = e^{\pm i\omega a} F(\omega)$, $\mathscr{F}[e^{\pm i\omega a} f(t)] = F(\omega \mp a)$;

(4) 微分性质: $\mathscr{F}[f'(t)] = i\omega F(\omega)$, $\mathscr{F}[f^{(n)}(t)] = (i\omega)^n F(\omega)$,

$$\dfrac{d}{d\omega} F(\omega) = \mathscr{F}[-it f(t)], \dfrac{d^n}{d\omega^n} F(\omega) = \mathscr{F}[(-it)^n f(t)];$$

(5) 积分性质: $\mathscr{F}\left[\int_{-\infty}^{t} f(t) dt\right] = \dfrac{1}{i\omega} F(\omega) = \dfrac{1}{i\omega} \mathscr{F}[f(t)]$.

4. δ-函数

(1) δ-函数的定义

满足① $\delta(t) = \begin{cases} 0, & t \neq 0; \\ \infty, & t = 0, \end{cases}$

② $\int_{-\infty}^{+\infty} \delta(t) dt = \int_I \delta(t) dt = 1$($I$ 为包含 0 点的任意区间)

的函数 $\delta(t)$ 称为 δ-函数或 Dirac 函数.

满足① $\delta(t - t_0) = \begin{cases} 0, & t \neq t_0; \\ \infty, & t = t_0, \end{cases}$

② $\int_{-\infty}^{+\infty} \delta(t - t_0) dt = \int_I \delta(t - t_0) dt = 1$($I$ 为包含 t_0 点的任意区间)

的函数称为 $\delta(t - t_0)$ 函数.

(2) δ-函数的性质

① 筛选性质

$$\int_{-\infty}^{+\infty} \delta(t) f(t) dt = f(0), \int_{-\infty}^{+\infty} \delta(t - t_0) f(t) dt = f(t_0);$$

② δ-函数为偶函数,即 $\delta(-t)=\delta(t)$;

③ δ-函数是单位阶跃函数的导数,$\delta(t)=u'(t)$.

(3) δ-函数的 Fourier 变换

$$\mathscr{F}[\delta(t)]=1, \qquad \mathscr{F}[\delta(t-t_0)]=\mathrm{e}^{-\mathrm{i}\omega t_0},$$

$$\mathscr{F}[1]=2\pi\delta(\omega), \qquad \mathscr{F}[\mathrm{e}^{-\mathrm{i}kt}]=2\pi\delta(\omega+k),$$

$$\mathscr{F}[u(t)]=\frac{1}{\mathrm{i}\omega}+\pi\delta(\omega), \qquad \mathscr{F}[\mathrm{e}^{\mathrm{i}kt}]=2\pi\delta(\omega-k).$$

5. 卷积

(1) 定义:$f_1(t) * f_2(t)=\displaystyle\int_{-\infty}^{+\infty}f_1(\tau)f_2(t-\tau)\mathrm{d}\tau.$

(2) 运算规律

① 交换律:$f_1(t) * f_2(t)=f_2(t) * f_1(t)$;

② 结合律:$[f_1(t) * f_2(t)] * f_3(t)=f_1(t) * [f_2(t) * f_3(t)]$;

③ 加法分配律:$f_1(t) * [f_2(t)+f_3(t)]=f_1(t) * f_2(t)+f_1(t) * f_3(t)$;

④ 卷积不等式:$|f_1(t) * f_2(t)|\leqslant|f_1(t)| * |f_2(t)|.$

(3) 卷积定理

$$\mathscr{F}[f_1(t) * f_2(t)]=F_1(\omega)\cdot F_2(\omega),$$

$$\mathscr{F}[f_1(t)\cdot f_2(t)]=\frac{1}{2\pi}F_1(\omega) * F_2(\omega).$$

*6. 相关函数与能量谱密度

(1) 相关函数

$f_1(t)$ 和 $f_2(t)$ 的互相关函数为 $R_{12}(\tau)=\displaystyle\int_{-\infty}^{+\infty}f_1(t)\cdot f_2(t+\tau)\mathrm{d}t.$

$f(t)$ 的自相关函数为 $R(\tau)=\displaystyle\int_{-\infty}^{+\infty}f(t)\cdot f(t+\tau)\mathrm{d}t.$

$R_{12}(\tau)=R_{21}(-\tau),R(\tau)=R(-\tau),|R_{12}(\tau)|^2\leqslant R_{11}R_{22}(0).$

(2) 能量谱密度

$f_1(t)$ 和 $f_2(t)$ 的互能量谱密度为 $S_{12}(\omega)=\overline{F_1(\omega)}F_2(\omega).$

$f(t)$ 的能量谱密度为 $S(\omega)=|F(\omega)|^2.$

$$\mathscr{F}[R_{12}(\tau)]=S_{12}(\omega),\mathscr{F}[R(\tau)]=S(\omega).$$

复习题 6

1. 填空题.

(1) 设 $f(t)$ 的 Fourier 变换为 $F(\omega)$,当 $f(t)$ 为奇函数时,其 Fourier 正弦变换为 _____;当 $f(t)$ 为偶函数时,其 Fourier 余弦变换为 _____.

(2) 若 $f(t)$ 为奇函数，且 Fourier 变换为 $\dfrac{1-\cos\omega}{\omega}$，则 $f(t)$ 的 Fourier 正弦变换为_____.

(3) 积分 $\displaystyle\int_0^\pi \delta\left(t-\dfrac{\pi}{3}\right)\cos t\,\mathrm{d}t =$ _____.

(4) 积分 $\displaystyle\int_{-\infty}^{+\infty}\delta(t^2-4)\,\mathrm{d}t =$ _____.

(5) 若 $F(\omega)=\mathscr{F}[f(t)]$，则 $\mathscr{F}[f(-t)]=$ _____.

(6) 函数 $f(t)=\mathrm{e}^{2\mathrm{i}t}\delta'(t)$ 的 Fourier 变换为_____.

(7) 若 $F(\omega)=\mathscr{F}[f(t)]$，则 $\mathscr{F}[f(1-t)]=$ _____.

(8) 若 $F(\omega)=2\pi\delta(\omega-1)$，则 $\mathscr{F}^{-1}[F(\omega)]=$ _____.

2. 求函数 $f(t)=\begin{cases}1-t^2, & |t|<1;\\ 0, & |t|\geqslant 1\end{cases}$ 的 Fourier 变换，并证明：

$$\int_0^{+\infty}\frac{t\cos t-\sin t}{t^3}\cos\frac{t}{2}\,\mathrm{d}t=-\frac{3\pi}{16}.$$

3. 证明 $f(t)$ 与其 Fourier 变换 $F(\omega)$ 的奇偶性相同.

4. 已知 $\mathscr{F}[f(t)]=\dfrac{1}{1+\omega^2}$，求 $\mathscr{F}\left[\displaystyle\int_{-\infty}^t f(t)\,\mathrm{d}t\right]$.

5. 求下列函数的 Fourier 变换.

(1) $f(t)=\begin{cases}\cos t, & |t|<\dfrac{\pi}{2};\\[2mm] 0, & |t|\geqslant\dfrac{\pi}{2};\end{cases}$

(2) $f(t)=\begin{cases}t, & t>0;\\ 0, & t<0;\end{cases}$

(3) $f(t)=\begin{cases}\mathrm{e}^{-2t}, & t\geqslant 0;\\ 0, & t<0.\end{cases}$

第 7 章　Laplace 变换

本章将要介绍的 Laplace 变换是另一种重要的积分变换,它与 Fourier 变换一样能够将微分和积分运算转化为较简单的代数运算. Laplace 变换存在条件比 Fourier 变换要弱,因此它不仅在数学的诸多分支,如微分方程和积分方程的求解中成为重要的方法之一,而且在电学、力学、控制论等工程技术与科学领域中有广泛的应用.本章在 Fourier 变换的概念与存在条件的基础上,引入 Laplace 变换的概念,并讨论 Laplace 变换的性质,然后讨论 Fourier 逆变换的求法,最后介绍 Laplace变换的应用.

7.1　Laplace 变换的概念

Fourier 变换虽然有许多很好的性质,并且应用范围很广,但是也可以看出它因为有如下两个条件,使其在应用的范围上受到相当大的限制.

(1) Fourier 变换除了要求函数 $f(t)$ 满足狄利克雷条件外,还要在 $(-\infty,+\infty)$ 上绝对可积.而绝对可积的条件是非常强的,许多初等函数都不满足这个条件,所以在求这些函数的 Fourier 变换时,不得不借助于一个特殊的函数 δ-函数.

(2) Fourier 变换要求函数 $f(t)$ 在整个数轴上有定义,但在许多实际问题中,如物理、信息理论及无线电技术中,大多都是时间函数,而时间在 $t<0$ 时是无意义的,或根本不用考虑,像这样的函数都不能取 Fourier 变换.

为了克服上述缺点,能更好、更广地解决实际问题,做了如下工作:

对于任意一个函数 $\phi(t)$,将它乘以单位阶跃函数 $u(t)=\begin{cases}1,\ t>0;\\0,\ t<0,\end{cases}$ 则

$$\phi(t)u(t)=\begin{cases}\phi(t),t>0;\\0,\quad t<0.\end{cases}$$

这使得 $\phi(t)$ 的积分区间由 $(-\infty,+\infty)$ 变为 $[0,+\infty)$,从而限制条件(2)得以解决.为了克服绝对可积的限制,再将它乘以指数衰减函数 $e^{-\beta t}(\beta>0)$,即得 $\phi(t)u(t)e^{-\beta t}$.而

$$\mathscr{F}\left[\phi(t)u(t)e^{-\beta t}\right]=\int_{-\infty}^{+\infty}\phi(t)u(t)e^{-\beta t}e^{-i\omega t}dt=\int_{0}^{+\infty}\phi(t)e^{-(\beta+i\omega)t}dt$$

$$= \int_0^{+\infty} \phi(t) \mathrm{e}^{-st} \mathrm{d}t \ (s = \beta + \mathrm{i}\omega).$$

只要 β 选取适当,这个积分总是存在的,其结果是一个关于 s 的复变函数.这就是本章要学习研究的新的变换——Laplace 变换.

7.1.1 Laplace 变换的定义

定义 7.1.1 设 $f(t)$ 在 $t \geq 0$ 时有定义,而积分 $\int_0^{+\infty} f(t) \mathrm{e}^{-st} \mathrm{d}t$($s$ 是复参变量)在 s 的某一个域内收敛,由此定义了一个复变函数

$$F(s) = \int_0^{+\infty} f(t) \mathrm{e}^{-st} \mathrm{d}t, \tag{7.1.1}$$

称 $F(s)$ 为 $f(t)$ 的 Laplace 变换(或像函数),记作 $F(s) = \mathscr{L}[f(t)]$. 称 $f(t)$ 为 $F(s)$ 的 Laplace 逆变换(或像原函数),记作 $f(t) = \mathscr{L}^{-1}[F(s)]$.

由 Laplace 变换的定义可以看出,$f(t)$ 的 Laplace 变换实际上是 $f(t)u(t)\mathrm{e}^{-\beta t}$ 的 Fourier 变换.

例 1 求单位阶跃函数 $u(t) = \begin{cases} 1, t > 0 \\ 0, t < 0 \end{cases}$ 的 Laplace 变换.

解 由定义有

$$F(s) = \int_0^{+\infty} 1 \cdot \mathrm{e}^{-st} \mathrm{d}t = \frac{-1}{s} \mathrm{e}^{-\beta t} \mathrm{e}^{-\mathrm{i}\omega t} \Big|_0^{+\infty} = \frac{1}{s} \quad (\mathrm{Re}\ s = \beta > 0).$$

同理可得 $\mathscr{L}[1] = \mathscr{L}[u(t)] = \dfrac{1}{s}$.

例 2 求 $f(t) = \mathrm{e}^{kt}(k \in \mathbf{R})$ 的 Laplace 变换.

解 由定义 7.1.1 知

$$F(s) = \int_0^{+\infty} \mathrm{e}^{kt} \mathrm{e}^{-st} \mathrm{d}t = \frac{-1}{s-k} \mathrm{e}^{(k-\beta)t} \mathrm{e}^{-\mathrm{i}\omega t} \Big|_0^{+\infty} = \frac{1}{s-k} \quad (\mathrm{Re}\ s = \beta > k).$$

例 3 求 $f(t) = \cos kt$ 的 Laplace 变换(k 为实常数).

解
$$\begin{aligned}
F(s) &= \int_0^{+\infty} \cos kt \cdot \mathrm{e}^{-st} \mathrm{d}t \\
&= \int_0^{+\infty} \frac{\mathrm{e}^{\mathrm{i}kt} + \mathrm{e}^{-\mathrm{i}kt}}{2} \mathrm{e}^{-st} \mathrm{d}t \\
&= \int_0^{+\infty} \frac{\mathrm{e}^{\mathrm{i}kt}}{2} \mathrm{e}^{-st} \mathrm{d}t + \int_0^{+\infty} \frac{\mathrm{e}^{\mathrm{i}kt}}{2} \mathrm{e}^{-st} \mathrm{d}t \\
&= \frac{1}{2}\left(\frac{1}{s-k\mathrm{i}} + \frac{1}{s+k\mathrm{i}}\right) = \frac{s}{s^2+k^2} \quad (\mathrm{Re}\ s > 0).
\end{aligned}$$

同理可得 $\mathscr{L}[\sin kt] = \dfrac{k}{s^2+k^2} \quad (\mathrm{Re}\ s > 0)$.

从上面几个例题可以看出,Laplace 变换的存在条件要比 Fourier 变换的存在

条件弱得多,但是并不是所有的函数都存在 Laplace 变换,它也是要具备一定条件的.

7.1.2　Laplace 变换存在定理

定理 7.1.1　设 $f(t)$ 满足下面两个条件:

(1) 在 $[0,+\infty)$ 的任一有限区间上分段连续;

(2) 存在常数 $M>0$ 及 $c\geqslant0$,使 $|f(t)|\leqslant Me^{ct}$ $(0\leqslant t<+\infty)$(称满足此条件的函数的增长是指数级的,c 为增长指数),则 $F(s)=\int_0^{+\infty}f(t)e^{-st}dt$ 在半平面 $\mathrm{Re}\ s>c$ 上一定存在,且是解析函数,右端积分绝对收敛、一致收敛.

证明　设 $s=\beta+i\omega$,则 $|e^{-st}|=e^{-\beta t}$,由条件(2)可知,对 $0\leqslant t<+\infty$ 的任何 t 都有
$$|f(t)e^{-st}|\leqslant Me^{-(\beta-c)t}.$$
令 $\beta-c\geqslant\varepsilon>0$,即 $\beta\geqslant c+\varepsilon$,则 $|f(t)e^{-st}|\leqslant Me^{-\varepsilon t}$.

所以
$$\int_0^{+\infty}|f(t)e^{-st}|dt\leqslant\int_0^{+\infty}Me^{-(\beta-c)t}dt=\frac{M}{\varepsilon}.$$

根据参变量广义积分的性质可知,在 $\mathrm{Re}\ s\geqslant c+\varepsilon$ 时,积分 $\int_0^{+\infty}f(t)e^{-st}dt$ 不仅绝对收敛而且一致收敛.

又由
$$\int_0^{+\infty}\frac{d}{ds}[f(t)e^{-st}]dt=\int_0^{+\infty}-tf(t)e^{-st}dt$$
$$\leqslant\int_0^{+\infty}Mte^{-\varepsilon t}dt=\frac{M}{\varepsilon^2}$$

可知,$\int_0^{+\infty}\frac{d}{ds}[f(t)e^{-st}]dt$ 在半平面 $\mathrm{Re}\ s\geqslant c+\varepsilon$ 内也是绝对收敛且一致收敛的,从而微分和积分运算可以交换次序,即
$$\frac{d}{ds}F(s)=\frac{d}{ds}\int_0^{+\infty}f(t)e^{-st}dt=\int_0^{+\infty}\frac{d}{ds}[f(t)e^{-st}]dt$$
$$=\int_0^{+\infty}-tf(t)e^{-st}dt=\mathscr{L}[-tf(t)].$$
这表明 $F(s)$ 在 $\mathrm{Re}\ s\geqslant c+\varepsilon$ 内是可微的,从而是解析的.

注意　Laplace 变换存在条件比 Fourier 变换存在条件弱得多,常见初等函数均满足 Laplace 变换存在条件.例如,
$$|\sin kt|\leqslant1\cdot e^{0t}\quad(M=1,c=0);$$
当 t 充分大时,
$$|t^n|\leqslant1\cdot e^t\quad(M=1,c=1).$$

例 4　已知函数 $f(t)=\begin{cases}2,0\leqslant t\leqslant2\\3,t>2,\end{cases}$ 求 $f(t)$ 的 Laplace 变换.

解
$$F(s) = \int_0^{+\infty} f(t)\mathrm{e}^{-st}\,\mathrm{d}t$$

$$= \int_0^2 2 \cdot \mathrm{e}^{-st}\,\mathrm{d}t + \int_2^{+\infty} 3 \cdot \mathrm{e}^{-st}\,\mathrm{d}t$$

$$= -\frac{2}{s}\mathrm{e}^{-st}\Big|_0^2 - \frac{3}{s}\mathrm{e}^{-st}\Big|_2^{+\infty}$$

$$= \frac{1}{s}(2 + \mathrm{e}^{-2s}).$$

这里还要指出,若 $f(t)$ 满足 Laplace 变换存在定理的条件,且在 $t=0$ 处有界,则积分

$$\mathscr{L}[f(t)] = \int_0^{+\infty} f(t)\mathrm{e}^{-st}\,\mathrm{d}t$$

中的下限取 0^+ 或 0^- 不会影响其结果.

$\mathscr{L}_+[f(t)] = \int_{0^+}^{+\infty} f(t)\mathrm{e}^{-st}\,\mathrm{d}t$ 称为 0^+ 系统,在电路上 0^+ 表示换路后初始时刻;

$\mathscr{L}_-[f(t)] = \int_{0^-}^{+\infty} f(t)\mathrm{e}^{-st}\,\mathrm{d}t$ 称为 0^- 系统,在电路上 0^- 表示换路前终止时刻.

而
$$\mathscr{L}_-[f(t)] = \int_{0^-}^{0^+} f(t)\mathrm{e}^{-st}\,\mathrm{d}t + \mathscr{L}_+[f(t)].$$

当 $f(t)$ 在 $t=0$ 处有界时,$\int_{0^-}^{0^+} f(t)\mathrm{e}^{-st}\,\mathrm{d}t = 0$,从而
$$\mathscr{L}_-[f(t)] = \mathscr{L}_+[f(t)] = \mathscr{L}[f(t)].$$

但是当 $f(t)$ 在 $t=0$ 处包含了脉冲函数时,Laplace 变换的积分下限必须明确指出是 0^+ 还是 0^-,因为此时 $\int_{0^-}^{0^+} f(t)\mathrm{e}^{-st}\,\mathrm{d}t \neq 0$,即 $\mathscr{L}_-[f(t)] \neq \mathscr{L}_+[f(t)]$.

所以需将进行 Laplace 变换的函数 $f(t)$,当 $t \geq 0$ 时有定义扩大为当 $t > 0$ 及在 $t=0$ 的任意邻域内有定义.这样 Laplace 变换的定义 $\mathscr{L}[f(t)] = \int_0^{+\infty} f(t)\mathrm{e}^{-st}\,\mathrm{d}t$

应为
$$\mathscr{L}_-[f(t)] = \int_{0^-}^{+\infty} f(t)\mathrm{e}^{-st}\,\mathrm{d}t.$$

但为书写方便,还是将其写成 $\mathscr{L}[f(t)] = \int_0^{+\infty} f(t)\mathrm{e}^{-st}\,\mathrm{d}t$.

例 5 求 $\delta(t)$ 的 Laplace 变换.

解 $\mathscr{L}[\delta(t)] = \int_0^{+\infty} \delta(t)\mathrm{e}^{-st}\,\mathrm{d}t = \int_{0^-}^{+\infty} \delta(t)\mathrm{e}^{-st}\,\mathrm{d}t = \mathrm{e}^{-st}\Big|_{t=0} = 1.$

这样就得到 $\mathscr{L}[\delta(t)] = \mathscr{F}[\delta(t)] = 1$.

例 6 求 $f(t) = \mathrm{e}^{-2t}\delta(t) - 2\mathrm{e}^{-2t}u(t)$ 的 Laplace 变换.

解 $\mathscr{L}[f(t)] = \int_{0^-}^{+\infty} [\mathrm{e}^{-2t}\delta(t) - 2\mathrm{e}^{-2t}u(t)]\mathrm{e}^{-st}\,\mathrm{d}t$

$$= \int_{0^-}^{+\infty} \left[\delta(t) e^{-(2+s)t} \right] dt - 2 \int_{0^-}^{+\infty} e^{-(2+s)t} dt$$

$$= e^{-(2+s)t} \Big|_{t=0} + \frac{2}{s+2} e^{-(s+2)t} \Big|_{0}^{+\infty}$$

$$= \frac{s}{s+2}.$$

7.1.3 周期函数的 Laplace 变换

定理 7.1.2 若 $f(t)$ 是以 T 为周期的函数,即 $f(t+T)=f(t)$ $(t>0)$,且在一个周期上是分段连续函数,则有

$$\mathscr{L}[f(t)] = \frac{1}{1-e^{-sT}} \int_0^T f(t) e^{-st} dt. \tag{7.1.2}$$

证明 $\mathscr{L}[f(t)] = \displaystyle\int_0^{+\infty} f(t) e^{-st} dt$

$$= \int_0^T f(t) e^{-st} dt + \int_T^{2T} f(t) e^{-st} dt + \cdots$$

$$= \sum_{k=0}^{+\infty} \int_{kT}^{(k+1)T} f(t) e^{-st} dt.$$

令 $t=\tau+kT$,则

$$\int_{kT}^{(k+1)T} f(t) e^{-st} dt = \int_0^T f(\tau+kT) e^{-s(\tau+kT)} d\tau$$

$$= e^{-kTs} \int_0^T f(\tau+kT) e^{-s\tau} d\tau$$

$$= e^{-kTs} \int_0^T f(t) e^{-st} dt.$$

又因为 $\operatorname{Re} s > 0$ 时 $|e^{-Ts}| < 1$,所以

$$\sum_{k=0}^{+\infty} \int_{kT}^{(k+1)T} f(t) e^{-st} dt = \sum_{k=0}^{+\infty} e^{-kTs} \int_0^T f(t) e^{-st} dt = \frac{1}{1-e^{-sT}} \int_0^T f(t) e^{-st} dt,$$

从而 $\mathscr{L}[f(t)] = \dfrac{1}{1-e^{-sT}} \displaystyle\int_0^T f(t) e^{-st} dt.$

例 7 求图 7-1 所示函数满足 $f(t)$
$= \begin{cases} t, & 0 \leqslant t < b; \\ 2b-t, & b \leqslant t < 2b, \end{cases}$ 且 $f(t+2b) = f$
(t) 的周期性三角波函数的 Laplace 变换.

解 由周期函数的 Laplace 变换公式可得

$$F(s) = \frac{1}{1-e^{-2bs}} \int_0^{2b} f(t) e^{-st} dt$$

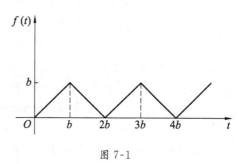

图 7-1

$$= \frac{1}{1-e^{-2bs}} \Big[\int_0^b t e^{-st} \,dt + \int_b^{2b} (2b-t) e^{-st} \,dt \Big]$$

$$\xrightarrow{\text{分部积分}} \frac{1}{1-e^{-2bs}} \cdot \frac{1}{s^2} (1-e^{-bs})^2$$

$$= \frac{1-e^{-bs}}{s^2(1+e^{-bs})}.$$

例 8 求图 7-2 所示的全波整流函数 $f(t) = |\sin t|$ 的 Laplace 变换.

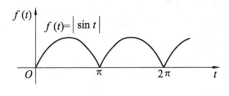

图 7-2

解 $f(t) = |\sin t|$ 是以 $T = \pi$ 为周期的函数,所以有

$$F(s) = \frac{1}{1-e^{-\pi s}} \int_0^\pi |\sin t| \cdot e^{-st} \,dt = \frac{1}{1-e^{-\pi s}} \int_0^\pi \sin t \cdot e^{-st} \,dt$$

$$= \frac{1}{1-e^{-\pi s}} \Big[\frac{e^{-st}}{s^2+1} (-s\sin t - \cos t) \Big]_0^\pi = \frac{1+e^{-\pi s}}{(1-e^{-\pi s})(s^2+1)}.$$

习题 7.1

1: 求下列函数的 Laplace 变换.

(1) $f(t) = \cos 3t$;

(2) $f(t) = \sin t \cos t$;

(3) $f(t) = \cos^2 t$;

(4) $f(t) = \sin^2 t$;

(5) $f(t) = \begin{cases} t, & 0 \le t < 3; \\ 0, & t \ge 3; \end{cases}$

(6) $f(t) = \begin{cases} 3, & 0 \le t < 2; \\ -1, & 2 \le t < 4; \\ 0, & 其他. \end{cases}$

2. 设 $f(t)$ 是以 2π 为周期的函数,且在一个周期内的表达式为

$$f(t) = \begin{cases} \sin t, & 0 < t \le \pi; \\ 0, & \pi < t \le 2\pi, \end{cases}$$

求 $f(t)$ 的 Laplace 变换.

7.2 Laplace 变换的性质

仅用 Laplace 变换的定义来求一些函数的 Laplace 变换是远远不够的,对于一些较复杂的函数,要求其 Laplace 变换,往往要借助于 Laplace 变换的良好性质. 为

了更加简单地求函数的 Laplace 变换,本节介绍 Laplace 变换的几个常用性质.

性质 1　(线性性质)设 $F_i(s)=\mathscr{L}[f_i(t)], i=1,2$,若 $\alpha,\beta\in C$,则
$$\mathscr{L}[af_1(t)+bf_2(t)]=aF_1(s)+bF_2(s),\qquad(7.2.1)$$
$$\mathscr{L}^{-1}[\alpha F_1(s)+\beta F_2(s)]=\alpha f_1(t)+\beta f_2(t).$$

性质 1 可根据 Laplace 变换的定义证明,此处略去不证.

性质 2　(相似性质)设 $F(s)=\mathscr{L}[f(t)]$,则对任意正实数 a,都有
$$\mathscr{L}[f(at)]=\frac{1}{a}F\left(\frac{s}{a}\right).\qquad(7.2.2)$$

证明　$\mathscr{L}[f(at)]=\displaystyle\int_0^{+\infty}f(at)e^{-st}\,dt$
$$=\frac{1}{a}\int_0^{+\infty}f(at)e^{-\frac{s}{a}at}\,d(at)=\frac{1}{a}F\left(\frac{s}{a}\right).$$

性质 3　(微分性质)设 $F(s)=\mathscr{L}[f(t)]$,则
$$\mathscr{L}[f'(t)]=sF(s)-f(0),$$
$$\mathscr{L}[f^{(n)}(t)]=s^nF(s)-s^{n-1}f(0)-s^{n-2}f'(0)-\cdots-f^{(n-1)}(0),\quad(7.2.3)$$
$$F^{(n)}(s)=\mathscr{L}[(-t)^nf(t)]\quad(n\in\mathbf{N}).\qquad(7.2.4)$$

式(7.2.3)叫作像原函数的微分性质,式(7.2.4)叫作像函数的微分性质.

证明　$\mathscr{L}[f'(t)]=\displaystyle\int_0^{+\infty}f'(t)e^{-st}\,dt$
$$=f(t)e^{-st}\Big|_0^{+\infty}+s\int_0^{+\infty}f(t)e^{-st}\,dt$$
$$=s\mathscr{L}[f(t)]-f(0),$$
$$F'(s)=\frac{d}{ds}\int_0^{+\infty}f(t)e^{-st}\,dt$$
$$=\int_0^{+\infty}\frac{d}{ds}[f(t)e^{-st}]\,dt$$
$$=\int_0^{+\infty}(-t)f(t)e^{-st}\,dt$$
$$=\mathscr{L}[(-t)f(t)].$$

利用微分性质,可将 $f(t)$ 的线性微分方程化为代数方程,从而可推得一些函数的 Laplace 变换.

例 1　求 $f(t)=t^n(n\in\mathbf{N})$ 的 Laplace 变换.

解　因为 $f^{(n)}(t)=n!, f(0)=f'(0)=\cdots=f^{(n-1)}(0)=0$,所以由像原函数的微分性质可得
$$\mathscr{L}[f^{(n)}(t)]=s^n\mathscr{L}[f(t)]-s^{n-1}f(0)-\cdots-f^{(n-1)}(0),$$
而
$$\mathscr{L}[f^{(n)}(t)]=\mathscr{L}[n!]=\frac{n!}{s},$$

从而得到
$$\mathscr{L}[t^n] = \frac{n!}{s^{n+1}}.$$

例 2 求 $f(t) = t^3 - \sin 2t$ 的 Laplace 变换.

解 $\mathscr{L}[t^3 - \sin 2t] = \mathscr{L}[t^3] - \mathscr{L}[\sin 2t] = \dfrac{3!}{s^4} - \dfrac{2}{s^2+4}.$

例 3 求 $f(t) = t\sin kt$ 的 Laplace 变换.

解 由像函数的微分性质得

$$\mathscr{L}[t\sin kt] = -\frac{\mathrm{d}}{\mathrm{d}s}\mathscr{L}[\sin kt] = -\frac{\mathrm{d}}{\mathrm{d}s}\left(\frac{k}{s^2+k^2}\right) = \frac{2ks}{(s^2+k^2)^2}.$$

性质 4 (积分性质)设 $F(s) = \mathscr{L}[f(t)]$,则

$$\mathscr{L}\left[\int_0^t f(t)\mathrm{d}t\right] = \frac{1}{s}F(s),$$

$$\mathscr{L}\left[\underbrace{\int_0^t \mathrm{d}t\int_0^t \mathrm{d}t\cdots\int_0^t f(t)\mathrm{d}t}_{n\,\text{次}}\right] = \frac{1}{s^n}F(s); \tag{7.2.5}$$

$$\mathscr{L}\left[\frac{f(t)}{t}\right] = \int_s^{\infty} F(s)\mathrm{d}s,$$

$$\mathscr{L}\left[\frac{f(t)}{t^n}\right] = \underbrace{\int_s^{\infty}\mathrm{d}s\cdots\int_s^{\infty} F(s)\mathrm{d}s}_{n\,\text{次}}. \tag{7.2.6}$$

式(7.2.5)叫作像原函数的积分性质,式(7.2.6)叫作像函数的积分性质.

证明 令 $g(t) = \int_0^t f(t)\mathrm{d}t$,则有

$$g'(t) = f(t),\ g(0) = 0.$$

由微分性质可得

$$\mathscr{L}[g'(t)] = s\mathscr{L}[g(t)] - g(0) = s\mathscr{L}[g(t)],$$

从而有
$$\mathscr{L}\left[\int_0^t f(t)\mathrm{d}t\right] = \frac{1}{s}\mathscr{L}[f(t)] = \frac{1}{s}F(s).$$

反复运用上式即可得式(7.2.5).

利用 Laplace 变换的定义并交换积分次序得

$$\int_s^{\infty} F(s)\mathrm{d}s = \int_s^{\infty}\mathrm{d}s\int_0^{+\infty} f(t)\mathrm{e}^{-st}\mathrm{d}t$$

$$= \int_0^{+\infty} f(t)\mathrm{d}t\int_s^{\infty}\mathrm{e}^{-st}\mathrm{d}s$$

$$= \int_0^{+\infty} f(t)\left(\frac{\mathrm{e}^{-st}}{-t}\bigg|_s^{\infty}\right)\mathrm{d}t$$

$$= \int_0^{+\infty}\frac{f(t)}{t}\mathrm{e}^{-st}\mathrm{d}t$$

$$= \mathscr{L}\left[\frac{f(t)}{t}\right],$$

即有
$$\mathscr{L}\left[\frac{f(t)}{t}\right] = \int_s^\infty F(s)\mathrm{d}s.$$

反复运用上式可得式(7.2.6).

推论　若积分 $\int_0^{+\infty} \frac{f(t)}{t}\mathrm{d}t$ 收敛,则有 $\int_0^{+\infty} \frac{f(t)}{t}\mathrm{d}t = \int_0^\infty F(s)\mathrm{d}s.$

证明　由像函数的积分性质有
$$\int_s^\infty F(s)\mathrm{d}s = \int_0^{+\infty} \frac{f(t)}{t}\mathrm{e}^{-st}\mathrm{d}t,$$

等式两端令 $s=0$,则得 $\int_0^{+\infty} \frac{f(t)}{t}\mathrm{d}t = \int_0^\infty F(s)\mathrm{d}s.$

例 4　求 $f(t) = \int_0^t t\sin t\mathrm{d}t$ 的 Laplace 变换.

解　因为 $\mathscr{L}[\sin t] = \frac{1}{s^2+1}$,由像函数的微分性质可得
$$\mathscr{L}[t\sin t] = -\left(\frac{1}{s^2+1}\right)' = \frac{2s}{(s^2+1)^2},$$

再由像原函数的积分性质可得
$$\mathscr{L}\left[\int_0^t t\sin t\mathrm{d}t\right] = \frac{2}{(s^2+1)^2}.$$

例 5　求 $\frac{\sin t}{t}$ 的 Laplace 变换.

解　因为 $\mathscr{L}[\sin t] = \frac{1}{s^2+1}$,所以由像函数的积分性质可得
$$\mathscr{L}\left[\frac{\sin t}{t}\right] = \int_s^\infty \frac{1}{s^2+1}\mathrm{d}s = \arctan s\Big|_s^\infty$$
$$= \frac{\pi}{2} - \arctan s = \arctan \frac{1}{s}.$$

例 6　计算积分 $\int_0^{+\infty} \frac{\sin t}{t}\mathrm{d}t$

解　因为 $\mathscr{L}[\sin t] = \frac{1}{s^2+1}$,所以由推论可得
$$\int_0^{+\infty} \frac{\sin t}{t}\mathrm{d}t = \int_0^\infty \frac{1}{s^2+1}\mathrm{d}s = \arctan s\Big|_0^\infty = \frac{\pi}{2}.$$

性质 5　(位移性质)设 $F(s) = \mathscr{L}[f(t)]$,则对任意复常数 a 都有
$$\mathscr{L}[\mathrm{e}^{at}f(t)] = F(s-a). \tag{7.2.7}$$

证明　$\mathscr{L}[\mathrm{e}^{at}f(t)] = \int_0^{+\infty} \mathrm{e}^{at}f(t)\mathrm{e}^{-st}\mathrm{d}t$

$$= \int_0^{+\infty} f(t) e^{-(s-a)t} \, dt$$
$$= F(s-a).$$

例 7 求 $e^{-2t} t^{10}$ 的 Laplace 变换.

解 因为 $\mathscr{L}[t^{10}] = \dfrac{10!}{s^{11}}$,所以由位移性质得

$$\mathscr{L}[e^{-2t} t^{10}] = \frac{10!}{(s+2)^{11}}.$$

性质 6 (延迟性质)设 $F(s) = \mathscr{L}[f(t)]$,且 $t < 0$ 时 $f(t) = 0$,则对任意非负实数 τ 有

$$\mathscr{L}[f(t-\tau)] = e^{-s\tau} F(s). \tag{7.2.8}$$

证明 $\mathscr{L}[f(t-\tau)] = \displaystyle\int_0^{+\infty} f(t-\tau) e^{-st} \, dt$

$$= e^{-s\tau} \int_0^{+\infty} f(t-\tau) e^{-(t-\tau)s} \, dt.$$

$$= e^{-s\tau} \left[\int_0^{\tau} f(t-\tau) e^{-(t-\tau)s} \, dt + \int_{\tau}^{+\infty} f(t-\tau) e^{-(t-\tau)s} \, dt \right].$$

因为 $t < \tau$ 时 $f(t-\tau) = 0$,所以上式第一个积分为 0. 对于第二个积分,令 $u = t - \tau$,

则 $\mathscr{L}[f(t-\tau)] = e^{-s\tau} \displaystyle\int_0^{+\infty} f(u) e^{-su} \, du = e^{-s\tau} F(s).$

$f(t-\tau)$ 与 $f(t)$ 相比,$f(t)$ 是从 $t=0$ 时开始有非零数值,而 $f(t-\tau)$ 是从 $t=\tau$ 时才有非零数值,即延迟了一个时间 τ. 如图 7-3 所示,$f(t-\tau)$ 的图像是由 $f(t)$ 的图像沿 t 轴向右平移距离 τ 得到的. 这个性质表示,时间函数延迟 τ 的 Laplace 变换等于它的像函数乘以指数因子 $e^{-s\tau}$.

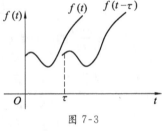

图 7-3

例 8 求函数 $u(t-\tau) = \begin{cases} 0, & t < \tau; \\ 1, & t > \tau \end{cases}$ 的 Laplace 变换.

解 因为 $\mathscr{L}[u(t)] = \dfrac{1}{s}$,由延迟性质可得

$$\mathscr{L}[u(t-\tau)] = \frac{1}{s} e^{-s\tau}.$$

例 9 求图 7-4 所示的阶梯函数 $f(t)$ 的 Laplace 变换.

解 $Au(t) = \begin{cases} A, & t > 0; \\ 0, & t < 0, \end{cases}$

$f(t) = Au(t) + Au(t-\tau) + Au(t-2\tau) +$

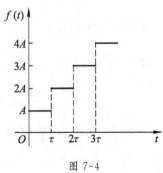

图 7-4

$$Au(t-3\tau)+\cdots,$$

而
$$\mathscr{L}[u(t-k\tau)]=\frac{1}{s}e^{-k\tau s}\quad(k=1,2,\cdots),$$

故
$$\mathscr{L}[f(t)]=\mathscr{L}\Big[A\sum_{k=0}^{+\infty}u(t-k\tau)\Big]$$
$$=A\sum_{k=0}^{+\infty}\Big(\frac{1}{s}e^{-k\tau s}\Big)$$
$$=\frac{A}{s}\frac{1}{1-e^{-s\tau}}\quad(\mathrm{Re}\,s>0).$$

注意 由 Laplace 变换的性质可以看出,若是求一个函数的导数的 Laplace 变换,利用原像函数的微分性质;若求一个函数乘以 t^n 的 Laplace 变换,利用像函数的微分性质;若求一个函数积分的 Laplace 变换,利用原像函数的积分性质;若求一个函数除以 t 的 Laplace 变换,利用像函数的积分性质;若求一个函数乘以 e^{kt} 的 Laplace 变换,利用位移性质.

习题 7.2

1. 利用 Laplace 变换的性质求下列函数的 Laplace 变换.

(1) $f(t)=\sin 3t+2e^{-4t}$;

(2) $f(t)=t\sin 2t$;

(3) $f(t)=(t+1)^2$;

(4) $f(t)=t^5e^{-t}$;

(5) $f(t)=\sin 3te^{-4t}$;

(6) $f(t)=u(2t-3)$;

(7) $f(t)=1-te^{-t}$;

(8) $f(t)=\dfrac{\sin 3t}{t}$;

(9) $f(t)=te^t\sin t$;

(10) $f(t)=\displaystyle\int_0^t \tau e^{\tau}\sin \tau d\tau$;

(11) $f(t)=e^t\displaystyle\int_0^t \tau\sin \tau d\tau$;

(12) $f(t)=\dfrac{1-e^{-t}}{t}$.

2. 利用 Laplace 变换计算下列积分.

(1) $\displaystyle\int_0^{+\infty}\frac{1-\cos t}{t}e^{-t}dt$;

(2) $\displaystyle\int_0^{+\infty}\frac{e^{-t}-e^{-2t}}{2t}dt$;

(3) $\displaystyle\int_0^{+\infty}\frac{e^{-t}\sin t}{t}dt$;

(4) $\displaystyle\int_0^{+\infty}e^{-3t}\cos 2tdt$.

3. 利用 Fourier 变换像函数的微分性质,求下列函数的逆变换 $f(t)$.

(1) $F(s)=\ln\dfrac{s+1}{s-1}$;

(2) $F(s)=\dfrac{s}{(s^2-1)^2}$.

4. 已知 $\mathscr{L}\Big[\dfrac{\sin t}{t}\Big]=\arctan\dfrac{1}{s}$,求 $\mathscr{L}\Big[\dfrac{\sin at}{t}\Big]$.

7.3 卷 积

在第 6 章我们讨论过函数 $f_1(t)$ 和 $f_2(t)$ 的卷积,其定义是

$$f_1(t) * f_2(t) = \int_{-\infty}^{+\infty} f_1(\tau) f_2(t-\tau) \mathrm{d}\tau,$$

若 $t<0$ 时, $f_1(t)=f_2(t)=0$,则 $f_1(t) * f_2(t) = \int_0^t f_1(\tau) f_2(t-\tau) \mathrm{d}\tau$

这就是本节要介绍的 Laplace 变换的卷积.

7.3.1 卷积概念

定义 7.3.1 设 $t>0$,称积分

$$\int_0^t f_1(\tau) f_2(t-\tau) \mathrm{d}\tau \tag{7.3.1}$$

为 $f_1(t)$ 和 $f_2(t)$ 与 Laplace 变换对应的卷积,简称 Laplace 卷积,记为 $f_1(t) * f_2(t)$.

由定义知,Laplace 卷积是在 6.4 节所讨论卷积当 $t<0$ 时 $f_1(t)=f_2(t)=0$ 的特例,所以它同样满足交换律、分配律和结合律. 这里不再赘述.

特别声明,本节下文所提及的卷积均指 Laplace 卷积.

例 1 设 $f_1(t)=t, f_2(t)=\cos t$,求 $f_1(t) * f_2(t)$.

解 $f_1(t) * f_2(t) = \int_0^t \tau \cdot \cos(t-\tau) \mathrm{d}\tau$

$$= -\tau \sin(t-\tau) \Big|_0^t + \int_0^t \sin(t-\tau) \mathrm{d}\tau$$

$$= \cos(t-\tau) \Big|_0^t = 1 - \cos t.$$

例 2 设 $f_1(t)=t, f_2(t)=u(t)$,求 $f_1(t) * f_2(t)$.

解 $f_1(t) * f_2(t) = \int_0^t \tau \cdot u(t-\tau) \mathrm{d}\tau = \int_0^t \tau \mathrm{d}\tau = \frac{1}{2} t^2$.

思考:把此例题中的 $f_2(t)=u(t)$ 换成 $f_2(t)=1$ 结果不变,请问为什么?

7.3.2 卷积定理

定理 7.3.1 设 $F_1(s) = \mathscr{L}[f_1(t)], F_2(s) = \mathscr{L}[f_2(t)]$,则

$$\mathscr{L}[f_1(t) * f_2(t)] = F_1(s) \cdot F_2(s),$$

$$\mathscr{L}^{-1}[F_1(s) \cdot F_2(s)] = f_1(t) * f_2(t). \tag{7.3.2}$$

证明 $\mathscr{L}[f_1(t) * f_2(t)] = \int_0^{+\infty} [f_1(t) * f_2(t)] \mathrm{e}^{-st} \mathrm{d}t$

$$= \int_0^{+\infty} \left[\int_0^t f_1(\tau) f_2(t-\tau) \mathrm{d}\tau \right] \mathrm{e}^{-st} \mathrm{d}t$$

$$\xrightarrow{\text{交换积分次序}} \int_0^{+\infty} f_1(\tau) \left[\int_\tau^{+\infty} f_2(t-\tau) e^{-st} dt \right] d\tau$$

$$\xrightarrow{\text{令} x=t-\tau} \int_0^{+\infty} f_1(\tau) \left[\int_0^{+\infty} f_2(x) e^{-s(x+\tau)} dx \right] d\tau$$

$$= \left[\int_0^{+\infty} f_1(\tau) e^{-s\tau} d\tau \right] \cdot \left[\int_0^{+\infty} f_2(x) e^{-sx} dx \right]$$

$$= F_1(s) \cdot F_2(s).$$

即有 $\mathscr{L}[f_1(t) * f_2(t)] = F_1(s) \cdot F_2(s)$.

在上式两边取 Laplace 逆变换即得式(7.3.2).

卷积定理说明,两个函数卷积的 Laplace 变换等于这两个函数 Laplace 变换的乘积. 此结论可以推广到 n 个函数的情形. 即若 $f_k(k=1,2,\cdots,n)$ 满足 Laplace 变换存在定理的条件,且 $F_k(s) = \mathscr{L}[f_k(t)](k=1,2,\cdots,n)$,则有

$$\mathscr{L}[f_1(t) * f_2(t) * \cdots * f_n(t)] = F_1(s) \cdot F_2(s) \cdots F_n(s).$$

利用式(7.3.2)可求乘积形式函数的 Laplace 逆变换.

例 3 设 $F(s) = \dfrac{1}{s(s^2+1)}$,求 $\mathscr{L}^{-1}[F(s)]$.

解 设 $F_1(s) = \dfrac{1}{s}, F_2(s) = \dfrac{1}{s^2+1}$,则

$$F(s) = \frac{1}{s} \cdot \frac{1}{s^2+1} = F_1(s) F_2(s),$$

而 $\qquad f_1(t) = \mathscr{L}^{-1}[F_1(s)] = 1, f_2(t) = \mathscr{L}^{-1}[F_2(s)] = \sin t.$

由卷积定理有

$$f(t) = \mathscr{L}^{-1}[F(s)] = f_1(t) * f_2(t) = 1 * \sin t = 1 - \cos t.$$

例 4 若 $F(s) = \dfrac{1}{(s^2+4s+13)^2}$,求 $\mathscr{L}^{-1}[F(s)]$.

解 $F(s) = \dfrac{1}{9} \left[\dfrac{3}{(s+2)^2+3^2} \right] \cdot \left[\dfrac{3}{(s+2)^2+3^2} \right]$,

由位移性质得

$$\mathscr{L}^{-1}\left[\frac{3}{(s+2)^2+3^2} \right] = e^{-2t} \cdot \sin 3t,$$

故 $\qquad \mathscr{L}^{-1}[F(s)] = \dfrac{1}{9}(e^{-2t}\sin 3t) * (e^{-2t}\sin 3t)$

$$= \frac{1}{9} \int_0^t e^{-2\tau} \cdot \sin 3\tau \cdot e^{-2(t-\tau)} \cdot \sin 3(t-\tau) d\tau$$

$$= \frac{1}{9} e^{-2t} \int_0^t \sin 3\tau \cdot \sin 3(t-\tau) d\tau$$

$$\xrightarrow{\text{积化和差}} \frac{1}{54} e^{-2t}(\sin 3t - 3t\cos 3t).$$

习题 7.3

1. 求下列卷积.

(1) $t * \sin t$；

(2) $\cos t * \sin t$；

(3) $t * t^2$；

(4) $\delta(t) * \sin t$；

(5) $t * u(t)$；

(6) $e^t * t$.

2. 利用卷积求下列函数的 Laplace 逆变换.

(1) $F(s) = \dfrac{1}{(s^2+1)^2}$；

(2) $F(s) = \dfrac{s}{(s^2+1)^2}$；

(3) $F(s) = \dfrac{1}{s(s^2+1)}$；

(4) $F(s) = \dfrac{s^2}{(s^2+1)^2}$.

3. 证明卷积满足分配律、结合律.

(1) $f_1(t) * [f_2(t) + f_3(t)] = f_1(t) * f_2(t) + f_1(t) * f_3(t)$；

(2) $f_1(t) * [f_2(t) * f_3(t)] = [f_1(t) * f_2(t)] * f_3(t)$.

4. 设 $F(s) = \mathscr{L}[f(t)]$，利用卷积定理证明 Laplace 变换的积分性质

$$\mathscr{L}\left[\int_0^t f(t)\mathrm{d}t\right] = \frac{1}{s}F(s).$$

7.4　Laplace 逆变换

在 7.1 节引入 Laplace 变换的定义过程中，我们知道，$f(t)$ 的 Laplace 变换实际上就是 $f(t)u(t)e^{-\beta t}$ 的 Fourier 变换. 即

$$F(s) = F(\beta + i\omega) = \int_{-\infty}^{+\infty} f(t)u(t)e^{-\beta t}e^{-i\omega t}\mathrm{d}t.$$

从而由 Fourier 逆变换公式可得

$$f(t)u(t)e^{-\beta t} = \frac{1}{2\pi}\int_{-\infty}^{+\infty} F(\beta + i\omega)e^{i\omega t}\mathrm{d}\omega,$$

当 $t > 0$ 时等式两端乘以 $e^{\beta t}$，则有

$$f(t) = \frac{1}{2\pi}\int_{-\infty}^{+\infty} F(\beta + i\omega)e^{(\beta + i\omega)t}\mathrm{d}\omega$$

$$\xrightarrow{\diamondsuit\, s = \beta + i\omega} \frac{1}{2\pi i}\int_{\beta - i\infty}^{\beta + i\infty} F(s)e^{st}\mathrm{d}s. \qquad (7.4.1)$$

这就是求 Laplace 逆变换的公式. 右端的积分称为 **Laplace 反演积分**. 这个积分是一个复积分，通过此积分来求 Laplace 逆变换往往是比较困难的，所以我们经常采用第 5 章中计算留数的方法. 下面就给出用留数求 Laplace 逆变换的定理.

　　定理 7.4.1　设 $s_1, s_2, \cdots, s_n$ 是 $F(s)$ 的所有奇点（均位于 Re $s < \beta$ 内），且

$$\lim_{s\to\infty}F(s)=0,$$

则有

$$f(t) = \frac{1}{2\pi i}\int_{\beta-i\infty}^{\beta+i\infty}F(s)e^{st}\,ds = \sum_{k=1}^{n}\mathrm{Res}[F(s)e^{st},s_k]. \tag{7.4.2}$$

*证明 以 $(\beta,0)$ 为圆心,R 为半径作半圆,如图 7-5 所示,当 R 充分大时,可以使 $F(s)$ 的所有奇点都包含在此半圆内. 因为 e^{st} 在整个复平面内是解析的,所以 $F(s)e^{st}$ 的奇点就是 $F(s)$ 的奇点. 因此,根据第 5 章留数定理可得

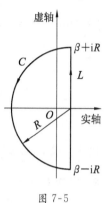

图 7-5

$$\oint_{C+L}F(s)e^{st}\,ds = 2\pi i\sum_{k=1}^{n}\mathrm{Res}[F(s)e^{st},s_k],$$

因为 $\lim_{s\to\infty}F(s)=0$,所以可证得 $\lim_{R\to\infty}\int_C F(s)e^{st}\,ds=0$,

从而 $\int_{\beta-i\infty}^{\beta+i\infty}F(s)e^{st}\,ds = 2\pi i\sum_{k=1}^{n}\mathrm{Res}[F(s)e^{st},s_k].$

即 $\quad f(t) = \dfrac{1}{2\pi i}\int_{\beta-i\infty}^{\beta+i\infty}F(s)e^{st}\,ds = \sum_{k=1}^{n}\mathrm{Res}[F(s)e^{st},s_k].$

注意 若 $F(s)=\dfrac{A(s)}{B(s)}$ 为有理函数,其中 $A(s),B(s)$ 是不可约的多项式函数,$A(s)$ 的次数小于 $B(s)$ 的次数,则 $F(s)$ 满足定理条件. 利用留数的计算方法可以求出 Laplace 逆变换 $f(t)$.

(1) 若 s_0 是 $B(s)$ 的一阶零点,而 $A(s)$ 在 s_0 解析且不为 0,即 s_0 是 $F(s)$ 的一阶极点,从而为 $F(s)e^{st}$ 的一阶极点,则

$$\mathrm{Res}[F(s)e^{st},s_0]=\frac{A(s_0)}{B'(s_0)}e^{s_0 t}. \tag{7.4.3}$$

(2) 若 s_0 是 $B(s)$ 的 m 阶零点,而 $A(s)$ 在 s_0 解析且不为 0,即 s_0 是 $F(s)$ 的 m 阶极点,从而为 $F(s)e^{st}$ 的 m 阶极点,则

$$\mathrm{Res}[F(s)e^{st},s_0]=\frac{1}{(m-1)!}\frac{d^{m-1}}{ds^{m-1}}[(s-s_0)^m F(s)e^{st}]. \tag{7.4.4}$$

例 1 求 $F(s)=\dfrac{1}{s^2+1}$ 的 Laplace 逆变换.

解 $\lim_{s\to\infty}F(s)=0$,$F(s)$ 的奇点:$s_1=i,s_2=-i$ 均为一阶极点. 故

$$f(t)=\mathrm{Res}\left[\frac{1}{s^2+1}e^{st},i\right]+\mathrm{Res}\left[\frac{1}{s^2+1}e^{st},-i\right]$$

$$=\frac{e^{st}}{2s}\bigg|_{s=i}+\frac{e^{st}}{2s}\bigg|_{s=-i}$$

$$= \frac{1}{2i}(e^{it} - e^{-it})$$

$$= \sin t.$$

例 2　求 $F(s) = \frac{1}{s(s-1)^2}$ 的 Laplace 逆变换.

解　$\lim\limits_{s \to \infty} F(s) = 0, s_1 = 0, s_2 = 1$ 分别为 $F(s)$ 的一阶极点和二阶极点. 故

$$f(t) = \text{Res}\left[\frac{1}{s(s-1)^2}e^{st}, 0\right] + \text{Res}\left[\frac{1}{s(s-1)^2}e^{st}, 1\right]$$

$$= \frac{e^{st}}{(s-1)^2}\bigg|_{s=0} + \left(\frac{e^{st}}{s}\right)'\bigg|_{s=1}$$

$$= 1 + e^t(t-1).$$

例 3　求 $F(s) = \frac{s}{(s-1)^3}$ 的 Laplace 逆变换.

解　$\lim\limits_{s \to \infty} F(s) = 0, s = 1$ 为 $F(s)$ 的三阶极点, 故

$$f(t) = \text{Res}\left[\frac{s}{(s-1)^3}e^{st}, 1\right]$$

$$= \frac{1}{2!}(se^{st})''\bigg|_{s=1}$$

$$= \frac{1}{2}(2te^{st} + st^2 e^{st})\bigg|_{s=1}$$

$$= \left(t + \frac{1}{2}t^2\right)e^t.$$

除了可以利用留数来求 Laplace 逆变换, 还可以用部分分式法, 将 $F(s)$ 化成几个已知函数的 Laplace 变换的和差. 为此需要记住几个常用函数的 Laplace 变换. 例如,

$$\mathscr{L}[\sin kt] = \frac{k}{s^2+k^2}, \quad \mathscr{L}[\cos kt] = \frac{s}{s^2+k^2}, \quad \mathscr{L}[t^n] = \frac{n!}{s^{n+1}},$$

$$\mathscr{L}[e^{kt}] = \frac{1}{s-k}, \quad \mathscr{L}[\delta(t)] = 1, \quad \cdots$$

例 4　求 $F(s) = \frac{1}{s(s-1)}$ 的 Laplace 逆变换.

解　因为 $F(s) = \frac{1}{s(s-1)} = \frac{1}{s-1} - \frac{1}{s}$, 而

$$\mathscr{L}^{-1}\left[\frac{1}{s-1}\right] = e^t, \quad \mathscr{L}^{-1}\left[\frac{1}{s}\right] = 1,$$

所以 $\mathscr{L}^{-1}\left[\frac{1}{s(s-1)}\right] = e^t - 1.$

例 5　求 $F(s) = \frac{1}{s^2(s^2+1)}$ 的 Laplace 逆变换.

解 因为 $F(s)=\dfrac{1}{s^2(s^2+1)}=\dfrac{1}{s^2}-\dfrac{1}{s^2+1}$, 而

$$\mathscr{L}^{-1}\left[\frac{1}{s^2}\right]=t,\ \mathscr{L}^{-1}\left[\frac{1}{s^2+1}\right]=\sin t,$$

所以 $\mathscr{L}^{-1}\left[\dfrac{1}{s^2(s^2+1)}\right]=t-\sin t.$

例 6 求 $F(s)=\dfrac{s}{s-3}$ 的 Laplace 逆变换.

解 因为 $F(s)=\dfrac{s}{s-3}=1+\dfrac{3}{s-3}$, 而

$$\mathscr{L}^{-1}[1]=\delta(t),\ \mathscr{L}^{-1}\left[\frac{3}{s-3}\right]=3\mathrm{e}^{3t},$$

所以 $\mathscr{L}^{-1}\left[\dfrac{s}{s-3}\right]=\delta(t)+3\mathrm{e}^{3t}.$

习题 7.4

1. 求下列函数的 Laplace 逆变换.

(1) $\dfrac{1}{s^5}$;

(2) $\dfrac{1}{s^2-9}$;

(3) $\dfrac{1}{(s-1)^2 s}$;

(4) $\dfrac{s}{(s+1)(s+2)}$;

(5) $\dfrac{1}{s^2(s-1)}$;

(6) $\dfrac{s^2}{(s^2+1)(s^2+4)}$;

(7) $\dfrac{1}{s^2(s^2+1)}$;

(8) $\dfrac{1}{s(s+1)(s+2)}$;

(9) $\dfrac{s}{s+1}$;

(10) $\dfrac{5+4s}{s^2+5s+6}$.

7.5 Laplace 变换的应用

Laplace 变换在工程技术中有着广泛应用,它在力学系统、电路系统及自动控制理论研究中具有重要作用.本节介绍它在求解微分方程、卷积型积分方程、微积分方程与微分方程组等方面的应用.

用 Laplace 变换求解微积分方程分 3 步,流程图如图 7-6 所示.

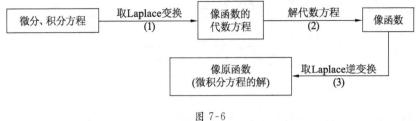

图 7-6

7.5.1 求解常系数线性微分方程和微积分方程

求解常系数线性微分方程主要是利用原像函数的微分性质：

$$\mathscr{L}[f^{(n)}(t)]=s^n F(s)-s^{n-1}f(0)-s^{n-2}f'(0)-\cdots-f^{(n-1)}(0).$$

这里主要讨论的是一阶和二阶微分方程，所以将要利用

$$\mathscr{L}[f'(t)]=sF(s)-f(0),$$

$$\mathscr{L}[f''(t)]=s^2 F(s)-sf(0)-f'(0).$$

求解微积分方程不仅要利用像原函数的微分性质，还要利用像原函数的积分性质：

$$\mathscr{L}\left[\int_0^t f(t)\mathrm{d}t\right]=\frac{1}{s}F(s),$$

还有卷积和卷积定理：

$$f_1(t)*f_2(t)=\int_0^t f_1(\tau)f_2(t-\tau)\mathrm{d}\tau,$$

$$\mathscr{L}[f_1(t)*f_2(t)]=F_1(s)\cdot F_2(s).$$

例 1 求微分方程 $y''+2y'-3y=\mathrm{e}^{-t}$ 满足初始条件 $y(0)=0,y'(0)=1$ 的解.

解 设 $Y(s)=\mathscr{L}[y(t)]$.

(1) 对方程两边取 Laplace 变换，由微分性质及初始条件得

$$[s^2 Y(s)-1]+[2sY(s)]-[3Y(s)]=\frac{1}{s+1} \quad (代数方程).$$

(2) 解上述代数方程 $Y(s)=\dfrac{s+2}{(s+1)(s-1)(s+3)}$ 得 $s_1=-1,s_2=1,s_3=-3$，

它们均为 $Y(s)$ 的奇点且为一阶极点.

(3) 求 Laplace 逆变换：

$$y(t)=\mathrm{Res}\left[\frac{s+2}{(s+1)(s-1)(s+3)}e^{st},-1\right]+$$

$$\mathrm{Res}\left[\frac{s+2}{(s+1)(s-1)(s+3)}e^{st},1\right]+\mathrm{Res}\left[\frac{s+2}{(s+1)(s-1)(s+3)}e^{st},-3\right]$$

$$=\frac{(s+2)e^{st}}{(s-1)(s+3)}\bigg|_{s=-1}+\frac{(s+2)e^{st}}{(s+1)(s+3)}\bigg|_{s=1}+\frac{(s+2)e^{st}}{(s+1)(s-1)}\bigg|_{s=-3}$$

$$=\frac{1}{8}(3\mathrm{e}^t-2\mathrm{e}^{-t}-\mathrm{e}^{-3t}).$$

例 2　求方程 $y''-2y'+2y=2\mathrm{e}^t\cos t$ 满足初始条件 $y(0)=0, y'(0)=0$ 的解.

解　设 $Y(s)=\mathscr{L}[y(t)]$，对方程两边取 Laplace 变换，由微分性质及初始条件得

$$s^2Y(s)-2sY(s)+2Y(s)=\frac{2(s-1)}{(s-1)^2+1},$$

解得

$$Y(s)=\frac{2(s-1)}{[(s-1)^2+1]^2}.$$

因为 $\mathscr{L}[\sin t]=\dfrac{1}{s^2+1}$，由微分性质有 $\mathscr{L}[t\sin t]=\dfrac{2s}{(s^2+1)^2}$，再由位移性质可知

$$\mathscr{L}[t\mathrm{e}^t\sin t]=\frac{2(s-1)}{[(s-1)^2+1]^2},$$

所以

$$y(t)=t\mathrm{e}^t\sin t.$$

例 3　求方程 $y''+4y'+5y=\delta(t)+\delta'(t)$ 满足初始条件 $y(0)=0, y'(0)=2$ 的解.

解　设 $Y(s)=\mathscr{L}[y(t)]$，对方程两边取 Laplace 变换，由微分性质及初始条件得：

$$s^2Y(s)-2+4sY(s)+5Y(s)=1+s,$$

解得

$$Y(s)=\frac{s+3}{s^2+4s+5}=\frac{s+2}{(s+2)^2+1}+\frac{1}{(s+2)^2+1}.$$

因为 $\mathscr{L}[\sin t]=\dfrac{1}{s^2+1}$，由位移性质有 $\mathscr{L}[\mathrm{e}^{-2t}\sin t]=\dfrac{1}{(s+2)^2+1}$.

因为 $\mathscr{L}[\cos t]=\dfrac{s}{s^2+1}$，由位移性质有 $\mathscr{L}[\mathrm{e}^{-2t}\cos t]=\dfrac{s+2}{(s+2)^2+1}$.

所以 $y(t)=\mathrm{e}^{-2t}(\cos t+\sin t)$.

例 4　求解积分方程 $y(t)=-a^2\displaystyle\int_0^t(t-\tau)y(\tau)\mathrm{d}\tau+at$.

解　设 $Y(s)=\mathscr{L}[y(t)]$，由卷积定义，原方程可化为

$$y(t)=-a^2[t*y(t)]+at,$$

对方程两边取 Laplace 变换并利用卷积定理得

$$Y(s)=-a^2\frac{Y(s)}{s^2}+\frac{a}{s^2},$$

解得

$$Y(s)=\frac{a}{s^2+a^2}.$$

取 Laplace 逆变换得解为 $y(t)=\sin at$.

例 5　求解微积分方程 $y'(t)+2y(t)=\sin t-\displaystyle\int_0^t y(\tau)\mathrm{d}\tau$ 满足 $y(0)=0$ 的解.

解 设 $Y(s) = \mathscr{L}[y(t)]$，对方程两边取 Laplace 变换并根据原像函数的积分性质得

$$sY(s) + 2Y(s) = \frac{1}{s^2+1} - \frac{1}{s}Y(s),$$

解得

$$Y(s) = \frac{s}{(s+1)^2(s^2+1)} = \frac{1}{2}\left[\frac{1}{s^2+1} - \frac{1}{(s+1)^2}\right].$$

取 Laplace 逆变换得解为

$$y(t) = \frac{1}{2}(\sin t - te^{-t}).$$

例 6 质量为 m 的物体挂在弹簧系数为 k 的弹簧一端，如图 7-7 所示，若物体自静止平衡位置 $x=0$ 处时受到冲击力 $f(t) = \delta(t)$ 开始运动，求该物体的运动规律 $x(t)$.

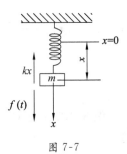

图 7-7

解 根据牛顿定律，有 $mx'' = \delta(t) - kx$.
所以所求 $x(t)$ 是物体的运动方程为 $mx'' + kx = \delta(t)$ 满足初始条件 $x(0) = x'(0) = 0$ 的解. 设 $X(s) = \mathscr{L}[x(t)]$，对方程两边取 Laplace 变换得

$$ms^2 X(s) + kX(s) = 1,$$

解得

$$X(s) = \frac{1}{ms^2+k} = \frac{1}{m}\frac{1}{s^2+\omega_0^2} \quad \left(\omega_0^2 = \frac{k}{m}\right).$$

再求 Laplace 逆变换，得

$$x(t) = \frac{1}{m\omega_0}\sin \omega_0 t.$$

可见在冲击力 $\delta(t)$ 的作用下，运动为一正弦振动，振幅是 $\dfrac{1}{m\omega_0}$，角频率是 ω_0.

7.5.2 求解变系数微分方程

上面几个例题是常系数线性微积分方程的边值问题，解此类方程，一般是利用原像函数的微分性质和积分性质，或卷积定理. 下面再介绍几个变系数微积分方程的例子，这一类方程通常是利用像函数的微分性质. 如

$$F^{(n)}(s) = \mathscr{L}[(-t)^n f(t)] \quad (n \in \mathbf{N})$$

一般会用到 $\mathscr{L}[tf(t)] = -F'(s)$ 和 $\mathscr{L}[t^2 f(t)] = F''(s)$.

例 7 求方程 $ty'' + (1-2t)y' - 2y = 0$ 满足初始条件 $y(0) = 1, y'(0) = 2$ 的解.

解 设 $Y(s) = \mathscr{L}[y(t)]$，对方程两边取 Laplace 变换得

$$\mathscr{L}[ty''] + \mathscr{L}[(1-2t)y'] - \mathscr{L}[2y] = 0,$$

即

$$-\frac{\mathrm{d}}{\mathrm{d}s}\mathscr{L}[y''] + \mathscr{L}[y'] + 2\frac{\mathrm{d}}{\mathrm{d}s}\mathscr{L}[y'] - \mathscr{L}[2y] = 0,$$

$$-\frac{\mathrm{d}}{\mathrm{d}s}[s^2Y(s)-sy(0)-y'(0)]+sY(s)-y(0)+2\frac{\mathrm{d}}{\mathrm{d}s}[sY(s)-y(0)]-2Y(s)=0.$$

将 $y(0)=1$，$y'(0)=2$ 代入上式并化简，解得

$$(2-s)Y'(s)-Y(s)=0.$$

这是可分离变量的一阶微分方程，分离变量得

$$\frac{\mathrm{d}Y}{Y}=-\frac{\mathrm{d}s}{s-2},$$

对上式积分后得到

$$\ln Y(s)=-\ln(s-2)+\ln c,$$

得

$$Y(s)=\frac{c}{s-2},$$

取 Laplace 逆变换得 $y(t)=c\mathrm{e}^{2t}$，由初始条件 $y(0)=1$ 可得 $c=1$.

所以满足初始条件的解为 $y(t)=\mathrm{e}^{2t}$.

例 8　求方程 $ty''-(1+t)y'+2y=t-1$ 满足初始条件 $y(0)=0$，$y'(0)=1$ 的解.

解　设 $Y(s)=\mathscr{L}[y(t)]$，对方程两边取 Laplace 变换得

$$\mathscr{L}[ty'']-\mathscr{L}[(1+t)y']+\mathscr{L}[2y]=\mathscr{L}[t-1],$$

即

$$-\frac{\mathrm{d}}{\mathrm{d}s}\mathscr{L}[y'']-\mathscr{L}[y']+\frac{\mathrm{d}}{\mathrm{d}s}\mathscr{L}[y']+2\mathscr{L}[y]=\mathscr{L}[t-1],$$

$$-\frac{\mathrm{d}}{\mathrm{d}s}[s^2Y(s)-sy(0)-y'(0)]-sY(s)+y(0)+\frac{\mathrm{d}}{\mathrm{d}s}[sY(s)-y(0)]+2Y(s)$$

$$=\frac{1}{s^2}-\frac{1}{s}.$$

将 $y(0)=0$，$y'(0)=1$ 代入上式并化简，解得

$$Y'(s)+\frac{3}{s}Y(s)=\frac{1}{s^3}.$$

这是一阶线性非齐次微分方程，解得

$$Y(s)=\frac{1}{s^2}+\frac{c}{s^3},$$

取 Laplace 逆变换得

$$y(t)=t+\frac{c}{2}t^2.$$

例 9　求微分方程 $ty''+y'+4ty=0$ 满足初始条件 $y(0)=3$，$y'(0)=0$ 的解.

解　设 $Y(s)=\mathscr{L}[y(t)]$，对方程两边取 Laplace 变换得

$$\mathscr{L}[ty'']+\mathscr{L}[y']+\mathscr{L}[4ty]=0,$$

即

$$-\frac{\mathrm{d}}{\mathrm{d}s}\mathscr{L}[y'']+\mathscr{L}[y']-4\frac{\mathrm{d}}{\mathrm{d}s}\mathscr{L}[y]=0,$$

$$-\frac{\mathrm{d}}{\mathrm{d}s}[s^2Y(s)-sy(0)-y'(0)]+sY(s)-y(0)-4\frac{\mathrm{d}}{\mathrm{d}s}[Y(s)]=0.$$

将 $y(0)=3$，$y'(0)=0$ 代入上式并化简，解得

$$(s^2+4)Y'(s)+sY(s)=0,$$

这是可分离变量的一阶微分方程，分离变量得

$$\frac{\mathrm{d}Y}{Y}=-\frac{s\mathrm{d}s}{s^2+4},$$

对上式积分后得到

$$\ln Y(s)=-\frac{1}{2}\ln(s^2+4)+\ln c,$$

得

$$Y(s)=\frac{c}{\sqrt{s^2+4}}.$$

取 Laplace 逆变换，查看附录 2 得

$$y(t)=cJ_0(2t),$$

其中 $J_0(t)$ 是零阶贝塞尔(Bessel)函数，且 $J_0(0)=0$，于是由初始条件 $y(0)=3$ 可得 $c=3$.

所以满足初始条件的解为 $y(t)=3J_0(2t)$.

7.5.3 求解方程组

利用 Laplace 变换不仅可以解方程，还可以求解方程组，其方法和求解方程相同.

例 10 求微分方程组 $\begin{cases} y''-x''+x'-y=e^t-2, \\ 2y''-x''-2y'+x=-t \end{cases}$ 满足 $x(0)=x'(0)=y(0)=y'(0)=0$ 的解.

解 设 $X(s)=\mathscr{L}[x(t)]$，$Y(s)=\mathscr{L}[y(t)]$.

(1) 对方程组两边取 Laplace 变换得：

$$\begin{cases} s^2Y(s)-s^2X(s)+sX(s)-Y(s)=\dfrac{1}{s-1}-\dfrac{2}{s}, \\ 2s^2Y(s)-s^2X(s)-2sY(s)+X(s)=\dfrac{-1}{s^2}, \end{cases}$$

解得

$$\begin{cases} X(s)=\dfrac{2s-1}{s^2(s-1)^2} \ (s_1=0,s_2=1,均为二阶极点), \\ Y(s)=\dfrac{1}{s(s-1)^2} \ (s_1=0,一阶极点;s_2=1,二阶极点). \end{cases}$$

取 Laplace 逆变换得

$$x(t) = \text{Res}\left[\frac{2s-1}{s^2(s-1)^2}e^{st}, 0\right] + \text{Res}\left[\frac{2s-1}{s^2(s-1)^2}e^{st}, 1\right]$$

$$= \frac{d}{ds}\left[\frac{(2s-1)e^{st}}{(s-1)^2}\right]_{s=0} + \frac{d}{ds}\left[\frac{(2s-1)e^{st}}{s^2}\right]_{s=1}$$

$$= -t + te^t,$$

$$y(t) = \text{Res}\left[\frac{e^{st}}{s(s-1)^2}, 0\right] + \text{Res}\left[\frac{e^{st}}{s(s-1)^2}, 1\right]$$

$$= \frac{e^{st}}{(s-1)^2}\bigg|_{s=0} + \frac{d}{ds}\left(\frac{e^{st}}{s}\right)\bigg|_{s=1}$$

$$= 1 - e^t + te^t.$$

例 11　在如图 7-8 所示的电路中,已知输入电压 $u_0 = u_0(t)$,求当开关 S 闭合后自感中的电流强度 $i_1(t)$.(设 $i_1(0)=0$, $u_0(0)=0$)

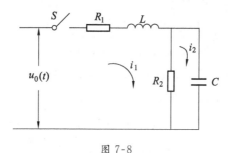

图 7-8

解　根据基尔霍夫定律,列出两个回路中的电流 i_1 与 i_2 所满足的方程组:

$$\begin{cases} (R_1+R_2)i_1 + L\dfrac{di_1}{dt} - R_2 i_2 = u_0(t), \\[2mm] -R_2 i_1 + R_2 i_2 + \dfrac{1}{C}\displaystyle\int_0^t i_2(t)dt = 0. \end{cases}$$

设 $I_1(s) = \mathscr{L}[i_1(t)]$, $I_2(s) = \mathscr{L}[i_2(t)]$, $U_0(s) = \mathscr{L}[u_0(t)]$.
对方程组取 Laplace 变换得

$$\begin{cases} (R_1+R_2)I_1(s) + LsI_1(s) - R_2 I_2(s) = U_0(s), \\[2mm] -R_2 I_1(s) + R_2 I_2(s) + \dfrac{1}{sC}I_2(s) = 0, \end{cases}$$

由此解得

$$I_1(s) = \frac{\left(R_2 + \dfrac{1}{sC}\right)U_0(s)}{(Ls+R_1+R_2)\left(R_2 + \dfrac{1}{sC}\right) - R_2^2}$$

$$= \frac{(R_2 sC+1)U_0(s)}{(Ls+R_1+R_2)(R_2 sC+1) - R_2^2 sC}.$$

当 $R_1, R_2, L, C, u_0(t)$ 已知时,可通过 Laplace 逆变换求得 $i_1(t)$.

从本节的例题中可以看出，用 Laplace 变换求解方程时，避免了高等数学中先求通解再求特解的复杂运算，使求解过程变得简单. 此外，当方程中含有不连续函数，比如 $\delta(t)$ 时，用 Laplace 变换求解没有任何困难，但是高等数学的一般解法就会困难得多.

习题 7.5

1. 求下列常系数微分方程的解.

(1) $y'' + 2y' + y = u(t), y(0) = 0, y'(0) = 1$;

(2) $y'' + 2y' + y = e^{-t}, y(0) = 0, y'(0) = 1$;

(3) $y' + y = \sin t, y(0) = -1$;

(4) $y'' - y = t, y(0) = 1, y'(0) = -1$;

(5) $y'' + 2y' + 5y = e^{-t}\sin t, y(0) = 0, y'(0) = 1$;

(6) $y''' + 3y'' + 3y' + y = 1, y(0) = y'(0) = y''(0) = 0$;

(7) $y''' + y' = e^{2t}, y(0) = y'(0) = y''(0) = 0$;

(8) $y^{(4)} + 2y'' + y = 0, y(0) = y'(0) = y''(0) = 0, y'''(0) = 1$.

2. 求下列变系数微分方程的解.

(1) $ty'' + 2(t-1)y' + (t-2)y = 0, y(0) = 2$;

(2) $ty'' + 2y' + ty = 0, y(0) = 1, y'(0) = k, k$ 为常数.

3. 求下列微积分方程的解.

(1) $\displaystyle\int_0^t \cos(t-\tau)y(\tau)\mathrm{d}\tau = t\cos t$;

(2) $\displaystyle\int_0^t \sin(t-\tau)y(\tau)\mathrm{d}\tau = y(t) - t$;

(3) $\mathrm{e}^{-t} - \displaystyle\int_0^t y(\tau)\mathrm{d}\tau = y(t)$;

(4) $\displaystyle\int_0^t \mathrm{e}^{t-\tau}y(\tau)\mathrm{d}\tau + y(t) = 2t - 3$;

(5) $y'(t) + \displaystyle\int_0^t y(\tau)\mathrm{d}\tau = 1$.

本章小结

1. Laplace 变换的概念

(1) Laplace 变换的定义

设 $f(t)$ 在 $t \geqslant 0$ 时有定义,而积分 $\int_0^{+\infty} f(t) \mathrm{e}^{-st} \mathrm{d}t$($s$ 是复参变量)在 s 的某一个域内收敛,由此定义了一个复变函数

$$F(s) = \int_0^{+\infty} f(t) \mathrm{e}^{-st} \mathrm{d}t,$$

称 $F(s)$ 为 $f(t)$ 的 Laplace 变换.

(2) Laplace 积分存在定理

若函数 $f(t)$ 在区间 $[0, +\infty)$ 上满足下列条件:

① $f(t)$ 在任意有限区间上分段连续;

② 存在常数 $M > 0, c_0 > 0$,使得 $|f(t)| < M \mathrm{e}^{c_0 t}$,

则在半平面 $\mathrm{Re} s > c_0$ 上,积分 $\int_0^{+\infty} f(t) \mathrm{e}^{-st} \mathrm{d}t$ 存在,由此积分所确定的函数 $F(s)$ 解析.

2. Laplace 变换的性质

(1) 线性性质

设 $F_1(s) = \mathscr{L}[f_1(t)]$,$F_2(s) = \mathscr{L}[f_2(t)]$,$\alpha, \beta$ 是常数,则

$$\mathscr{L}[\alpha f_1(t) + \beta f_2(t)] = \alpha F_1(s) + \beta F_2(s).$$

(2) 微分性质

如果 $\mathscr{L}[f(t)] = F(s)$,则

① 像原函数的微分性质:$\mathscr{L}[f'(t)] = sF(s) - f(0)$;

$\mathscr{L}[f''(t)] = s^2 F(s) - sf(0) - f'(0)$;

$\mathscr{L}[f^{(n)}(t)] = s^n F(s) - s^{n-1} f(0) - s^{n-2} f'(0) - \cdots - f^{(n-1)}(0)$.

② 像函数的微分性质:$F^{(n)}(s) = \mathscr{L}[(-t)^n f(t)]$ $(n \in \mathbf{N})$.

(3) 积分性质

如果 $\mathscr{L}[f(t)] = F(s)$,则

① 原像函数的积分性质:$\mathscr{L}\left[\int_0^t f(t) \mathrm{d}t\right] = \dfrac{1}{s} F(s)$.

② 像函数的积分性质:$\mathscr{L}\left[\dfrac{f(t)}{t}\right] = \int_s^{\infty} F(s) \mathrm{d}s$.

(4) 位移性质

如果 $f(t) = F(s)$,则 $\mathscr{L}[\mathrm{e}^{at} f(t)] = F(s-a)$,$\mathrm{Re}(s-a) > c$.

(5) 延迟性质

如果 $f(t) = F(s)$, 则 $\mathscr{L}[f(t \pm \tau)] = e^{\pm s\tau}F(s)$.

3. 卷积

(1) 卷积概念

设 $t > 0$, 称积分 $\int_0^t f_1(\tau)f_2(t-\tau)\mathrm{d}\tau$ 为 $f_1(t)$ 和 $f_2(t)$ 的卷积, 记为 $f_1(t) * f_2(t)$.

(2) 卷积定理

设 $F_1(s) = \mathscr{L}[f_1(t)]$, $F_2(s) = \mathscr{L}[f_2(t)]$, 则 $\mathscr{L}[f_1(t) * f_2(t)] = F_1(s) \cdot F_2(s)$.

4. Laplace 逆变换

(1) Laplace 反演积分

$$f(t) = \frac{1}{2\pi \mathrm{i}}\int_{\beta-\mathrm{i}\infty}^{\beta+\mathrm{i}\infty} F(s)e^{st}\mathrm{d}s, \ t > 0.$$

(2) 用留数求 Laplace 逆变换

定理: 若 $s_1, s_2, \cdots, s_n$ 是函数 $F(s)$ 的所有奇点, 且当 $s \to \infty$ 时, $F(s) \to 0$, 则有

$$f(t) = \sum_{k=1}^{n} \operatorname*{Res}_{s=s_k}[F(s)e^{st}].$$

① 若 s_0 是 $B(s)$ 的一阶零点, 而 $A(s)$ 在 s_0 解析且不为 0, 即 s_0 是 $F(s)$ 的一阶极点, 从而为 $F(s)e^{st}$ 的一阶极点, 则

$$\operatorname{Res}[F(s)e^{st}, s_0] = \frac{A(s_0)}{B'(s_0)}e^{s_0 t};$$

② 若 s_0 是 $B(s)$ 的 m 阶零点, 而 $A(s)$ 在 s_0 解析且不为 0, 即 s_0 是 $F(s)$ 的 m 阶极点, 从而为 $F(s)e^{st}$ 的 m 阶极点, 则

$$\operatorname{Res}[F(s)e^{st}, s_0] = \frac{1}{(m-1)!}\frac{\mathrm{d}^{m-1}}{\mathrm{d}s^{m-1}}[(s-s_0)^m F(s)e^{st}].$$

5. Laplace 变换的应用

利用 Laplace 变换解微分积分方程, 首先对所给方程两端进行 Laplace 变换, 得出关于未知函数 $f(t)$ 的 Laplace 变换 $F(s)$ 的代数方程, 从而求出 $F(s)$, 再由逆变换求出 $f(t)$.

复习题 7

1. 填空题.

(1) 已知 $\mathscr{L}[t^2] = \dfrac{2}{s^3}$, 则 $\mathscr{L}[t^2 e^{2t}] = \underline{\hspace{2cm}}$.

(2) 已知 $f(t) = \begin{cases} t^2, & 0 < t \leqslant 1; \\ 0, & t > 1, \end{cases}$ 则 $\mathscr{L}[f''(t)] = \underline{\hspace{2cm}}$.

(3) 已知 $f(t) = \begin{cases} t, & 0 < t < 1; \\ 0, & 1 < t < 2, \end{cases}$ 且对所有 $t > 0$ 都满足 $f(t+2) = f(t)$, 则

$\mathscr{L}[f(t)] = $ _____.

(4) 已知 $f(t) = t^n e^{-at} u(t)$, 则 $F(s) = \mathscr{L}[f(t)]$ 的收敛域为 _____.

(5) 已知 $F(s) = \mathscr{L}[f(t)]$, $\mathscr{L}^{-1}[sF'(s)] = $ _____.

2. 求下列函数的 Laplace 变换.

(1) $f(t) = u(3t - 6)$;

(2) $f(t) = \dfrac{e^{at} - e^{bt}}{t}$;

(3) $f(t) = \sin t - t + 1$;

(4) $f(t) = \begin{cases} 2, & t > 1; \\ 0, & 0 < t < 1. \end{cases}$

3. 若 $\mathscr{L}[f''(t)] = \text{arccot } s$, 且 $f(0) = 2, f'(0) = -1$, 求 $\mathscr{L}[f(t)]$.

4. 若 $\mathscr{L}[f(t)] = \dfrac{1}{(s-1)^3}$, 求 $\mathscr{L}\left[\displaystyle\int_0^t f(u)\,du\right]$.

5. 计算积分 $\displaystyle\int_0^{+\infty} \dfrac{1 - \cos 2t}{t} e^{-2t}\,dt$.

6. 求下列函数的 Laplace 逆变换.

(1) $\dfrac{s^2}{s^2 + 1}$;

(2) $\dfrac{1}{(s^2 + 1)^2}$;

(3) $\dfrac{s+1}{s(s^2 + s - 6)}$;

(4) $\dfrac{2e^{-s} - e^{-2s}}{s}$.

7. 求下列卷积.

(1) $1 * 1$;

(2) $\cos t * \sin t$.

8. 利用 Laplace 变换求下列方程的解.

(1) $y'' - y = 1$ 满足 $y(0) = 0, y'(0) = 0$;

(2) $y' + y = \delta(t)$ 满足 $y(0) = 1$;

(3) $y'(t) + 3y(t) + 2\displaystyle\int_0^t y(\tau)\,d\tau = 10e^{-3t}, y(0) = 0.$

部分习题答案

第1章

习题 1.1

1. (1) $\operatorname{Re} z = 0, \operatorname{Im} z = -1, \bar{z} = \mathrm{i}$;

    (2) $\operatorname{Re} z = -\dfrac{3}{10}, \operatorname{Im} z = \dfrac{1}{10}, \bar{z} = -\dfrac{3}{10} - \dfrac{1}{10}\mathrm{i}$;

    (3) $\operatorname{Re} z = \dfrac{3}{2}, \operatorname{Im} z = -\dfrac{1}{2}, \bar{z} = \dfrac{3}{2} + \dfrac{1}{2}\mathrm{i}$;

    (4) $\operatorname{Re} z = 1, \operatorname{Im} z = -4, \bar{z} = 1 + 4\mathrm{i}$.

2. $x = 1, y = 11$.

4. 1.

习题 1.2

1. (1) $|z| = 1, \arg z = \pi, \operatorname{Arg} z = (2k+1)\pi, k \in \mathbf{Z}$;

    (2) $|z| = \sqrt{2}, \arg z = -\dfrac{3}{4}\pi, \operatorname{Arg} z = -\dfrac{3}{4}\pi + 2k\pi, k \in \mathbf{Z}$;

    (3) $|z| = \dfrac{5}{2}\sqrt{29}, \arg z = \arctan \dfrac{26}{7} - \pi, \operatorname{Arg} z = \arctan \dfrac{26}{7} - \pi + 2k\pi, k \in \mathbf{Z}$;

    (4) $|z| = 1, \arg z = -\dfrac{1}{3}\pi, \operatorname{Arg} z = -\dfrac{1}{3}\pi + 2k\pi, k \in \mathbf{Z}$.

2. (1) 三角表示式:$2\left(\cos \dfrac{\pi}{6} + \mathrm{i}\sin \dfrac{\pi}{6}\right)$,指数表示式:$\mathrm{e}^{\frac{\pi}{6}\mathrm{i}}$;

    (2) 三角表示式:$\sqrt{10}[\cos (\pi - \arctan 3) + \mathrm{i}\sin (\pi - \arctan 3)]$.
        指数表示式:$\sqrt{10}\,\mathrm{e}^{(\pi - \arctan 3)\mathrm{i}}$;

    (3) 三角表示式:$\cos \left(\dfrac{\pi}{2} - \alpha\right) + \mathrm{i}\sin \left(\dfrac{\pi}{2} - \alpha\right)$,指数表示式:$\mathrm{e}^{(\frac{\pi}{2} - \alpha)\mathrm{i}}$;

    (4) 三角表示式:$\cos 19\varphi + \mathrm{i}\sin 19\varphi$,指数表示式:$\mathrm{e}^{19\varphi\mathrm{i}}$;

3. $z = -1 + 2\mathrm{i}$.

4. 三角表示式:$-2\cos \left(\dfrac{\pi}{4} - \dfrac{\alpha}{2}\right)\left[\cos \left(\dfrac{5}{4}\pi - \dfrac{\alpha}{2}\right) + \mathrm{i}\sin \left(\dfrac{5}{4}\pi - \dfrac{\alpha}{2}\right)\right]$,

指数表示式：$-2\cos\left(\dfrac{\pi}{4}-\dfrac{\alpha}{2}\right)\mathrm{e}^{\left(\frac{5\pi}{4}-\alpha\right)\mathrm{i}}$；$\arg z=-\left(\dfrac{3}{4}\pi+\dfrac{\alpha}{2}\right)$.

5. $|z|=1$.

6. $z=\dfrac{3}{4}+\mathrm{i}$.

7. 几何意义：平行四边形对角线平方和等于各边平方和.

8. $(\sqrt{5}-\sqrt{2},\sqrt{5}+\sqrt{2})$.

习题 1.3

1. (1) $-8\mathrm{i}$；

   (2) -1；

   (3) $\sqrt[8]{8}\left(\cos\dfrac{3\pi+8k\pi}{16}+\mathrm{i}\sin\dfrac{3\pi+8k\pi}{16}\right),k=0,1,2,3$；

   (4) $\sqrt[12]{2}\left(\cos\dfrac{-\pi+8k\pi}{24}+\mathrm{i}\sin\dfrac{-\pi+8k\pi}{24}\right),k=0,1,2,3,4,5$.

2. 模不变,辐角减少 $\dfrac{\pi}{2}$.

3. $-\dfrac{1}{2}+\dfrac{\sqrt{3}}{2}\mathrm{i}$.

4. $z=\cos\dfrac{(2k+1)\pi}{6}+\mathrm{i}\sin\dfrac{(2k+1)\pi}{6},k=0,1,2,3,4,5$.

5. $n=4k,k\in\mathbf{Z}$.

6. $z_3=\dfrac{3+\sqrt{3}}{2}+\dfrac{1-\sqrt{3}}{2}\mathrm{i}$ 或 $z_3=\dfrac{3-\sqrt{3}}{2}+\dfrac{1+\sqrt{3}}{2}\mathrm{i}$.

7. 0.

习题 1.4

1. (1) $\overline{A}z+A\overline{z}+B=0$,其中 $A=a+\mathrm{i}b,B=2c$；

   (2) $Az\overline{z}+\overline{B}z+B\overline{z}+C=0$,其中 $A=2a,B=b+\mathrm{i}c,C=2d$.

2. (1)以 $(0,-2)$ 为圆心,1 为半径的圆周：$x^2+(y+2)^2=1$；

   (2) 以 $(-3,0),(-1,0)$ 为焦点,4 为长轴的椭圆：$\dfrac{(x+2)^2}{4}+\dfrac{y^2}{3}=1$；

   (3) 直线 $x=-3$；

   (4) 直线 $y=3$；

   (5) 直线 $x=\dfrac{5}{2}$ 及其左方的区域；

   (6) 以 i 为起点(不含 i)的射线 $y-x-1=0(x>0)$；

   (7) 当 $a=b$ 时轨迹为 $y=0$,当 $a>b$ 时轨迹为 $y^2=2(a-b)\left(x-\dfrac{a+b}{2}\right)$,当 $a<b$

时无意义.

3. (1) $y<\dfrac{1}{2}$,无界单连通区域;

(2) $(x-1)^2+y^2>4$,无界多连通区域;

(3) 圆环的一部分,有界单连通区域;

(4) $x^2-y^2<1$,无界单连通区域;

(5) 直线 $x=-1$ 右边的区域(不含直线 $x=-1$),无界单连通区域;

(6) 由射线 $\arg z=-1$ 及 $\arg z=-1+\pi$ 构成的角形区域(不含两射线),无界单连通区域;

(7) $x^2+y^2>\dfrac{1}{9}$,圆的外部,无界多连通区域;

(8) 当 $0<a<1$ 时,区域为圆的外部,是无界多连通区域;当 $a=1$ 时,区域为左半平面,是无界单连通区域;当 $a>1$ 时,区域为圆的内部,是有界单连通区域.

4. (1) 位于 z_1 与 z_2 连线的中点;

(2) 当 λ 为实数时,z 位于 z_1 与 z_2 的连线上,若 $0<\lambda<1$,则 z 是在以 z_1 与 z_2 为端点的线段上的点.

5. (1) 直线 $y=x$;(2) 椭圆 $\dfrac{x^2}{a^2}+\dfrac{y^2}{b^2}=1$;

(3) $xy=1$(等轴双曲线);

(4) $xy=1(x>0,y>0)$ 等轴双曲线在第一象限中的一支.

习题 1.5

1. $w_1=-1,w_2=-3+4i,w_3=1$.

2. (1) 圆周 $u^2+v^2=\dfrac{1}{9}$;(2) 直线 $u+v=0$.

3. w 平面上的椭圆 $\dfrac{u^2}{\left(\dfrac{5}{2}\right)^2}+\dfrac{v^2}{\left(\dfrac{3}{2}\right)^2}=1$.

习题 1.6

1. (1) $\dfrac{3}{2}$; (2) 0.

2. (1) 定义域为整个复平面,是连续函数;

(2) 定义域为除点 $z=1\pm i$ 外的复平面,在定义域内是连续函数.

5. 是.

6. $\lim\limits_{z\to 0}f(z)=0\neq f(0)$,故在 $z=0$ 不连续.

复习题 1

1. (1) $\operatorname{Re}z=\dfrac{3}{2},\operatorname{Im}z=-\dfrac{5}{2},\bar{z}=\dfrac{3}{2}+\dfrac{5}{2}i,|z|=\dfrac{\sqrt{34}}{2},\arg z=-\arctan\dfrac{5}{3}$;

(2) $\text{Re } z=\dfrac{\sqrt{3}}{2}$，$\text{Im } z=-\dfrac{1}{2}$，$\bar{z}=\dfrac{\sqrt{3}}{2}+\dfrac{1}{2}\mathrm{i}$，$|z|=1$，$\arg z=-\dfrac{\pi}{6}$；

(3) $\text{Re } z=\dfrac{1}{2}$，$\text{Im } z=-\dfrac{\sqrt{3}}{2}$，$\bar{z}=\dfrac{1}{2}+\dfrac{\sqrt{3}}{2}\mathrm{i}$，$|z|=1$，$\arg z=-\dfrac{\pi}{3}$．

2. (1) $x=-\dfrac{4}{11}$，$y=\dfrac{5}{11}$；　　(2) $x_1=2$，$y_1=1$；$x_2=\dfrac{2}{3}$，$y_2=\dfrac{1}{2}$．

3. 三角表示式：$z_1 z_2=2\left(\cos\dfrac{\pi}{12}+\mathrm{isin}\dfrac{\pi}{12}\right)$，$\dfrac{z_1}{z_2}=\dfrac{1}{2}\left(\cos\dfrac{5\pi}{12}+\mathrm{isin}\dfrac{5\pi}{12}\right)$；

指数表示式：$z_1 z_2=2\mathrm{e}^{\frac{\pi}{12}\mathrm{i}}$，$\dfrac{z_1}{z_2}=\dfrac{1}{2}\mathrm{e}^{\frac{5\pi}{12}\mathrm{i}}$．

4. $-\mathrm{i}$．

6. $-1+\sqrt{3}\mathrm{i}$．

7. (1) $-16\sqrt{3}-16\mathrm{i}$；　　(2) $\cos\dfrac{\pi+4k\pi}{12}+\mathrm{isin}\dfrac{\pi+4k\pi}{12}$，$k=0,1,2,3,4,5$．

9. $x^2+y^2=1$．

10. (1)以点 $z=\mathrm{i}$ 为顶点、两射线分别与正实轴成角度为$\dfrac{\pi}{4}$和$\dfrac{3\pi}{4}$的角形区域内部，

它是无界的、开的单连通区域；

(2) 单位圆 $|z|=1$ 及其内部区域(即 $|z|\leqslant 1$)，它是有界的、闭的单连通区域；

(3) 圆$(x+6)^2+y^2=40$ 及其内部区域，它是有界的、闭的单连通区域。

12. 半直线 $u=a^2$，$v\geqslant 0$；$v=a^2$，$u\geqslant 0$；$u+v=a^2$，$u\geqslant 0$，$v\geqslant 0$．

13. (1) 极限存在，且为 0；　　(2) 极限不存在；　　(3) 极限存在且为 $-\dfrac{1}{2}$．

第2章

习题 2.1

1. (1) $f'(z)=-\dfrac{1}{z^2}$；　　(2) $f(z)$在 $z\neq 0$ 时不可导，在 $z=0$ 时可导且导数为 0．

2. (1) ± 1；　　　　(2) $0,\pm 2\mathrm{i}$；　　　　(3) $-1,\pm\mathrm{i}$．

3. (1) $f'(z)=6(z+1)^5$，$f(z)$在整个复平面内处处解析；

(2) $f'(z)=3z^2+2\mathrm{i}$，$f(z)$在整个复平面内处处解析；

(3) $f'(z)=\dfrac{2z}{(z^2+1)^2}$ ($z\neq\pm\mathrm{i}$)，$f(z)$在除去 $z=\pm\mathrm{i}$ 外处处解析；

(4) $f'(z)=\dfrac{ad-bc}{(cz+d)^2}$，若 $c=0$，则 $f(z)$处处解析，若 $c\neq 0$，则除点 $z=-\dfrac{d}{c}$ 外

$f(z)$在复平面上处处解析．

4. 处处不可导.

习题 2.2

1. （1）处处不可导，处处不解析；

   （2）仅在直线 $y = \dfrac{1}{2}$ 上可导，处处不解析；

   （3）仅在直线 $\sqrt{2}\,x \pm \sqrt{3}\,y = 0$ 上可导，处处不解析；

   （4）处处可导，处处解析；

   （5）仅在 $z = 0$ 处可导，处处不解析.

2. 仅在 $x = y = 0$ 和 $x = y = \dfrac{3}{4}$ 时可导，处处不解析；

$$f'(0) = 0,\quad f'\left(\dfrac{3}{4} + \dfrac{3}{4}\mathrm{i}\right) = \dfrac{27}{16}(1 + \mathrm{i}).$$

3. $a = 2, b = c = -1, d = 2.$

4. $a = \dfrac{1}{2}.$

习题 2.3

1. （1）$\dfrac{1}{2}\mathrm{e}^{\frac{2}{3}}(1 - \sqrt{3}\mathrm{i})$;   （2）$\dfrac{\sqrt{2}}{2}\mathrm{e}^{\frac{1}{4}}(1 + \mathrm{i})$;

   （3）$-\dfrac{\mathrm{e}^5 + \mathrm{e}^{-5}}{2}$;   （4）$\mathrm{ch}\,1\cos 1 - \mathrm{ish}\,1\sin 1.$

2. （1）$\ln 2\sqrt{3} + \mathrm{i}\left(2k\pi - \dfrac{\pi}{6}\right), k \in \mathbf{Z}$，主值：$\ln 2\sqrt{3} - \dfrac{\pi}{6}\mathrm{i}$;

   （2）$\left(2k - \dfrac{1}{2}\right)\pi\mathrm{i}, k \in \mathbf{Z}$，主值：$-\dfrac{\pi}{2}\mathrm{i}$;

   （3）$\sqrt{2}\mathrm{e}^{\frac{\pi}{4} + 2k\pi}\left[\cos\left(\dfrac{\pi}{4} - \ln\sqrt{2}\right) + \mathrm{i}\sin\left(\dfrac{\pi}{4} - \ln\sqrt{2}\right)\right], k \in \mathbf{Z}$,

   主值：$\sqrt{2}\mathrm{e}^{\frac{\pi}{4}}\left[\cos\left(\dfrac{\pi}{4} - \ln\sqrt{2}\right) + \mathrm{i}\sin\left(\dfrac{\pi}{4} - \ln\sqrt{2}\right)\right]$;

   （4）$27\mathrm{e}^{2k\pi}(\cos\ln 3 - \mathrm{i}\sin\ln 3), k \in \mathbf{Z}$，主值：$27(\cos\ln 3 - \mathrm{i}\sin\ln 3)$;

   （5）$3^{\sqrt{5}}\left[\cos\sqrt{5}(2k+1)\pi + \mathrm{i}\sin\sqrt{5}(2k+1)\pi\right], k \in \mathbf{Z}$,

   主值：$3^{\sqrt{5}}(\cos\sqrt{5}\pi + \mathrm{i}\sin\sqrt{5}\pi)$.

3. （1）$z = n\pi$ $(n = 0, \pm 1, \pm 2, \cdots)$;

   （2）$z = (2n+1)\pi\mathrm{i}$ $(n = 0, \pm 1, \pm 2, \cdots)$;

   （3）$z = \left(\dfrac{\pi}{2} + 2n\pi\right)\mathrm{i}$ $(n = 0, \pm 1, \pm 2, \cdots)$;

   （4）$z = \dfrac{1}{2}\left[(2n+1)\pi - \arctan\dfrac{1}{2}\right] + \dfrac{\mathrm{i}}{4}\ln 5$ $(n = 0, \pm 1, \pm 2, \cdots)$.

5. 实部为 $e^{e^x \cos y} \cos(e^x \sin y)$,虚部为 $e^{e^x \cos y} \sin(e^x \sin y)$.

7. (1)(2)成立;(3)(4)(5)不成立.

8. 不一定.

复习题 2

1. (1) 处处可导,处处解析;

(2) 在 $z=0$ 处可导,在复平面处处不解析.

3. $\sqrt[8]{2}\left[\cos\dfrac{\pi+8k\pi}{16}+\mathrm{i}\sin\dfrac{\pi+8k\pi}{16}\right],k=0,1,2,3.$

4. $a=2.$

5. $w'=\dfrac{y^2-x^2}{(x^2+y^2)^2}+\mathrm{i}\,\dfrac{2xy}{(x^2+y^2)^2}.$

6. (1) e^{-2x};   (2) $e^{x^2-y^2}$;   (3) $e^{\frac{x}{x^2+y^2}}\cos\dfrac{y}{x^2+y^2}.$

9. (1) $\dfrac{1}{2}\ln 2+\mathrm{i}\left(\dfrac{\pi}{4}+2k\pi\right),k\in\mathbf{Z}$;

(2) $e^{-(\frac{\pi}{4}+2k\pi)}\left(\cos\dfrac{\ln 2}{2}+\mathrm{i}\sin\dfrac{\ln 2}{2}\right),k\in\mathbf{Z}.$

11. (1) $z=\ln 2+\mathrm{i}\left(2k\pi+\dfrac{\pi}{3}\right),k\in\mathbf{Z}$;   (2) $z=\mathrm{i}.$

(2) $z=k\pi\mathrm{i},k\in\mathbf{Z}$;   (4) $z=\dfrac{2k+1}{2}\pi\mathrm{i},k\in\mathbf{Z}.$

第 3 章

习题 3.1

2. (1) $\dfrac{2(-1+\mathrm{i})}{3}$;   (2) $\dfrac{2(-1+\mathrm{i})}{3}.$

3. (1) $\dfrac{9}{2}+6\mathrm{i}$;   (2) $\dfrac{9}{2}+12\mathrm{i}.$

4. (1) $2\pi\mathrm{i}$;   (2) $-\pi\mathrm{i}.$

5. (1) $2\pi\mathrm{i}$;   (2) 0;   (3) $0.$

习题 3.2

1. (1)(2)(3)(4)都等于 0,依据:柯西积分定理;

(5) $2\pi\mathrm{i}$,依据:重要积分及闭路变形原理;

(6) $-\dfrac{4}{3}\pi\mathrm{i}$,依据:积分线性性质、重要积分及闭路变形原理.

2. (1) 0;   (2) $\dfrac{\pi}{2}$;   (3) $\mathrm{i}e^{\mathrm{i}}.$

3. 0.

4. 0.

5. $4\pi i$.

习题 3.3

1. (1) $18\pi i$;   (2) $\dfrac{\sqrt{2}}{2}\pi i$;   (3) $2\pi i$;

  (4) $2\pi i(e-1)$;   (5) $\dfrac{-\pi i(e+e^{-1})}{2}$;   (6) $\dfrac{\pi i}{12}e^{-1}$.

2. (1) $\pm i$ 皆在 C 外时,原积分 $=0$;

  (2) i 在 C 内,$-i$ 在 C 外时,原积分 $=\pi\sin 1$;

  (3) $-i$ 在 C 内,i 在 C 外时,原积分 $=\pi\sin 1$;

  (4) $\pm i$ 皆在 C 内部时,原积分 $=2\pi\sin 1$.

3. (1) $2\pi i$;   (2) $2\pi e^2 i$;   (3) $2\pi(e^2+1)i$.

4. $0, \pi i, -\pi i$.

习题 3.4

2. $p=\pm 1$.

复习题 3

1. $\dfrac{2}{3}$.

2. (1) $\dfrac{(3+4i)^3}{3}$;   (2) 0;   (3) $\dfrac{2\pi i}{9}$;   (4) $-\dfrac{2\pi i}{25}$.

4. $0, 2\pi(-13+8i), 2\pi(-6+13i)$.

5. (1) $0,1$ 皆在 C 外时,原积分 $=0$;

  (2) 0 在 C 内,1 在 C 外,原积分 $=2\pi i$;

  (3) 1 在 C 内,0 在 C 外时,原积分 $=0$;

  (4) $0,1$ 皆在 C 内部时,原积分 $=2\pi i$.

6. $v(x,y)=e^x(x\sin y+y\cos y)+C, f(z)=ze^z$.

第 4 章

习题 4.1

1. (1) 收敛,$\lim\limits_{n\to\infty}\alpha_n=1$;   (2) 发散;

  (3) 收敛,$\lim\limits_{n\to\infty}\alpha_n=-1$;   (4) 收敛,$\lim\limits_{n\to\infty}\alpha_n=1+i$.

2. (1) 条件收敛;   (2) 发散;

  (3) 绝对收敛;   (4) 条件收敛.

习题 4.2

1. 收敛.

2. (1) $R=\dfrac{\sqrt{2}}{2}$；　　　　　　(2) $R=1$；　　　　(3) $R=\mathrm{e}$.

3. $\dfrac{R}{2}$.

4. $\ln(1+z)$.

习题 4.3

1. (1) $\displaystyle\sum_{n=0}^{\infty}\dfrac{z^{n}}{2^{n+1}},R=2$；　　　　(2) $\displaystyle\sum_{n=0}^{\infty}\dfrac{z^{2n}}{(2n)!},R=+\infty$；

   (2) $\displaystyle\sum_{n=1}^{\infty}nz^{n-1},R=1$；　　　　(4) $\displaystyle\sum_{n=0}^{\infty}\dfrac{(-1)^{n}z^{2(n+1)}}{n+1},R=1$.

2. $\displaystyle\sum_{n=0}^{\infty}\dfrac{(-1)^{n}}{a^{n+1}}(z-a)^{n}$；$|z-a|<a$；$R=a$.

3. (1) $\displaystyle\sum_{n=0}^{\infty}\dfrac{(-1)^{n}(z-1)^{n+1}}{2^{n+1}},|z-1|<2$；

   (2) $\displaystyle\sum_{n=1}^{\infty}n(z+1)^{n-1},|z+1|<1$；

   (3) $\dfrac{\sqrt{2}}{2}\displaystyle\sum_{n=0}^{\infty}\left[\dfrac{(-1)^{n}\left(z-\dfrac{\pi}{4}\right)^{2n}}{(2n)!}+\dfrac{(-1)^{n}\left(z-\dfrac{\pi}{4}\right)^{2n+1}}{(2n+1)!}\right],\left|z-\dfrac{\pi}{4}\right|<+\infty$；

   (4) $\displaystyle\sum_{n=0}^{\infty}\dfrac{z^{2n+1}}{(2n+1)n!},|z|<+\infty$.

习题 4.4

1. (1) $-\left(\displaystyle\sum_{n=0}^{\infty}\dfrac{1}{z^{n+1}}+\dfrac{z^{n}}{2^{n+1}}\right)$；　　(2) $\dfrac{1}{z-2}-\displaystyle\sum_{n=0}^{\infty}(-1)^{n}(z-2)^{n}$；

   (3) $\displaystyle\sum_{n=1}^{\infty}\dfrac{1}{(z-1)^{n+1}}$.

2. (1) $\displaystyle\sum_{n=0}^{\infty}\dfrac{(-1)^{n}(1-z)^{-2n}}{(2n)!}$；　　(2) $\displaystyle\sum_{n=0}^{\infty}\dfrac{(-1)^{n}z^{-2n+1}}{(2n+1)!}$；

   (3) $\displaystyle\sum_{n=-2}^{\infty}(-1)^{n}(z-1)^{n}$.

复习题 4

1. D　A　C　C　C

2. (1) $\displaystyle\sum_{n=0}^{\infty}\dfrac{(-1)^{n}\left(z-\dfrac{\pi}{2}\right)^{2n}}{(2n)!}$；　　(2) $\displaystyle\sum_{n=0}^{\infty}\dfrac{2^{n}}{5^{n+1}}(z+1)^{n}$；

(3) $-\sum_{n=1}^{\infty} \dfrac{(-1)^n n}{2^{n+1}}(z-1)^{n-1}$.

3. $\sin 1 \sum_{n=0}^{\infty} \dfrac{(-1)^n (z-1)^{-2n}}{(2n)!} + \cos 1 \sum_{n=0}^{\infty} \dfrac{(-1)^n (z-1)^{-2n-1}}{(2n+1)!}$.

4. (1) $-\ln(1+z)$;　　　　　　　　(2) $z(\mathrm{e}^{z^2}-1)$.

第 5 章

习题 5.1

1. (1) $z=0$ 为一阶极点，$z=\pm\mathrm{i}$ 为二阶极点；　　(2) $z=0$ 为二阶极点；

　　(3) $z=0$ 为可去奇点；　　　　　　　　　(4) $z=0$ 为可去奇点；

　　(5) $z=1$ 为本性奇点；　　　　　　　　　(6) $z=0$ 为本性奇点；

　　(7) $z=k\pi+\dfrac{\pi}{2}(k=0,\pm1,\pm2,\cdots)$ 为一阶极点；

　　(8) $z=0$ 是三阶极点，$z=2\pi\mathrm{i}$ 是可去奇点，$z=2k\pi\mathrm{i}(k=-1,\pm2,\cdots)$ 是一阶极点.

2. 10.

3. (1) 可去奇点；　　　(2) 本性奇点.

习题 5.2

1. (1) $\mathrm{Res}[f(z),0]=-\dfrac{1}{2},\mathrm{Res}[f(z),2]=\dfrac{3}{2}$；

　　(2) $\mathrm{Res}[f(z),0]=-\dfrac{4}{3}$；

　　(3) $\mathrm{Res}\left[f(z),k\pi+\dfrac{\pi}{2}\right]=-\dfrac{k\pi+\dfrac{\pi}{2}}{(-1)^k}\ (k=0,\pm1,\pm2,\cdots)$；

　　(4) $\mathrm{Res}[f(z),0]=-\dfrac{1}{6}$.

2. (1) 0；　　(2) $\dfrac{-2\pi}{\sqrt{a^2-1}}$；　　(3) $4\pi\mathrm{e}^2\mathrm{i}$；　　(4) $2\pi\mathrm{i}$；　　(5) 0.

3. (1) $\dfrac{1}{6}$；　　(2) 0.

4. $-\dfrac{\pi\mathrm{i}}{(3+\mathrm{i})^{10}}$.

习题 5.3

1. (1) $\dfrac{\pi}{2}$；　　　(2) $\dfrac{5\pi}{288}$；　　　(3) $\dfrac{\pi\mathrm{i}}{\mathrm{e}}$；　　　(4) $\dfrac{\pi}{4}\mathrm{e}^{-4}$.

2. $\dfrac{1}{2}\sqrt{\dfrac{\pi}{2}}$，$\dfrac{1}{2}\sqrt{\dfrac{\pi}{2}}$.

复习题 5

1. (1) $z=(1+2k)\mathrm{i}\ (k=1,\pm2,\pm3,\cdots)$ 为一阶极点，$z=\pm\mathrm{i}$ 为二阶极点；

(2) $z=\pi$ 为可去奇点，$z=0$ 为二阶极点，$z=k\pi\ (k=-1,\pm2,\pm3,\cdots)$ 为三阶极点；

(3) $z=1$ 为本性奇点.

2. (1) $-\dfrac{1}{2}$；　　(2) 3；　　(3) 0；　　(4) i.

*3. ∞ 是 $\cos z-\sin z$ 的本性奇点，$\mathrm{Res}[\cos z-\sin z,\infty]=0$.

*4. $\mathrm{Res}[f(z),\infty]=-\mathrm{sh}\,1$.

5. (1) $-2\pi\mathrm{i}$；　　　　(2) 0；　　　　(3) $\begin{cases}2\pi\mathrm{i},n=1;\\0,\quad n\neq1.\end{cases}$

(4) $\dfrac{2\pi p^2}{1-p^2}$；　　　　(5) $\pi\mathrm{e}^{-1}\cos 2$.

第 6 章

习题 6.1

1. (1) $\dfrac{2}{\pi}\displaystyle\int_0^{+\infty}\dfrac{(1-\cos\omega)\sin\omega t}{\omega}\mathrm{d}\omega$；

(2) $\dfrac{A}{\pi}\displaystyle\int_0^{+\infty}\dfrac{\sin\omega t-\sin\omega(t-\tau)}{\omega}\mathrm{d}\omega$；

(3) $\dfrac{2A}{\pi}\displaystyle\int_0^{+\infty}\dfrac{\sin\omega k\cos\omega t}{\omega}\mathrm{d}\omega$.

2. $\dfrac{2}{\pi}\displaystyle\int_0^{+\infty}\dfrac{\beta\cos\omega t}{\beta^2+\omega^2}\mathrm{d}\omega$.

习题 6.2

1. (1) $\dfrac{1-\mathrm{e}^{-\mathrm{i}\omega}}{\mathrm{i}\omega}$；　　(2) $\dfrac{4(\sin\omega-\omega\cos\omega)}{\omega^3}$；　　(3) $\dfrac{1+\mathrm{e}^{-\mathrm{i}\omega}-2\mathrm{e}^{-2\mathrm{i}\omega}}{\mathrm{i}\omega}$.

3. $\dfrac{2\omega\sin\omega\pi}{1-\omega^2}$.

4. $\begin{cases}0,\quad |t|>1;\\[4pt]\dfrac{1}{2},\ |t|<1;\\[4pt]\dfrac{1}{4},\ |t|=1.\end{cases}$

5. $A\dfrac{1-\cos\omega}{\omega}$, $A\dfrac{\sin\omega}{\omega}$.

6. $\dfrac{2E}{\omega}\sin\dfrac{\omega\tau}{2}$.

习题 6.3

3. (1) $\dfrac{\pi}{2}\mathrm{i}[\delta(\omega+2)-\delta(\omega-2)]$;　(2) $\cos\omega a+\cos\dfrac{\omega a}{2}$.

4. $u(t-1)$.

习题 6.4

1. (1) $2\pi[\delta(\omega+3)+\delta(\omega-3)]$;　(2) $\dfrac{\sqrt{2}}{2}\pi[(1+\mathrm{i})\delta(\omega+2)+(1-\mathrm{i})\delta(\omega-2)]$;

　(3) $\dfrac{1}{2\mathrm{i}}\sqrt{\pi}\omega\mathrm{e}^{-\frac{\omega^2}{4}}$;　　　　　(4) $-\dfrac{1}{\omega^2}+\mathrm{i}\pi\delta'(\omega)$.

2. (1) $\dfrac{\mathrm{i}}{3}\dfrac{\mathrm{d}}{\mathrm{d}\omega}F(\dfrac{\omega}{3})$;　(2) $\mathrm{i}\dfrac{\mathrm{d}}{\mathrm{d}\omega}F(\omega)+F(\omega)$;　(3) $\dfrac{\mathrm{i}}{3}\dfrac{\mathrm{d}}{\mathrm{d}\omega}F(\dfrac{\omega}{3})+\dfrac{1}{3}F(\dfrac{\omega}{3})$;

　(4) $-\dfrac{1}{3}\dfrac{\mathrm{d}^2}{\mathrm{d}\omega^2}F(\dfrac{\omega}{3})$;　(5) $-\omega\dfrac{\mathrm{d}}{\mathrm{d}\omega}F(\omega)-F(\omega)$;　(6) $\mathrm{e}^{3\mathrm{i}\omega}F(\omega)$.

习题 6.5

1. (1) $1-\cos t$;

　(2) $t\leqslant 0$ 时卷积为 0；$0<t\leqslant\dfrac{\pi}{2}$ 时卷积为 $\dfrac{1}{2}(\sin t-\cos t+\mathrm{e}^{-t})$；$t>\dfrac{\pi}{2}$ 时卷积为

$\dfrac{1}{2}\mathrm{e}^{-t}(1+\mathrm{e}^{\frac{\pi}{2}})$；

　(3) $1-\mathrm{e}^{-t}$.

3. $\dfrac{1}{2\beta}\mathrm{e}^{\beta|\tau|}$.

4. $\dfrac{a}{4a^2+\omega^2}$.

复习题 6

1. (1) $\dfrac{\mathrm{i}F(\omega)}{2}$, $\dfrac{F(\omega)}{2}$;　(2) $\dfrac{1-\cos\omega}{2\omega}\mathrm{i}$;　(3) $\dfrac{1}{2}$;　(4) 2;

　(5) $F(-\omega)$;　(6) $\mathrm{i}(\omega-2)$;　(7) $F(-\omega)\mathrm{e}^{-\mathrm{i}\omega}$;　(8) $\mathrm{e}^{\mathrm{i}t}$.

2. $\dfrac{4(\sin\omega-\omega\cos\omega)}{\omega^3}$.

4. $\dfrac{1}{\mathrm{i}\omega(1+\omega^2)}$.

5. (1) $\dfrac{2\cos\frac{\omega\pi}{2}}{1-\omega^2}$;　　　　(2) $-\dfrac{1}{\omega^2}+\mathrm{i}\pi\delta'(\omega)$;　　(3) $\dfrac{1}{2+\mathrm{i}\omega}$.

第 7 章

习题 7.1

1. (1) $\dfrac{s}{s^2+9}$;

(2) $\dfrac{1}{s^2+4}$;

(3) $\dfrac{1}{2}\left(\dfrac{1}{s}+\dfrac{s}{s^2+4}\right)$;

(4) $\dfrac{1}{2}\left(\dfrac{1}{s}-\dfrac{s}{s^2+4}\right)$;

(5) $-\dfrac{1}{s}\left(3\mathrm{e}^{-3s}+\dfrac{1}{s}\mathrm{e}^{-3s}-\dfrac{1}{s}\right)$;

(6) $\dfrac{1}{s}(3-4\mathrm{e}^{-2s}+\mathrm{e}^{-4s})$.

2. $\dfrac{1}{(1-\mathrm{e}^{-\pi s})(s^2+1)}$.

习题 7.2

1. (1) $\dfrac{3}{s^2+9}+\dfrac{2}{s+4}$;

(2) $\dfrac{4s}{(s^2+4)^2}$;

(3) $\dfrac{2+2s+s^2}{s^3}$;

(4) $\dfrac{5!}{(s+1)^6}$;

(5) $\dfrac{3}{(s+4)^2+9}$;

(6) $\dfrac{1}{s}\mathrm{e}^{-\frac{3}{2}s}$;

(7) $\dfrac{1}{s}-\dfrac{1}{(s+1)^2}$;

(8) $\arctan\dfrac{3}{s}$;

(9) $\dfrac{2(s-1)}{\left[(s-1)^2+1\right]^2}$;

(10) $\dfrac{2(s-1)}{s\left[(s-1)^2+1\right]^2}$;

(11) $\dfrac{2}{\left[(s-1)^2+1\right]^2}$;

(12) $\ln\dfrac{s+1}{s}$.

2. (1) $\dfrac{1}{2}\ln 2$;

(2) $\dfrac{1}{2}\ln 2$;

(3) $\dfrac{\pi}{4}$;

(4) $\dfrac{3}{13}$.

3. (1) $\dfrac{\mathrm{e}^t-\mathrm{e}^{-t}}{t}$;

(2) $\dfrac{t}{4}(\mathrm{e}^t-\mathrm{e}^{-t})$.

4. $\arctan\dfrac{a}{s}$.

习题 7.3

1. (1) $t-\sin t$;

(2) $\dfrac{1}{2}t\sin t$;

(3) $\dfrac{1}{12}t^4$;

(4) $\sin t$;

(5) $\dfrac{t^2}{2}$;

(6) e^t-t-1.

2. (1) $\dfrac{1}{2}(\sin t - t\cos t)$;　　　　　(2) $\dfrac{1}{2}t\sin t$;

  (3) $1 - \cos t$;　　　　　　　　(4) $\dfrac{1}{2}(\sin t - t\cos t)$.

习题 7.4

1. (1) $\dfrac{t^4}{4!}$;　　　　　　　　　(2) $\dfrac{1}{6}(e^{3t} - e^{-3t})$;

  (3) $1 + e^t(t-1)$;　　　　　　(4) $2e^{-2t} - e^{-t}$;

  (5) $e^t - t - 1$;　　　　　　　(6) $\dfrac{2}{3}\sin 2t - \dfrac{1}{3}\sin t$;

  (7) $t - \sin t$;　　　　　　　(8) $\dfrac{1}{2} - e^{-t} + \dfrac{1}{2}e^{-2t}$;

  (9) $\delta(t) - e^{-t}$;　　　　　　(10) $7e^{-3t} - 3e^{-2t}$.

习题 7.5

1. (1) $u(t) - e^{-t}$;　　　　　　(2) $(\dfrac{1}{2}t^2 + t)e^{-t}$;

  (3) $\dfrac{1}{2}(\sin t - \cos t - e^{-t})$;　　(4) $\dfrac{1}{2}(e^t + e^{-t}) - t$;

  (5) $\dfrac{1}{3}e^{-t}(\sin t + \sin 2t)$;　　　(6) $1 - (\dfrac{t^2}{2} + t + 1)e^{-t}$;

  (7) $-\dfrac{1}{2} - \dfrac{1}{5}\sin t + \dfrac{2}{5}\cos t + \dfrac{1}{10}e^{2t}$;　(8) $\dfrac{1}{2}t\sin t$.

2. (1) $(2 + ct^3)e^{-t}$;　　　　　(2) $\dfrac{\sin t}{t}$.

3. (1) $2\cos t - 1$;　　　　　　(2) $t + \dfrac{t^3}{6}$;

  (3) $(1-t)e^{-t}$;　　　　　　(4) $-3 + 5t - t^2$;

  (5) $\sin t$.

复习题 7

1. (1) $\dfrac{2}{(s-2)^2}$;　　　　　　(2) $\dfrac{2(1 - e^{-s})}{s}$;

  (3) $\dfrac{1 - e^{-s}(s+1)}{s^2(1 - e^{-2s})}$;　　(4) $\mathrm{Re}\, s > -a$;

  (5) $-tf'(t) - f(t)$.

2. (1) $\dfrac{e^{-2s}}{s}$;　　　　　　(2) $\ln\dfrac{s-b}{s-a}$;

  (3) $\dfrac{1}{s^2+1} - \dfrac{1}{s^2} + \dfrac{1}{s}$;　　(4) $\dfrac{2e^{-s}}{s}$.

3. $\dfrac{2s-1+\operatorname{arccot} s}{s^2}$.

4. $\dfrac{1}{s(s-1)^3}$.

5. $\dfrac{1}{2}\ln 2$.

6. (1) $\delta(t)-\sin t$;　　　　　　　　　　(2) $-\dfrac{1}{2}t\cos t+\dfrac{1}{2}\sin t$;

　　(3) $-\dfrac{1}{6}+\dfrac{3}{10}e^{2t}-\dfrac{2}{15}e^{-3t}$;　　(4) $2u(t-1)-u(t-2)$.

7. (1) t;　　　　　　　　　　　　　　　(2) $\dfrac{1}{2}t\sin t$.

8. (1) $y(t)=\dfrac{1}{2}e^t-e^{-t}-1$;　　　(2) $y(t)=2e^{-t}$;

　　(3) $y(t)=5(-e^{-t}+4e^{-2t}-3e^{-3t})$.

参考文献

[1] 西安交通大学高等数学教研室.工程数学:复变函数[M].第 4 版.北京:高等教育出版社,2010.

[2] 钟玉泉.复变函数论[M].第 4 版.北京:高等教育出版社,2010.

[3] 包革军,邢宇明,盖云英.复变函数与积分变换[M].第 3 版.北京:科学出版社,2013.

[4] 刘国志.复变函数与积分变换[M].北京:化学工业出版社,2012.

[5] 杨巧林.复变函数与积分变换[M].第 3 版.北京:机械工业出版社,2013.

[6] 宋叔尼,孙涛,张国伟.复变函数与积分变换[M].北京:科学出版社,2006.

[7] 白艳萍.复变函数与积分变换[M].北京:国防工业出版社,2004.

[8] 王晶囡,翟莉,李锐.复变函数与积分变换[M].哈尔滨:哈尔滨工业大学出版社,2014.

[9] 薛有才,卢柏龙.复变函数与积分变换[M].第 2 版.北京:机械工业出版社,2014.

[10] 张元林.工程数学:积分变换[M].第 4 版.北京:高等教育出版社,2003.

附录 1　Fourier 变换表

	$f(t)$	$F(\omega)$
1	矩形单脉冲 $f(t)=\begin{cases}E,\ \vert t\vert\leqslant\dfrac{\tau}{2};\\[2mm]0,\ 其他\end{cases}$	$2E\dfrac{\sin\dfrac{\omega\tau}{2}}{\omega}$
2	指数衰减函数 $f(t)=\begin{cases}0,\qquad\qquad t<0;\\[2mm]\mathrm{e}^{-\beta t}\ (\beta>0),t\geqslant0\end{cases}$	$\dfrac{1}{\beta+\mathrm{i}\omega}$
3	三角形脉冲 $f(t)=\begin{cases}\dfrac{2A}{\tau}\left(\dfrac{\tau}{2}+t\right),-\dfrac{\tau}{2}\leqslant t<0;\\[3mm]\dfrac{2A}{\tau}\left(\dfrac{\tau}{2}-t\right),0\leqslant t<\dfrac{\tau}{2}\end{cases}$	$\dfrac{4A}{\tau\omega^2}\left(1-\cos\dfrac{\omega\tau}{2}\right)$
4	钟形脉冲 $f(t)=A\mathrm{e}^{-\beta t^2}$，其中 $\beta>0$	$\sqrt{\dfrac{\pi}{\beta}}A\mathrm{e}^{-\frac{\omega^2}{4\beta}}$
5	傅立叶核 $f(t)=\dfrac{\sin\omega_0 t}{\pi t}$	$\begin{cases}1,\ \vert\omega\vert\leqslant\omega_0;\\[2mm]0,\ 其他\end{cases}$
6	高斯分布函数 $f(t)=\dfrac{1}{\sqrt{2\pi}\sigma}\mathrm{e}^{-\frac{t^2}{2\sigma^2}}$	$\mathrm{e}^{-\frac{\sigma^2\omega^2}{2}}$
7	矩形射频脉冲 $f(t)=\begin{cases}E\cos\omega_0 t,\ \vert t\vert\leqslant\dfrac{\tau}{2};\\[2mm]0,\qquad\qquad 其他\end{cases}$	$\dfrac{E\tau}{2}\left[\dfrac{\sin(\omega-\omega_0)\dfrac{\tau}{2}}{(\omega-\omega_0)\dfrac{\tau}{2}}+\dfrac{\sin(\omega+\omega_0)\dfrac{\tau}{2}}{(\omega+\omega_0)\dfrac{\tau}{2}}\right]$
8	单位脉冲函数　$f(t)=\delta(t)$	1
9	周期性脉冲函数 $f(t)=\displaystyle\sum_{n=-\infty}^{+\infty}\delta(t-nT)$	$\dfrac{2\pi}{T}\displaystyle\sum_{n=-\infty}^{+\infty}\delta\left(\omega-\dfrac{2n\pi}{T}\right)$

	$f(t)$	$F(\omega)$
10	$\cos \omega_0 t$	$\pi[\delta(\omega+\omega_0)+\delta(\omega-\omega_0)]$
11	$\sin \omega_0 t$	$\mathrm{i}\pi[\delta(\omega+\omega_0)-\delta(\omega-\omega_0)]$
12	单位阶跃函数 $$f(t)=u(t)=\begin{cases}1, & t>0;\\ 0, & t<0\end{cases}$$	$\dfrac{1}{\mathrm{i}\omega}+\pi\delta(\omega)$
13	$u(t-c)$	$\dfrac{1}{\mathrm{i}\omega}\mathrm{e}^{-\mathrm{i}\omega c}+\pi\delta(\omega)$
14	$u(t)\cdot t$	$-\dfrac{1}{\omega^2}+\pi\mathrm{i}\delta'(\omega)$
15	$u(t)\cdot t^n$	$\dfrac{n!}{(\mathrm{i}\omega)^{n+1}}+\pi\mathrm{i}^n\delta^{(n)}(\omega)$
16	$u(t)\sin at$	$\dfrac{a}{a^2-\omega^2}+\dfrac{\pi}{2\mathrm{i}}[\delta(\omega-\omega_0)-\delta(\omega+\omega_0)]$
17	$u(t)\cos at$	$\dfrac{\mathrm{i}\omega}{a^2-\omega^2}+\dfrac{\pi}{2}[\delta(\omega-\omega_0)+\delta(\omega+\omega_0)]$
18	$u(t)\mathrm{e}^{\mathrm{i}at}$	$\dfrac{1}{\mathrm{i}(\omega-a)}+\pi\delta(\omega-a)$
19	$u(t-c)\mathrm{e}^{\mathrm{i}at}$	$\dfrac{1}{\mathrm{i}(\omega-a)}\mathrm{e}^{-\mathrm{i}(\omega-a)c}+\pi\delta(\omega-a)$
20	$u(t)\mathrm{e}^{\mathrm{i}at}t^n$	$\dfrac{n!}{[\mathrm{i}(\omega-a)]^{n+1}}+\pi\mathrm{i}^n\delta^{(n)}(\omega-a)$
21	$\mathrm{e}^{a|t|},\ \mathrm{Re}\,a<0$	$\dfrac{-2a}{\omega^2+a^2}$
22	$\delta(t-c)$	$\mathrm{e}^{-\mathrm{i}\omega c}$
23	$\delta'(t)$	$\mathrm{i}\omega$
24	$\delta^{(n)}(t)$	$(\mathrm{i}\omega)^n$
25	1	$2\pi\delta(\omega)$
26	t	$2\pi\mathrm{i}\delta'(\omega)$
27	t^n	$2\pi\mathrm{i}^n\delta^{(n)}(\omega)$
28	$\mathrm{e}^{\mathrm{i}at}$	$2\pi\delta(\omega-a)$
29	$t^n\mathrm{e}^{\mathrm{i}at}$	$2\pi\mathrm{i}^n\delta^{(n)}(\omega-a)$
30	$\dfrac{1}{a^2+t^2},\ \mathrm{Re}\,a<0$	$-\dfrac{\pi}{a}\mathrm{e}^{a|\omega|}$
31	$\dfrac{t}{(a^2+t^2)^2},\ \mathrm{Re}\,a<0$	$\dfrac{\mathrm{i}\omega\pi}{2a}\mathrm{e}^{a|\omega|}$

	$f(t)$	$F(\omega)$
32	$\dfrac{\mathrm{e}^{\mathrm{i}bt}}{a^2+t^2}$，$\operatorname{Re}a<0$，$b$ 为实数	$-\dfrac{\pi}{a}\mathrm{e}^{a|\omega-b|}$
33	$\dfrac{\cos bt}{a^2+t^2}$，$\operatorname{Re}a<0$，b 为实数	$-\dfrac{\pi}{2a}[\mathrm{e}^{a|\omega-b|}+\mathrm{e}^{a|\omega+b|}]$
34	$\dfrac{\sin bt}{a^2+t^2}$，$\operatorname{Re}a<0$，b 为实数	$-\dfrac{\pi}{2a\mathrm{i}}[\mathrm{e}^{a|\omega-b|}-\mathrm{e}^{a|\omega+b|}]$
35	$\dfrac{\operatorname{sh}at}{\operatorname{sh}\pi t}$，$-\pi<a<\pi$	$\dfrac{\sin a}{\operatorname{ch}\omega+\cos\alpha}$
36	$\dfrac{\operatorname{sh}at}{\operatorname{ch}\pi t}$，$-\pi<a<\pi$	$-2\mathrm{i}\dfrac{\sin\dfrac{a}{2}\operatorname{sh}\dfrac{\omega}{2}}{\operatorname{ch}\omega+\cos a}$
37	$\dfrac{\operatorname{ch}at}{\operatorname{ch}\pi t}$，$-\pi<a<\pi$	$2\dfrac{\cos\dfrac{a}{2}\operatorname{ch}\dfrac{\omega}{2}}{\operatorname{ch}\omega+\cos a}$
38	$\dfrac{1}{\operatorname{ch}at}$	$\dfrac{\pi}{a}\dfrac{1}{\operatorname{ch}\dfrac{\pi\omega}{2a}}$
39	$\sin at^2$	$\sqrt{\dfrac{\pi}{a}}\cos\left(\dfrac{\omega^2}{4a}+\dfrac{\pi}{4}\right)$
40	$\cos at^2$	$\sqrt{\dfrac{\pi}{a}}\cos\left(\dfrac{\omega^2}{4a}-\dfrac{\pi}{4}\right)$
41	$\dfrac{1}{t}\sin at$	$\begin{cases}\pi, & |\omega|\leqslant a;\\ 0, & |\omega|>a\end{cases}$
42	$\dfrac{1}{t^2}\sin^2 at$	$\begin{cases}\pi\left(a-\dfrac{|\omega|}{2}\right), & |\omega|\leqslant 2a;\\ 0, & |\omega|>2a\end{cases}$
43	$\dfrac{1}{\sqrt{|t|}}\sin at$	$\mathrm{i}\sqrt{\dfrac{\pi}{2}}\left(\dfrac{1}{\sqrt{|\omega+a|}}-\dfrac{1}{\sqrt{|\omega-a|}}\right)$
44	$\dfrac{1}{\sqrt{|t|}}\cos at$	$\sqrt{\dfrac{\pi}{2}}\left(\dfrac{1}{\sqrt{|\omega+a|}}+\dfrac{1}{\sqrt{|\omega-a|}}\right)$
45	$\dfrac{1}{\sqrt{|t|}}$	$\sqrt{\dfrac{2\pi}{|\omega|}}$
46	$\operatorname{sgn}t$	$\dfrac{2}{\mathrm{i}\omega}$
47	e^{-at^2}，$\operatorname{Re}a<0$	$\sqrt{\dfrac{\pi}{a}}\mathrm{e}^{-\frac{\omega^2}{4a}}$
48	$|t|$	$-\dfrac{2}{\omega^2}$
49	$\dfrac{1}{|t|}$	$\dfrac{\sqrt{2\pi}}{|\omega|}$

附录 2　Laplace 变换表

	$f(t)$	$F(s)$
1	1	$\dfrac{1}{s}$
2	e^{at}	$\dfrac{1}{s-a}$
3	$t^m\ (m>-1)$	$\dfrac{\Gamma(m+1)}{s^{m+1}}$
4	$t^m e^{at}\ (m>-1)$	$\dfrac{\Gamma(m+1)}{(s-a)^{m+1}}$
5	$\sin at$	$\dfrac{a}{s^2+a^2}$
6	$\cos at$	$\dfrac{s}{s^2+a^2}$
7	$\operatorname{sh} at$	$\dfrac{a}{s^2-a^2}$
8	$\operatorname{ch} at$	$\dfrac{s}{s^2-a^2}$
9	$t\sin at$	$\dfrac{2as}{(s^2+a^2)^2}$
10	$t\cos at$	$\dfrac{s^2-a^2}{(s^2+a^2)^2}$
11	$t\operatorname{sh} at$	$\dfrac{2as}{(s^2-a^2)^2}$
12	$t\operatorname{ch} at$	$\dfrac{s^2+a^2}{(s^2-a^2)^2}$
13	$t^m\sin at\,(m>-1)$	$\dfrac{\Gamma(m+1)}{2i(s^2+a^2)^{m+1}}\left[(s+ia)^{m+1}-(s-ia)^{m+1}\right]$
14	$t^m\cos at\,(m>-1)$	$\dfrac{\Gamma(m+1)}{2(s^2+a^2)^{m+1}}\left[(s+ia)^{m+1}+(s-ia)^{m+1}\right]$
15	$e^{-bt}\sin at$	$\dfrac{a}{(s+b)^2+a^2}$
16	$e^{-bt}\cos at$	$\dfrac{s+b}{(s+b)^2+a^2}$

续表

	$f(t)$	$F(s)$
17	$\mathrm{e}^{-bt}\sin(at+c)$	$\dfrac{(s+b)\sin c+a\cos c}{(s+b)^2+a^2}$
18	$\sin^2 t$	$\dfrac{1}{2}\left(\dfrac{1}{s}-\dfrac{s}{s^2+4}\right)$
19	$\cos^2 t$	$\dfrac{1}{2}\left(\dfrac{1}{s}+\dfrac{s}{s^2+4}\right)$
20	$\sin at\sin bt$	$\dfrac{2abs}{\left[s^2+(a+b)^2\right]\left[s^2+(a-b)^2\right]}$
21	$\mathrm{e}^{at}-\mathrm{e}^{bt}$	$\dfrac{a-b}{(s-a)(s-b)}$
22	$a\mathrm{e}^{at}-b\mathrm{e}^{bt}$	$\dfrac{(a-b)s}{(s-a)(s-b)}$
23	$\dfrac{1}{a}\sin at-\dfrac{1}{b}\sin bt$	$\dfrac{b^2-a^2}{(s^2+a^2)(s^2+b^2)}$
24	$\cos at-\cos bt$	$\dfrac{(b^2-a^2)s}{(s^2+a^2)(s^2+b^2)}$
25	$\dfrac{1}{a^2}(1-\cos at)$	$\dfrac{1}{s(s^2+a^2)}$
26	$\dfrac{1}{a^3}(at-\sin at)$	$\dfrac{1}{s^2(s^2+a^2)}$
27	$\dfrac{1}{a^4}(\cos at-1)+\dfrac{1}{2a^2}t^2$	$\dfrac{1}{s^2(s^2+a^2)}$
28	$\dfrac{1}{a^4}(\mathrm{ch}\,at-1)-\dfrac{1}{2a^2}t^2$	$\dfrac{1}{s^2(s^2-a^2)}$
29	$\dfrac{1}{2a^3}(\sin at-at\cos at)$	$\dfrac{1}{(s^2+a^2)^2}$
30	$\dfrac{1}{2a}(\sin at+at\cos at)$	$\dfrac{s^2}{(s^2+a^2)^2}$
31	$\dfrac{1}{a^4}(1-\cos at)-\dfrac{1}{2a^3}t\sin at$	$\dfrac{1}{s(s^2+a^2)^2}$
32	$(1-at)\mathrm{e}^{-at}$	$\dfrac{s}{(s+a)^2}$
33	$t(1-\dfrac{a}{2}t)\mathrm{e}^{-at}$	$\dfrac{s}{(s+a)^3}$
34	$\dfrac{1}{a}(1-\mathrm{e}^{-at})$	$\dfrac{1}{s(s+a)}$
35[①]	$\dfrac{1}{ab}+\dfrac{1}{b-a}\left(\dfrac{\mathrm{e}^{-bt}}{b}-\dfrac{\mathrm{e}^{-at}}{a}\right)$	$\dfrac{1}{s(s+a)(s+b)}$

	$f(t)$	$F(s)$
36①	$\dfrac{e^{-at}}{(b-a)(c-a)}+\dfrac{e^{-bt}}{(a-b)(c-b)}+\dfrac{e^{-ct}}{(a-c)(b-c)}$	$\dfrac{1}{(s+a)(s+b)(s+c)}$
37①	$\dfrac{ae^{-at}}{(c-a)(a-b)}+\dfrac{be^{-bt}}{(a-b)(b-c)}+\dfrac{ce^{-ct}}{(b-c)(c-a)}$	$\dfrac{s}{(s+a)(s+b)(s+c)}$
38①	$\dfrac{a^2e^{-at}}{(c-a)(b-a)}+\dfrac{b^2e^{-bt}}{(a-b)(c-b)}+\dfrac{c^2e^{-ct}}{(b-c)(a-c)}$	$\dfrac{s^2}{(s+a)(s+b)(s+c)}$
39①	$\dfrac{e^{-at}-e^{-bt}[1-(a-b)t]}{(a-b)^2}$	$\dfrac{1}{(s+a)(s+b)^2}$
40①	$\dfrac{[a-b(a-b)t]e^{-bt}-ae^{-at}}{(a-b)^2}$	$\dfrac{s}{(s+a)(s+b)^2}$
41	$e^{-at}-e^{\frac{at}{2}}\left(\cos\dfrac{\sqrt{3}at}{2}-\sqrt{3}\sin\dfrac{\sqrt{3}at}{2}\right)$	$\dfrac{3a^2}{s^3+a^3}$
42	$\sin at\,\mathrm{ch}\,at-\cos at\,\mathrm{sh}\,at$	$\dfrac{4a^3}{s^4+4a^4}$
43	$\dfrac{1}{2a^2}\sin at\,\mathrm{sh}\,at$	$\dfrac{s}{s^4+4a^4}$
44	$\dfrac{1}{2a^3}(\mathrm{sh}\,at-\sin at)$	$\dfrac{1}{s^4-a^4}$
45	$\dfrac{1}{2a^2}(\mathrm{ch}\,at-\cos at)$	$\dfrac{s}{s^4-a^4}$
46	$\dfrac{1}{\sqrt{\pi t}}$	$\dfrac{1}{\sqrt{s}}$
47	$2\sqrt{\dfrac{t}{\pi}}$	$\dfrac{1}{s\sqrt{s}}$
48	$\dfrac{1}{\sqrt{\pi t}}e^{at}(1+2at)$	$\dfrac{s}{(s-a)\sqrt{s-a}}$
49	$\dfrac{1}{2\sqrt{\pi t^3}}(e^{bt}-e^{at})$	$\sqrt{s-a}-\sqrt{s-b}$
50	$\dfrac{1}{\sqrt{\pi t}}\cos 2\sqrt{at}$	$\dfrac{1}{\sqrt{s}}e^{-\frac{a}{s}}$
51	$\dfrac{1}{\sqrt{\pi t}}\mathrm{ch}\,2\sqrt{at}$	$\dfrac{1}{\sqrt{s}}e^{\frac{a}{s}}$
52	$\dfrac{1}{\sqrt{\pi t}}\sin 2\sqrt{at}$	$\dfrac{1}{s\sqrt{s}}e^{-\frac{a}{s}}$
53	$\dfrac{1}{\sqrt{\pi t}}\mathrm{sh}\,2\sqrt{at}$	$\dfrac{1}{s\sqrt{s}}e^{\frac{a}{s}}$
54	$\dfrac{1}{t}(e^{bt}-e^{at})$	$\ln\dfrac{s-a}{s-b}$

	$f(t)$	$F(s)$
55	$\dfrac{2}{t}\operatorname{sh} at$	$\ln\dfrac{s+a}{s-a}=2\operatorname{arcth}\dfrac{a}{s}$
56	$\dfrac{2}{t}(1-\cos at)$	$\ln\dfrac{s^2+a^2}{s^2}$
57	$\dfrac{2}{t}(1-\operatorname{ch} at)$	$\ln\dfrac{s^2-a^2}{s^2}$
58	$\dfrac{1}{t}\sin at$	$\arctan\dfrac{a}{s}$
59	$\dfrac{1}{t}(\operatorname{ch} at-\cos bt)$	$\ln\sqrt{\dfrac{s^2+b^2}{s^2-a^2}}$
60②	$\dfrac{1}{\pi t}\sin(2a\sqrt{t})$	$\operatorname{erf}\left(\dfrac{a}{\sqrt{s}}\right)$
61②	$\dfrac{1}{\sqrt{\pi t}}\mathrm{e}^{-2a\sqrt{t}}$	$\dfrac{1}{\sqrt{s}}\mathrm{e}^{\frac{a^2}{s}}\operatorname{erfc}\left(\dfrac{a}{\sqrt{s}}\right)$
62	$\operatorname{erfc}\left(\dfrac{a}{2\sqrt{t}}\right)$	$\dfrac{1}{s}\mathrm{e}^{-a\sqrt{s}}$
63	$\operatorname{erf}\left(\dfrac{t}{2a}\right)$	$\dfrac{1}{s}\mathrm{e}^{a^2s^2}\operatorname{erfc}(as)$
64	$\dfrac{1}{\sqrt{\pi t}}\mathrm{e}^{-2\sqrt{at}}$	$\dfrac{1}{\sqrt{s}}\mathrm{e}^{\frac{a}{s}}\operatorname{erfc}\left(\sqrt{\dfrac{a}{s}}\right)$
65	$\dfrac{1}{\sqrt{\pi(t+a)}}$	$\dfrac{1}{\sqrt{s}}\mathrm{e}^{as}\operatorname{erfc}(\sqrt{as})$
66	$\dfrac{1}{\sqrt{a}}\operatorname{erf}(\sqrt{at})$	$\dfrac{1}{s\sqrt{s+a}}$
67	$\dfrac{1}{\sqrt{a}}\mathrm{e}^{at}\operatorname{erf}(\sqrt{at})$	$\dfrac{1}{\sqrt{s}(s-a)}$
68	$u(t)$	$\dfrac{1}{s}$
69	$tu(t)$	$\dfrac{1}{s^2}$
70	$t^m u(t)\,(m>-1)$	$\dfrac{1}{s^{m+1}}\Gamma(m+1)$
71	$\delta(t)$	1
72	$\delta^{(n)}(t)$	s^n
73	$\operatorname{sgn} t$	$\dfrac{1}{s}$
74③	$J_0(at)$	$\dfrac{1}{\sqrt{s^2+a^2}}$

	$f(t)$	$F(s)$
75③	$I_0(at)$	$\dfrac{1}{\sqrt{s^2-a^2}}$
76	$J_0(2\sqrt{at})$	$\dfrac{1}{s}\mathrm{e}^{-\frac{a}{s}}$
77	$\mathrm{e}^{-bt}I_0(at)$	$\dfrac{1}{\sqrt{(s+b)^2-a^2}}$
78	$tJ_0(at)$	$\dfrac{s}{(s^2+a^2)^{3/2}}$
79	$tI_0(at)$	$\dfrac{s}{(s^2-a^2)^{3/2}}$
80	$J_0(a\sqrt{t(t+2b)})$	$\dfrac{1}{\sqrt{s^2+a^2}}\mathrm{e}^{b(s-\sqrt{s^2+a^2})}$
81	$\dfrac{1}{at}J_1(at)$	$\dfrac{1}{s+\sqrt{s^2+a^2}}$
82	$J_1(at)$	$\dfrac{1}{a}\left(1-\dfrac{s}{\sqrt{s^2+a^2}}\right)$
83	$J_n(t)$	$\dfrac{1}{\sqrt{s^2+1}}(\sqrt{s^2+1}-s)^n$
84	$t^{\frac{n}{2}}J_n(2\sqrt{t})$	$\dfrac{1}{s^{n+1}}\mathrm{e}^{-\frac{1}{s}}$
85	$\dfrac{1}{t}J_n(at)$	$\dfrac{1}{na^n}(\sqrt{s^2+a^2}-s)^n$
86	$\displaystyle\int_t^\infty \dfrac{J_0(t)}{t}\mathrm{d}t$	$\dfrac{1}{s}\ln(s+\sqrt{s^2+1})$
87④	$\mathrm{si}\ t$	$\dfrac{1}{s}\mathrm{arccot}\ s$
88④	$\mathrm{ci}\ t$	$\dfrac{1}{s}\ln\dfrac{1}{\sqrt{s^2+1}}$

注:① 式中 a,b,c 为不相等的常数.

② $\mathrm{erf}(x)=\dfrac{2}{\sqrt{\pi}}\displaystyle\int_0^x \mathrm{e}^{-t^2}\mathrm{d}t$,称为误差函数.

　$\mathrm{erfc}(x)=1-\mathrm{erf}(x)=\dfrac{2}{\sqrt{\pi}}\displaystyle\int_x^\infty \mathrm{e}^{-t^2}\mathrm{d}t$,称为余误差函数.

③ $J_n(x)=\displaystyle\sum_{k=0}^\infty \dfrac{(-1)^k}{k\,!\,\Gamma(n+k+1)}\left(\dfrac{x}{2}\right)^{n+2k}$,$I_n(x)=\mathrm{i}^{-n}J_n(\mathrm{i}x)$,$J_n$ 称为第一类 n 阶 Bessel 函

　数.I_n 称为第一类 n 阶变形的 Bessel 函数,或称为虚宗量的 Bessel 函数.

④ $\mathrm{si}\ t=\displaystyle\int_0^t \dfrac{\sin t}{t}\mathrm{d}t$ 称为正弦积分.

　$\mathrm{ci}\ t=\displaystyle\int_0^t \dfrac{\cos t}{t}\mathrm{d}t$ 称为余弦积分.